全国二级注册消防工程师资格考试 辅导教材

消防安全案例分析

高海静　主编

U0261457

中国电力出版社
CHINA ELECTRIC POWER PRESS

内 容 提 要

本书包括工业建筑防火案例分析、民用建筑防火案例分析、消防给水及消火栓系统案例分析、火灾自动报警系统及其他消防设施案例分析、自动喷水灭火系统案例分析、消防安全管理案例分析共六章内容。

本书结构合理，内容精练，是一本实用的考试复习用书，可作为 2021 年全国二级注册消防工程师资格考试的学习用书。

图书在版编目（CIP）数据

消防安全案例分析 / 高海静主编. —北京：中国电力出版社，2021.5
全国二级注册消防工程师资格考试辅导教材
ISBN 978-7-5198-5554-3

Ⅰ. ①消… Ⅱ. ①高… Ⅲ. ①消防–安全管理–案例–资格考试–自学参考资料 Ⅳ. ①TU998.1

中国版本图书馆 CIP 数据核字（2021）第 065887 号

出版发行：中国电力出版社
地　　址：北京市东城区北京站西街 19 号（邮政编码 100005）
网　　址：http://www.cepp.sgcc.com.cn
责任编辑：王晓蕾（010-63412610）
责任校对：黄　蓓　王海南
装帧设计：张俊霞
责任印制：杨晓东

印　　刷：北京雁林吉兆印刷有限公司
版　　次：2021 年 5 月第一版
印　　次：2021 年 5 月北京第一次印刷
开　　本：787 毫米×1092 毫米　16 开本
印　　张：14.75
字　　数：344 千字
定　　价：59.00 元

前　　言

2012 年人力资源社会保障部、公安部建立注册消防工程师制度，自 2015 年开展一级注册消防工程师资格考试以来，初步选拔了一批消防专业技术人才，发挥了积极作用，得到了社会广泛认可。但是，从注册消防工程师数量规模、层级结构和综合效能看，与深化推进"放管服"改革和消防执法改革的需要仍不相适应，注册消防工程师队伍亟待进一步发展壮大。

为深入贯彻落实中共中央办公厅、国务院办公厅《关于深化消防执法改革的意见》，全面加快推进实施注册消防工程师制度，进一步提高社会消防安全治理水平，应急管理部消防救援局积极推进二级注册消防工程师资格考试工作。

为了适应注册消防工程师资格考试的需要，方便应试人员复习备考，我们编写了本套《全国二级注册消防工程师资格考试辅导教材》，共分两册，包括《消防安全技术综合能力》和《消防安全案例分析》。

具体来讲，本套辅导教材具有如下特点：

一、权威性

本套辅导教材由长期从事消防工程师资格考试培训的老师组成的编写组，凭借丰富的基础知识和长期的培训经验编写而成。

二、针对性

本套辅导教材对广大考生关注的考试重点、难点和采分点进行了梳理和归纳，针对考试中涉及的重点、难点内容做了深层次的剖析和总结，为考生节约了复习时间，提高了学习效率。

三、实用性

本套辅导教材配备了章节练习，围绕核心知识点，精心选题，引导考生巩固所学知识并学会不同种类型习题的解题方法，以此提高学生的理解能力和综合运用能力。

四、解惑性

购买本套辅导教材的考生可以通过 QQ 群：885411219 与答疑老师取得联系，老师会对考生提出的问题耐心解答。

本套辅导教材在编写方式上充分考虑到考生作为在职人员工作忙、时间紧、专业功底弱、应试能力差的特点，针对每个科目的章节重点进行精讲，考点精练，并将知识点和试题完美结合，强化考生的应试能力。让考生在准确把握考试的重点、难点及命题趋势的同时，达到仿真实战的目的。

　　本书在编写过程中，虽然几经斟酌和校阅，但由于时间仓促，编者受限于知识水平、经验，书中疏漏在所难免，恳请读者和同行提出宝贵的意见。

编　者

2021 年 4 月

备 考 指 南

一、学科特点

《消防安全技术综合能力》《消防安全案例分析》这两本书从前往后基本上都是围绕着"建筑防火""消防设施""消防安全管理与评估"等主要内容展开的，可谓是"你中有我，我中有你"。

《消防安全技术综合能力》主要涉及消防法规及相关知识运用、建筑消防安全检查、消防设施检测与维护管理、单位消防安全评估、消防安全管理等内容，主要针对防火检查、消防设施的施工验收、消防检测、故障分析、维护保养以及消防安全管理等相关要求进行考核。本科目考试涉及系统的具体运用，需要记忆的检查项目比较多。

《消防安全案例分析》全面考核考生的系统分析能力、综合判断能力、逻辑推理能力，试卷涉及的知识范围较为广泛，综合性较强。该科目考试具有以下特点：

（1）题量大、阅读能力要求高、书写量大、时间紧。

（2）考试范围广，涉及知识点多，综合性和专业性强。

（3）考试难度较大，出题灵活。

（4）知识点深入，要求对消防设施的设计、安装、调试、检测、维护保养整个生命周期都熟练掌握。

（5）系统的把握、细节的故障处理，都是考试出题点。

（6）考查时设置较多"陷阱"，需多种条件组合判断。

（7）贴近实际工程，要求有一定的工程实践经验。

在备考复习中，要梳理考试中出现的高频考点、重要考点，进行重点学习。随着学习内容的增多，考生要学会思考前后章节之间的关系，如何把它们作为一个整体联系起来。例如学习消防基础知识后，要能够把这一章所有知识结合在一起形成一个整体。另外，除了需要复习教材中的考点知识外，还需要多做练习，将习题和教材并用。

二、备考策略

1. 循序渐进

要想取得好的成绩，比较有效的方法是把书看上三遍。第一遍是仔细地看，每一个要点、难点都不放过，这个过程时间应该比较长；第二遍是较快地看，主要是对第一遍划出来的重要知识点进行复习；第三遍是很快地看，主要是查缺补漏，着重看没有看懂或者没有彻底掌握的知识点。为此，建议考生在复习前根据自身的情况，制订一个切合实际的学习计划，依此来安排自己的复习。

2. 善于总结

就是在仔细看完一遍教材的前提下，一边看书，一边做总结性的笔记，把教材中每一章的要点都列出来，从而让厚书变薄，并理解其精华所在；要突出全面理解和融会贯通，并不是要求把指定教材的全部内容逐字逐句地死记硬背下来。而是要注意准确把握文字背后的复杂含义，还要注意把不同章节的内容联系起来，能够从整体上对考试科目进行全面掌握。

3. 把握重点

考生在复习时常常可能会过于关注教材上的每个段落、每个细节，没有注意到有些知识点可能跨好几个页码，对这类知识点之间的内在联系缺乏理解和把握，就会导致在做多项选择题时难以将所有答案全部选出来，或者由于分辨不清选项之间的关系而将某些选项忽略掉，甚至将两个相互矛盾的选项同时选入。为避免出现此类错误，建议考生在复习时，务必留意这些层级间的关系。每门课程都有其必须掌握的知识点，对于这些知识点，一定要深刻把握，举一反三，以不变应万变。在复习中若想提高效率，就必须把握重点，避免平均分配。把握重点能使我们以较小的投入获取较大的考试收益，在考试中立于不败之地。

4. 精选资料

复习资料不宜过多，选一两本就行了，多了容易眼花，反而不利于复习。从某种意义上讲，考试就是做题。所以，在备考学习过程中，适当地做一些练习题和模拟题是考试成功必不可少的一个环节。多做练习固然有益，但千万不要舍本逐末，以题代学。练习只是针对所学知识的检验和巩固，千万不能搞什么题海大战。

在这里提醒考生在复习过程中应注意以下三点：

一是加深对基本概念的理解。对基本概念的理解和应用是考试的重点，考生在复习时要对基本概念加强理解和掌握，对理论性的概念要掌握其要点。

二是把握一些细节性信息、共性信息。每年的考题中都有一些细节性的考题，考生在复习过程中看到这类信息时，一定要提醒自己给予足够的重视。

三是突出应用。考试侧重于对基本应用能力的考查，近年来这个特点有所扩大，因此知识不仅要勤学，还需要做到活学活用。

目　录

第一章 工业建筑防火案例分析

第一节 火灾危险性分类

一、生产火灾危险性分类

（1）根据《建筑设计防火规范》（GB 50016—2014，2018 年版）第 3.1.1 条规定，生产的火灾危险性应根据生产中使用或产生的物质性质及其数量等因素划分，可分为甲、乙、丙、丁、戊类，并应符合表 1–1 的规定。

表 1–1　　　　　　　　　　　　生产的火灾危险性分类

生产的火灾危险性类别	使用或产生下列物质生产的火灾危险性特征
甲	（1）闪点小于 28℃的液体。 （2）爆炸下限小于 10%的气体。 （3）常温下能自行分解或在空气中氧化能导致迅速自燃或爆炸的物质。 （4）常温下受到水或空气中水蒸气的作用，能产生可燃气体并引起燃烧或爆炸的物质。 （5）遇酸、受热、撞击、摩擦、催化以及遇有机物或硫黄等易燃的无机物，极易引起燃烧或爆炸的强氧化剂。 （6）受撞击、摩擦或与氧化剂、有机物接触时能引起燃烧或爆炸的物质。 （7）在密闭设备内操作温度不小于物质本身自燃点的生产
乙	（1）闪点不小于 28℃，但小于 60℃的液体。 （2）爆炸下限不小于 10%的气体。 （3）不属于甲类的氧化剂。 （4）不属于甲类的易燃固体。 （5）助燃气体。 （6）能与空气形成爆炸性混合物的浮游状态的粉尘、纤维，闪点不小于 60℃的液体雾滴
丙	（1）闪点不小于 60℃的液体。 （2）可燃固体
丁	（1）对不燃烧物质进行加工，并在高温或熔化状态下经常产生强辐射热、火花或火焰的生产。 （2）利用气体、液体、固体作为燃料或将气体、液体进行燃烧作其他用的各种生产。 （3）常温下使用或加工难燃烧物质的生产
戊	常温下使用或加工不燃烧物质的生产

知识拓展

根据《建筑设计防火规范》（GB 50016—2014，2018 年版）第 3.1.1 条条文说明，表 1–2

列举了部分常见生产的火灾危险性分类。

表1-2　　　　　　　　　　　部分常见生产的火灾危险性分类举例

生产的火灾危险性类别	举　　例
甲	（1）闪点小于28℃的油品和有机溶剂的提炼、回收或洗涤部位及其泵房，橡胶制品的涂胶和胶浆部位，二硫化碳的粗馏、精馏工段及其应用部位，青霉素提炼部位，原料药厂的非纳西汀车间的烃化、回收及电感精馏部位，皂素车间的抽提、结晶及过滤部位，冰片精制部位，农药厂乐果厂房，敌敌畏的合成厂房、磺化法糖精厂房，氯乙醇厂房，环氧乙烷、环氧丙烷工段，苯酚厂房的磺化、蒸馏部位，焦化厂吡啶工段，胶片厂片基厂房，汽油加铅室，甲醇、乙醇、丙酮、丁酮异丙醇、醋酸乙酯、苯等的合成或精制厂房，集成电路工厂的化学清洗间（使用闪点小于28℃的液体），植物油加工厂的浸出车间；白酒液态法酿酒车间、酒精蒸馏塔，酒精度为38度及以上的勾兑车间、灌装车间、酒泵房；白兰地蒸馏车间、勾兑车间、灌装车间、酒泵房。 （2）乙炔站，氢气站，石油气体分馏（或分离）厂房，氯乙烯厂房，乙烯聚合厂房，天然气、石油伴生气、矿井气、水煤气或焦炉煤气的净化（如脱硫）厂房压缩机室及鼓风机室，液化石油气罐瓶间，丁二烯及其聚合厂房，醋酸乙烯厂房，电解水或电解食盐厂房，环己酮厂房，乙基苯和苯乙烯厂房，化肥厂的氢氮气压缩厂房，半导体材料厂使用氢气的拉晶车间，硅烷热分解室。 （3）硝化棉厂房及其应用部位，赛璐珞厂房，黄磷制备厂房及其应用部位，三乙基铝厂房，染化厂某些能自行分解的重氮化合物生产，甲胺厂房，丙烯腈厂房。 （4）金属钠、钾加工厂房及其应用部位，聚乙烯厂房的一氧二乙基铝部位、三氯化磷厂房，多晶硅车间三氯氢硅部位，五氧化二磷厂房。 （5）氯酸钠、氯酸钾厂房及其应用部位，过氧化氢厂房，过氧化钠、过氧化钾厂房，次氯酸钙厂房。 （6）赤磷制备厂房及其应用部位，五硫化二磷厂房及其应用部位。 （7）洗涤剂厂房石蜡裂解部位，冰醋酸裂解厂房
乙	（1）闪点大于或等于28℃至小于60℃的油品和有机溶剂的提炼、回收、洗涤部位及其泵房，松节油或松香蒸馏厂房及其应用部位，醋酸酐精馏厂房，己内酰胺厂房，甲酚厂房，氯丙醇厂房，樟脑油提取部位，环氧氯丙烷厂房，松针油精制部位，煤油灌桶间。 （2）一氧化碳压缩机室及净化部位，发生炉煤气或鼓风炉煤气净化部位，氨压缩机房。 （3）发烟硫酸或发烟硝酸浓缩部位，高锰酸钾厂房，重铬酸钠（红矾钠）厂房。 （4）樟脑或松香提炼厂房，硫黄回收厂房，焦化厂精萘厂房。 （5）氧气站，空分厂房。 （6）铝粉或镁粉厂房，金属制品抛光部位，煤粉厂房，面粉厂的碾磨部位，活性炭制造及再生厂房，谷物筒仓工作塔，亚麻厂的除尘器和过滤器室
丙	（1）闪点不小于60℃的油品和有机液体的提炼、回收工段及其抽送泵房，香料厂的松油醇部位和乙酸松油脂部位，苯甲酸厂房，苯乙酮厂房，焦化厂焦油厂房，甘油、桐油的制备厂房，油浸变压器室，机器油或变压油灌桶间，润滑油再生部位，配电室（每台装油量大于60kg的设备），沥青加工厂房，植物油加工厂的精炼部位。 （2）煤、焦炭、油母页岩的筛分、转运工段和栈桥或储仓，木工厂房，竹、藤加工厂房，橡胶制品的压延、成型和硫化厂房，针织品厂房，纺织、印染、化纤生产的干燥部位，服装加工厂房，棉花加工和打包厂房，造纸厂备料、干燥车间，印染厂成品厂房，麻纺厂粗加工车间，谷物加工厂房，卷烟厂的切丝、卷制、包装车间，印刷厂的印刷车间，毛涤厂选毛车间，电视机、收音机装配厂房，显像管厂装配工段烧枪间，磁带装配厂房，集成电路工厂的氧化扩散间、光刻间，泡沫塑料厂的发泡、成型、印片压花部位，饲料加工厂房，畜（禽）屠宰、分割及加工车间、鱼加工车间
丁	（1）金属冶炼、锻造、铆焊、热轧、铸造、热处理厂房。 （2）锅炉房，玻璃原料熔化厂房，灯丝烧拉部位，保温瓶胆厂房，陶瓷制品的烘干、烧成厂房，蒸汽机车库，石灰焙烧厂房，电石炉部位，耐火材料烧成部位，转炉厂房，硫酸车间焙烧部位，电极煅烧工段，配电室（每台装油量不大于60kg的设备）。 （3）难燃铝塑料材料的加工厂房，酚醛泡沫塑料的加工厂房，印染厂的漂炼部位，化纤厂后加工润湿部位
戊	制砖车间，石棉加工车间，卷扬机室，不燃液体的泵房和阀门室，不燃液体的净化处理工段，金属（镁合金除外）冷加工车间，电动车库，钙镁磷肥车间（焙烧炉except），造纸厂或化学纤维厂的浆粕蒸煮工段，仪表、器械或车辆装配车间，氟利昂厂房，水泥厂的轮窑厂房，加气混凝土厂的材料准备、构件制作厂房

（2）根据《建筑设计防火规范》（GB 50016—2014，2018年版）第3.1.2条规定，同一座厂房或厂房的任一防火分区内有不同火灾危险性生产时，厂房或防火分区内的生产火灾危

险性类别应按火灾危险性较大的部分确定；当生产过程中使用或产生易燃、可燃物的量较少，不足以构成爆炸或火灾危险时，可按实际情况确定；当符合下述条件之一时，可按火灾危险性较小的部分确定：

① 火灾危险性较大的生产部分占本层或本防火分区建筑面积的比例小于 5%或丁、戊类厂房内的油漆工段小于 10%，且发生火灾事故时不足以蔓延至其他部位或火灾危险性较大的生产部分采取了有效的防火措施。

② 丁、戊类厂房内的油漆工段，当采用封闭喷漆工艺，封闭喷漆空间内保持负压、油漆工段设置可燃气体探测报警系统或自动抑爆系统，且油漆工段占所在防火分区建筑面积的比例不大于 20%。

二、生产火灾危险性分类评定考虑因素

生产的火灾危险性按其中最危险的物质评定，主要考虑以下几个方面：

（1）生产中使用的全部原材料的性质。

（2）生产中操作条件的变化是否会改变物质的性质。

（3）生产中产生的全部中间产物的性质。

（4）生产的最终产品及副产物的性质。

（5）生产过程中的自然通风、气温、湿度等环境条件等。

三、储存物品的火灾危险性分类

（1）根据《建筑设计防火规范》（GB 50016—2014，2018 年版）第 3.1.3 条规定，储存物品的火灾危险性应根据储存物品的性质和储存物品中的可燃物数量等因素划分，可分为甲、乙、丙、丁、戊类，并应符合表 1-3 的规定。

表 1-3 储存物品的火灾危险性分类

储存物品的火灾危险性类别	储存物品的火灾危险性特征
甲	（1）闪点小于 28℃的液体。 （2）爆炸下限小于 10%的气体，受到水或空气中水蒸气的作用能产生爆炸下限小于 10%气体的固体物质。 （3）常温下能自行分解或在空气中氧化能导致迅速自燃或爆炸的物质。 （4）常温下受到水或空气中水蒸气的作用，能产生可燃气体并引起燃烧或爆炸的物质。 （5）遇酸、受热、撞击、摩擦以及遇有机物或硫黄等易燃的无机物，极易引起燃烧或爆炸的强氧化剂。 （6）受撞击、摩擦或与氧化剂、有机物接触时能引起燃烧或爆炸的物质
乙	（1）闪点不小于 28℃，但小于 60℃的液体。 （2）爆炸下限不小于 10%的气体。 （3）不属于甲类的氧化剂。 （4）不属于甲类的易燃固体。 （5）助燃气体。 （6）常温下与空气接触能缓慢氧化，积热不散引起自燃的物品
丙	（1）闪点不小于 60℃的液体。 （2）可燃固体
丁	难燃烧物品
戊	不燃烧物品

知识拓展

根据《建筑设计防火规范》（GB 50016—2014，2018 年版）第 3.1.3 条条文说明，表 1-4 列举了一些常见储存物品的火灾危险性分类。

表 1-4　　　　　　　　　常见储存物品的火灾危险性分类举例

生产的火灾危险性类别	举　例
甲类	（1）己烷、戊烷、环戊烷、石脑油、二硫化碳、苯、甲苯、甲醇、乙醇、乙醚、乙酸甲酯、醋酸甲酯、硝酸乙酯、汽油、丙酮、丙烯、酒精度为 38 度以上的白酒。 （2）乙炔、氢、甲烷、环氧乙烷、水煤气、液化石油气、乙烯、丙烯、丁二烯、硫化氢、氯乙烯、电石、碳化铝。 （3）硝化棉、硝化纤维胶片、喷漆棉、火胶棉、赛璐珞棉、黄磷。 （4）金属钾、钠、锂、钙、锶、氢化锂、氢化钠、四氢化锂铝。 （5）氯酸钾、氯酸钠、过氧化钾、过氧化钠、硝酸铵。 （6）赤磷、五硫化二磷、三硫化二磷
乙类	（1）煤油、松节油、丁烯醇、异戊醇、丁醚、醋酸丁酯、硝酸戊酯、乙酰丙酮、环己胺、溶剂油、冰醋酸、樟脑油、甲酸。 （2）氨气、一氧化碳。 （3）硝酸铜、铬酸、亚硝酸钾、重铬酸钠、铬酸钾、硝酸、硝酸汞、硝酸钴、发烟硫酸、漂白粉。 （4）硫黄、镁粉、铝粉、赛璐珞板（片）、樟脑、萘、生松香、硝化纤维漆布、硝化纤维色片。 （5）氧气、氟气、液氯。 （6）漆布及其制品，油布及其制品，油纸及其制品，油绸及其制品
丙类	（1）动物油、植物油、沥青、蜡、润滑油、机油、重油，闪点不小于 60℃的柴油，糖醛，白兰地成品库。 （2）化学、人造纤维及其织物，纸张，棉、毛、丝、麻及其织物，谷物，面粉，粒径不小于 2mm 的工业成型硫黄，天然橡胶及其制品，竹、木及其制品，中药材，电视机、收录机等电子产品，计算机机房已录数据的磁盘储存间，冷库中的鱼、肉间
丁类	自熄性塑料及其制品，酚醛泡沫塑料及其制品，水泥刨花板
戊类	钢材、铝材、玻璃及其制品，陶瓷制品、搪瓷制品，不燃气体，玻璃棉、岩棉、陶瓷棉、硅酸铝纤维、矿棉、石膏及其无纸制品，水泥、石、膨胀珍珠岩

（2）根据《建筑设计防火规范》（GB 50016—2014，2018 年版）第 3.1.4 条规定，同一座仓库或仓库的任一防火分区内储存不同火灾危险性物品时，仓库或防火分区的火灾危险性应按火灾危险性最大的物品确定。

（3）根据《建筑设计防火规范》（GB 50016—2014，2018 年版）第 3.1.5 条规定，丁、戊类储存物品仓库的火灾危险性，当可燃包装重量大于物品本身重量 1/4 或可燃包装体积大于物品本身体积的 1/2 时，应按丙类确定。

第二节　耐火等级、层数、面积和平面布置

一、厂房、仓库的耐火等级

根据《建筑设计防火规范》（GB 50016—2014，2018 年版）第 3.2.1～3.2.19 条规定：

（1）厂房和仓库的耐火等级可分为一、二、三、四级，相应建筑构件的燃烧性能和耐火极限，除另有规定外，不应低于表 1-5 的规定。

表1–5　　　　　不同耐火等级厂房和仓库建筑构件的燃烧性能和耐火极限　　　　　（h）

构件名称		耐火等级			
		一级	二级	三级	四级
墙	防火墙	不燃性 3.00	不燃性 3.00	不燃性 3.00	不燃性 3.00
	承重墙	不燃性 3.00	不燃性 2.50	不燃性 2.00	难燃性 0.50
	楼梯间和前室的墙电梯井的墙	不燃性 2.00	不燃性 2.00	不燃性 1.50	难燃性 0.50
	疏散走道两侧的隔墙	不燃性 1.00	不燃性 1.00	不燃性 0.50	难燃性 0.25
	非承重外墙房间隔墙	不燃性 0.75	不燃性 0.50	难燃性 0.50	难燃性 0.25
柱		不燃性 3.00	不燃性 2.50	不燃性 2.00	难燃性 0.50
梁		不燃性 2.00	不燃性 1.50	不燃性 1.00	难燃性 0.50
楼板		不燃性 1.50	不燃性 1.00	不燃性 0.75	难燃性 0.50
屋顶承重构件		不燃性 1.50	不燃性 1.00	难燃性 0.50	可燃性
疏散楼梯		不燃性 1.50	不燃性 1.00	不燃性 0.75	可燃性
吊顶（包括吊顶搁栅）		不燃性 0.25	难燃性 0.25	难燃性 0.15	可燃性

注：二级耐火等级建筑内采用不燃材料的吊顶，其耐火极限不限。

（2）高层厂房，甲、乙类厂房的耐火等级不应低于二级，建筑面积不大于300m²的独立甲、乙类单层厂房可采用三级耐火等级的建筑。

（3）单、多层丙类厂房和多层丁、戊类厂房的耐火等级不应低于三级。使用或产生丙类液体的厂房和有火花、赤热表面、明火的丁类厂房，其耐火等级均不应低于二级，当为建筑面积不大于500m²的单层丙类厂房或建筑面积不大于1000m²的单层丁类厂房时，可采用三级耐火等级的建筑。

（4）使用或储存特殊贵重的机器、仪表、仪器等设备或物品的建筑，其耐火等级不应低于二级。

（5）锅炉房的耐火等级不应低于二级，当为燃煤锅炉房且锅炉的总蒸发量不大于4t/h时，可采用三级耐火等级的建筑。

（6）油浸变压器室、高压配电装置室的耐火等级不应低于二级。

（7）高架仓库、高层仓库、甲类仓库、多层乙类仓库和储存可燃液体的多层丙类仓库，其耐火等级不应低于二级。单层乙类仓库，单层丙类仓库，储存可燃固体的多层丙类仓库和多层丁、戊类仓库，其耐火等级不应低于三级。

（8）粮食筒仓的耐火等级不应低于二级；二级耐火等级的粮食筒仓可采用钢板仓。粮食平房仓的耐火等级不应低于三级；二级耐火等级的散装粮食平房仓可采用无防火保护的金属承重构件。

（9）甲、乙类厂房和甲、乙、丙类仓库内的防火墙，其耐火极限不应低于 4.00h。

（10）一、二级耐火等级单层厂房（仓库）的柱，其耐火极限分别不应低于 2.50h 和 2.00h。

（11）采用自动喷水灭火系统全保护的一级耐火等级单、多层厂房（仓库）的屋顶承重构件，其耐火极限不应低于 1.00h。

（12）除甲、乙类仓库和高层仓库外，一、二级耐火等级建筑的非承重外墙，当采用不燃性墙体时，其耐火极限不应低于 0.25h；当采用难燃性墙体时，不应低于 0.50h。4 层及 4 层以下的一、二级耐火等级丁、戊类地上厂房（仓库）的非承重外墙，当采用不燃性墙体时，其耐火极限不限。

（13）二级耐火等级厂房（仓库）内的房间隔墙，当采用难燃性墙体时，其耐火极限应提高 0.25h。

（14）二级耐火等级多层厂房和多层仓库内采用预应力钢筋混凝土的楼板，其耐火极限不应低于 0.75h。

（15）一、二级耐火等级厂房（仓库）的上人平屋顶，其屋面板的耐火极限分别不应低于 1.50h 和 1.00h。

（16）一、二级耐火等级厂房（仓库）的屋面板应采用不燃材料。屋面防水层宜采用不燃、难燃材料，当采用可燃防水材料且铺设在可燃、难燃保温材料上时，防水材料或可燃、难燃保温材料应采用不燃材料作防护层。

（17）建筑中的非承重外墙、房间隔墙和屋面板，当确需采用金属夹芯板材时，其芯材应为不燃材料。

（18）除另有规定外，以木柱承重且墙体采用不燃材料的厂房（仓库），其耐火等级可按四级确定。

（19）预制钢筋混凝土构件的节点外露部位，应采取防火保护措施，且节点的耐火极限不应低于相应构件的耐火极限。

二、厂房、仓库的层数和面积

（一）厂房的层数和每个防火分区的最大允许建筑面积

根据《建筑设计防火规范》（GB 50016—2014，2018 年版）第 3.3.1、3.3.3 条规定，除另有规定外，厂房的层数和每个防火分区的最大允许建筑面积应符合表 1-6 的规定。

表 1-6　　　　　　　厂房的层数和每个防火分区的最大允许建筑面积

生产的火灾危险性类别	厂房的耐火等级	最多允许层数	每个防火分区的最大允许建筑面积（m²）			
			单层厂房	多层厂房	高层厂房	地下或半地下厂房（包括地下或半地下室）
甲	一级 二级	宜采用单层	4000 3000	3000 2000	— —	— —
乙	一级 二级	不限 6	5000 4000	4000 3000	2000 1500	— —
丙	一级 二级 三级	不限 不限 2	不限 8000 3000	6000 4000 2000	3000 2000 —	00 500 —

续表

生产的火灾危险性类别	厂房的耐火等级	最多允许层数	每个防火分区的最大允许建筑面积（m²）			
			单层厂房	多层厂房	高层厂房	地下或半地下厂房（包括地下或半地下室）
丁	一、二级	不限	不限	不限	4000	1000
	三级	3	4000	2000	—	—
	四级	1	1000	—	—	—
戊	一、二级	不限	不限	不限	6000	1000
	三级	3	5000	3000	—	—
	四级	1	1500	—	—	—

注：1. 防火分区之间应采用防火墙分隔。除甲类厂房外的一、二级耐火等级厂房，当其防火分区的建筑面积大于表 1-6 规定，且设置防火墙确有困难时，可采用防火卷帘或防火分隔水幕分隔。

2. 除麻纺厂房外，一级耐火等级的多层纺织厂房和二级耐火等级的单、多层纺织厂房，其每个防火分区的最大允许建筑面积可按表 1-6 的规定增加 0.5 倍，但厂房内的原棉开包、清花车间与厂房内其他部位之间均应采用耐火极限不低于 2.50h 的防火隔墙分隔，需要开设门、窗、洞口时，应设置甲级防火门、窗。

3. 一、二级耐火等级的单、多层造纸生产联合厂房，其每个防火分区的最大允许建筑面积可按表 1-6 的规定增加 1.5 倍。一、二级耐火等级的湿式造纸联合厂房，当纸机烘缸罩内设置自动灭火系统，完成工段设置有效灭火设施保护时，其每个防火分区的最大允许建筑面积可按工艺要求确定。

4. 一、二级耐火等级的谷物筒仓工作塔，当每层工作人数不超过 2 人时，其层数不限。

5. 一、二级耐火等级卷烟生产联合厂房内的原料、备料及成组配方、制丝、储丝和卷接包、辅料周转、成品暂存、二氧化碳膨胀烟丝等生产用房应划分独立的防火分区单元，当工艺条件许可时，应采用防火墙进行分隔。其中制丝、储丝和卷接包车间可划分为一个防火分区，且每个防火分区的最大允许建筑面积可按工艺要求确定，但制丝、储丝及卷接包车间之间应采用耐火极限不低于 2.00h 的防火隔墙和 1.00h 的楼板进行分隔。厂房内各水平和竖向防火分隔之间的开口应采取防止火灾蔓延的措施。

6. 厂房内的操作平台、检修平台，当使用人数少于 10 人时，平台的面积可不计入所在防火分区的建筑面积内。

7. 厂房内设置自动灭火系统时，每个防火分区的最大允许建筑面积可按表 1-6 的规定增加 1.0 倍。当丁、戊类的地上厂房内设置自动灭火系统时，每个防火分区的最大允许建筑面积不限。厂房内局部设置自动灭火系统时，其防火分区的增加面积可按该局部面积的 1.0 倍计算。

8. "—"表示不允许。

（二）仓库的层数和面积

根据《建筑设计防火规范》（GB 50016—2014，2018 年版）第 3.3.2、3.3.3 条规定，除另有规定外，仓库的层数和面积应符合表 1-7 的规定。

表 1-7　　　　　　　　　　仓 库 的 层 数 和 面 积

储存物品的火灾危险性类别	仓库的耐火等级	最多允许层数	每座仓库的最大允许占地面积和每个防火分区的最大允许建筑面积（m²）						
			单层仓库		多层仓库		高层仓库		地下或半地下仓库（包括地下或半地下室）
			每座仓库	防火分区	每座仓库	防火分区	每座仓库	防火分区	防火分区
甲	3、4 项	一级	1	180	60	—	—	—	—	—
	1、2、5、6 项	一、二级	1	750	250	—	—	—	—	—
乙	1、3、4 项	一、二级	3	2000	500	900	300	—	—	—
		三级	1	500	250	—	—	—	—	—
	2、5、6 项	一、二级	5	2800	700	1500	500	—	—	—
		三级	1	900	300	—	—	—	—	—

续表

储存物品的火灾危险性类别		仓库的耐火等级	最多允许层数	每座仓库的最大允许占地面积和每个防火分区的最大允许建筑面积（m²）						
				单层仓库		多层仓库		高层仓库		地下或半地下仓库（包括地下或半地下室）
				每座仓库	防火分区	每座仓库	防火分区	每座仓库	防火分区	防火分区
丙	1项	一、二级	5	4000	1000	2800	700	—	—	150
		三级	1	1200	400	—	—	—	—	—
	2项	一、二级	不限	6000	1500	4800	1200	4000	1000	300
		三级	3	2100	700	1200	400	—	—	—
丁		一、二级	不限	不限	3000	不限	1500	4800	1200	500
		三级	3	3000	1000	1500	500	—	—	—
		四级	1	2100	700	—	—	—	—	—
戊		一、二级	不限	不限	不限	不限	2000	6000	1500	1000
		三级	3	3000	1000	2100	700	—	—	—
		四级	1	2100	700	—	—	—	—	—

注：1. 仓库内的防火分区之间必须采用防火墙分隔，甲、乙类仓库内防火分区之间的防火墙不应开设门、窗、洞口；地下或半地下仓库（包括地下或半地下室）的最大允许占地面积，不应大于相应类别地上仓库的最大允许占地面积。

2. 一、二级耐火等级的煤均化库，每个防火分区的最大允许建筑面积不应大于 12 000m²。

3. 独立建造的硝酸铵仓库、电石仓库、聚乙烯等高分子制品仓库、尿素仓库、配煤仓库、造纸厂的独立成品仓库，当建筑的耐火等级不低于二级时，每座仓库的最大允许占地面积和每个防火分区的最大允许建筑面积可按表 1-7 的规定增加 1.0 倍。

4. 一、二级耐火等级粮食平房仓的最大允许占地面积不应大于 12 000m²，每个防火分区的最大允许建筑面积不应大于 3000m²；三级耐火等级粮食平房仓的最大允许占地面积不应大于 3000m²，每个防火分区的最大允许建筑面积不应大于 1000m²。

5. 一、二级耐火等级且占地面积不大于 2000m² 的单层棉花库房，其防火分区的最大允许建筑面积不应大于 2000m²。

6. 仓库内设置自动灭火系统时，除冷库的防火分区外，每座仓库的最大允许占地面积和每个防火分区的最大允许建筑面积可按表 1-7 的规定增加 1.0 倍。

7. "—" 表示不允许。

三、厂房、仓库的平面布置

根据《建筑设计防火规范》（GB 50016—2014，2018 年版）第 3.3.4～3.3.9、3.3.11 条规定：

（1）甲、乙类生产场所（仓库）不应设置在地下或半地下。

（2）员工宿舍严禁设置在厂房内。办公室、休息室等不应设置在甲、乙类厂房内，确需贴邻本厂房时，其耐火等级不应低于二级，并应采用耐火极限不低于 3.00h 的防爆墙与厂房分隔，且应设置独立的安全出口。办公室、休息室设置在丙类厂房内时，应采用耐火极限不低于 2.50h 的防火隔墙和 1.00h 的楼板与其他部位分隔，并应至少设置 1 个独立的安全出口。如隔墙上需开设相互连通的门时，应采用乙级防火门。

（3）厂房内设置中间仓库时，应符合下列规定：

① 甲、乙类中间仓库应靠外墙布置，其储量不宜超过 1 昼夜的需要量。

② 甲、乙、丙类中间仓库应采用防火墙和耐火极限不低于 1.50h 的不燃性楼板与其他部位分隔。

③ 丁、戊类中间仓库应采用耐火极限不低于 2.00h 的防火隔墙和 1.00h 的楼板与其他部位分隔。

（4）厂房内的丙类液体中间储罐应设置在单独房间内，其容量不应大于 5m³。设置中间储罐的房间，应采用耐火极限不低于 3.00h 的防火隔墙和 1.50h 的楼板与其他部位分隔，房间门应采用甲级防火门。

（5）变、配电站不应设置在甲、乙类厂房内或贴邻，且不应设置在爆炸性气体、粉尘环境的危险区域内。乙类厂房的配电站确需在防火墙上开窗时，应采用甲级防火窗。

（6）员工宿舍严禁设置在仓库内。办公室、休息室等严禁设置在甲、乙类仓库内，也不应贴邻。办公室、休息室设置在丙、丁类仓库内时，应采用耐火极限不低于 2.50h 的防火隔墙和 1.00h 的楼板与其他部位分隔，并应设置独立的安全出口。隔墙上需开设相互连通的门时，应采用乙级防火门。

（7）甲、乙类厂房（仓库）内不应设置铁路线。需要出入蒸汽机车和内燃机车的丙、丁、戊类厂房（仓库），其屋顶应采用不燃材料或采取其他防火措施。

第三节　防火间距、防爆和安全疏散

一、厂房、仓库的防火间距

（一）厂房的防火间距

1. 厂房之间及与乙、丙、丁、戊类仓库、民用建筑等的防火间距规定

根据《建筑设计防火规范》（GB 50016—2014，2018 年版）第 3.4.1 条规定，除另有规定外，厂房之间及与乙、丙、丁、戊类仓库、民用建筑等的防火间距不应小于表 1-8 的规定。

表 1-8　　　　厂房之间及与乙、丙、丁、戊类仓库、民用建筑等的防火间距　　　　（m）

名称			甲类厂房	乙类厂房（仓库）		丙、丁、戊类厂房（仓库）				民用建筑				
			单、多层	单、多层	高层	单、多层		高层		裙房，单、多层		高层		
			一、二级	一、二级	三级	一、二级	一、二级	三级	四级	一、二级	一、二级	三级	四级	一类	二类
甲类厂房	单、多层	一、二级	12	12	14	13	12	14	16	13	25			50	
乙类厂房	单、多层	一、二级	12	10	12	13	10	12	14	13	25			50	
		三级	14	12	14	15	12	14	16	15					
	高层	一、二级	13	13	15	13	13	15	17	13					

续表

名称	甲类厂房 单、多层 一、二级	乙类厂房(仓库) 单、多层 一、二级	乙类厂房(仓库) 三级	乙类厂房(仓库) 高层 一、二级	丙、丁、戊类厂房(仓库) 单、多层 一、二级	丙、丁、戊类厂房(仓库) 单、多层 三级	丙、丁、戊类厂房(仓库) 单、多层 四级	丙、丁、戊类厂房(仓库) 高层 一、二级	民用建筑 裙房,单、多层 一、二级	民用建筑 裙房,单、多层 三级	民用建筑 裙房,单、多层 四级	民用建筑 高层 一类	民用建筑 高层 二类
丙类厂房 单、多层 一、二级	12	10	12	13	10	12	14	13	10	12	14	20	15
丙类厂房 单、多层 三级	14	12	14	15	12	14	16	15	12	14	16	25	20
丙类厂房 单、多层 四级	16	14	16	17	14	16	18	17	14	16	18	25	20
丙类厂房 高层 一、二级	13	13	15	13	13	15	17	13	13	15	17	20	15
丁、戊类厂房 单、多层 一、二级	12	10	12	13	10	12	14	13	10	12	14	15	13
丁、戊类厂房 单、多层 三级	14	12	14	15	12	14	16	15	12	14	16	18	15
丁、戊类厂房 单、多层 四级	16	14	16	17	14	16	18	17	14	16	18	18	15
丁、戊类厂房 高层 一、二级	13	13	15	13	13	15	17	13	13	15	17	15	13
室外变、配电站 变压器总油量(t) ≥5、≤10	25	25	25	25	12	15	20	12	15	20	25	20	20
室外变、配电站 变压器总油量(t) ≥10、<50	25	25	25	25	15	20	25	15	20	25	30	25	25
室外变、配电站 变压器总油量(t) ≥50	25	25	25	25	20	25	30	20	25	30	35	30	30

注：1. 乙类厂房与重要公共建筑的防火间距不宜小于 50m；与明火或散发火花地点，不宜小于 30m。单、多层戊类厂房之间及与戊类仓库的防火间距可按表 1-8 的规定减少 2m，与民用建筑的防火间距可将戊类厂房等同民用建筑按规定执行。为丙、丁、戊类厂房服务而单独设置的生活用房应按民用建筑确定，与所属厂房的防火间距不应小于 6m。

2. 两座厂房相邻较高一面外墙为防火墙，或相邻两座高度相同的一、二级耐火等级建筑中相邻任一侧外墙为防火墙且屋顶的耐火极限不低于 1.00h 时，其防火间距不限，但甲类厂房之间不应小于 4m。两座丙、丁、戊类厂房相邻两面外墙均为不燃性墙体，当无外露的可燃性屋檐，每面外墙上的门、窗、洞口面积之和各不大于外墙面积的 5%，且门、窗、洞口不正对开设时，其防火间距可按表 1-8 的规定减少 25%。

3. 两座一、二级耐火等级的厂房，当相邻较低一面外墙为防火墙且较低一座厂房的屋顶无天窗，屋顶的耐火极限不低于 1.00h，或相邻较高一面外墙的门、窗等开口部位设置甲级防火门、窗或防火分隔水幕或按规定设置防火卷帘时，甲、乙类厂房之间的防火间距不应小于 6m；丙、丁、戊类厂房之间的防火间距不应小于 4m。

4. 发电厂内的主变压器，其油量可按单台确定。

5. 耐火等级低于四级的既有厂房，其耐火等级可按四级确定。

2. 厂房的防火间距其他规定

厂房的防火间距除了执行上述规定外，还需注意以下规定：

（1）根据《建筑设计防火规范》（GB 50016—2014，2018 年版）第 3.4.2 条规定，甲类厂房与重要公共建筑的防火间距不应小于 50m，与明火或散发火花地点的防火间距不应小于 30m。

（2）根据《建筑设计防火规范》（GB 50016—2014，2018 年版）第 3.4.5 条规定，丙、

丁、戊类厂房与民用建筑的耐火等级均为一、二级时，丙、丁、戊类厂房与民用建筑的防火间距可适当减小，但应符合下列规定：

① 当较高一面外墙为无门、窗、洞口的防火墙，或比相邻较低一座建筑屋面高 15m 及以下范围内的外墙为无门、窗、洞口的防火墙时，其防火间距不限；

② 相邻较低一面外墙为防火墙，且屋顶无天窗、屋顶的耐火极限不低于 1.00h，或相邻较高一面外墙为防火墙，且墙上开口部位采取了防火措施，其防火间距可适当减小，但不应小于 4m。

（3）根据《建筑设计防火规范》（GB 50016—2014，2018 年版）第 3.4.6 条规定，厂房外附设化学易燃物品的设备，其外壁与相邻厂房室外附设设备的外壁或相邻厂房外墙的防火间距，不应小于表 1-8 的规定。用不燃材料制作的室外设备，可按一、二级耐火等级建筑确定。总容量不大于 15m³ 的丙类液体储罐，当直埋于厂房外墙外，且面向储罐一面 4.0m 范围内的外墙为防火墙时，其防火间距不限。

（4）根据《建筑设计防火规范》（GB 50016—2014，2018 年版）第 3.4.7 条规定，同一座"U"形或"山"形厂房中相邻两翼之间的防火间距，不宜小于本规范的规定，但当厂房的占地面积小于本规范规定的每个防火分区最大允许建筑面积时，其防火间距可为 6m。

（5）根据《建筑设计防火规范》（GB 50016—2014，2018 年版）第 3.4.12 条规定，厂区围墙与厂区内建筑的间距不宜小于 5m，围墙两侧建筑的间距应满足相应建筑的防火间距要求。

（二）仓库的防火间距

1. 甲类仓库之间及与其他建筑、明火或散发火花地点、铁路、道路等的防火间距规定

根据《建筑设计防火规范》（GB 50016—2014，2018 年版）第 3.5.1 条规定，甲类仓库之间及与其他建筑、明火或散发火花地点、铁路、道路等的防火间距不应小于表 1-9 的规定。

表 1-9　　　　　　甲类仓库之间及与其他建筑、明火或散发火花地点、
铁路、道路等的防火间距　　　　　　　　　　　　（m）

名　　称		甲类仓库（储量，t）			
		甲类储存物品 第 3、4 项		甲类储存物品 第 1、2、5、6 项	
		≤5	≥5	≤10	≥10
高层民用建筑、重要公共建筑		50			
裙房、其他民用建筑、明火或散发火花地点		30	40	25	30
甲类仓库		20	20	20	20
厂房和乙、丙、丁、戊类仓库	一、二级	15	20	12	15
	三级	20	25	15	20
	四级	25	30	20	25
电力系统电压为 35～500kV 且每台变压器容量不小于 10MV·A 的室外变、配电站，工业企业的变压器总油量大于 5t 的室外降压变电站		30	40	25	30

续表

名 称		甲类仓库（储量，t）			
		甲类储存物品 第3、4项		甲类储存物品 第1、2、5、6项	
		≤5	≥5	≤10	≥10
厂外铁路线中心线		40			
厂内铁路线中心线		30			
厂外道路路边		20			
厂内道路路边	主要	10			
	次要	5			

注：甲类仓库之间的防火间距，当第3、4项物品储量不大于2t，第1、2、5、6项物品储量不大于5t时，不应小于12m。
甲类仓库与高层仓库的防火间距不应小于13m。

2. 乙、丙、丁、戊类仓库之间及与民用建筑的防火间距

根据《建筑设计防火规范》（GB 50016—2014，2018年版）第3.5.2条规定，除另有规定外，乙、丙、丁、戊类仓库之间及与民用建筑的防火间距，不应小于表1–10的规定。

表1–10　　　　　乙、丙、丁、戊类仓库之间及与民用建筑的防火间距　　　　　（m）

名称			乙类仓库			丙类仓库				丁、戊类仓库			
			单、多层		高层	单、多层			高层	单、多层			高层
			一、二级	三级	一、二级	一、二级	三级	四级	一、二级	一、二级	三级	四级	一、二级
乙、丙、丁、戊类仓库	单、多层	一、二级	10	12	13	10	12	14	13	10	12	14	13
		三级	12	14	15	12	14	16	15	12	14	16	15
		四级	14	16	17	14	16	18	17	14	16	18	17
	高层	一、二级	13	15	13	13	15	17	13	13	15	17	13
民用建筑	裙房，单、多层	一、二级	25			10	12	14	13	10	12	14	13
		三级	25			12	14	16	15	12	14	16	15
		四级	25			14	16	18	17	14	16	18	17
	高层	一类	50			20	25	25	20	15	18	18	15
		二类	50			15	20	20	15	13	15	15	13

注：1. 单、多层戊类仓库之间的防火间距，可按表1–10的规定减少2m。
　　2. 两座仓库的相邻外墙均为防火墙时，防火间距可以减小，但丙类仓库，不应小于6m；丁、戊类仓库，不应小于4m。
　　3. 除乙类第6项物品外的乙类仓库，与民用建筑的防火间距不宜小于25m，与重要公共建筑的防火间距不应小于50m，与铁路、道路等的防火间距不宜小于表1–9中甲类仓库与铁路、道路等的防火间距。

二、厂房、仓库的防爆

根据《建筑设计防火规范》（GB 50016—2014，2018年版）第3.6.1～3.6.12条规定：

（1）有爆炸危险的甲、乙类厂房宜独立设置，并宜采用敞开或半敞开式。其承重结构宜采用钢筋混凝土或钢框架、排架结构。

（2）有爆炸危险的厂房或厂房内有爆炸危险的部位应设置泄压设施。

（3）泄压设施宜采用轻质屋面板、轻质墙体和易于泄压的门、窗等，应采用安全玻璃等在爆炸时不产生尖锐碎片的材料。泄压设施的设置应避开人员密集场所和主要交通道路，并宜靠近有爆炸危险的部位。作为泄压设施的轻质屋面板和墙体的质量不宜大于 $60kg/m^2$。屋顶上的泄压设施应采取防冰雪积聚措施。

（4）厂房的泄压面积宜按下式计算，但当厂房的长径比大于 3 时，宜将建筑划分为长径比不大于 3 的多个计算段，各计算段中的公共截面不得作为泄压面积：

$$A=10CV^{2/3}$$

式中　A——泄压面积（m^2）；

　　　V——厂房的容积（m^3）；

　　　C——泄压比，可按表 1-11 选取（m^2/m^3）。

表 1-11	厂房内爆炸性危险物质的类别与泄压比规定值	（m^2/m^3）
厂房内爆炸性危险物质的类别		C 值
氨、粮食、纸、皮革、铅、铬、铜等 $K_尘<10MPa \cdot m \cdot s^{-1}$ 的粉尘		≥0.030
木屑、炭屑、煤粉、锑、锡等 $10MPa \cdot m \cdot s^{-1} \leq K_尘 > 30MPa \cdot m \cdot s^{-1}$ 的粉尘		≥0.055
丙酮、汽油、甲醇、液化石油气、甲烷、喷漆间或干燥室、苯酚树脂、铝、镁、锆等 $K_尘>30MPa \cdot m \cdot s^{-1}$ 的粉尘		≥0.110
乙烯		≥0.160
乙炔		≥0.200
氢		≥0.250

注：1. 长径比为建筑平面几何外形尺寸中的最长尺寸与其横截面周长的积和 4.0 倍的建筑横截面积之比。

　　2. $K_尘$ 是指粉尘爆炸指数。

（5）散发较空气轻的可燃气体、可燃蒸气的甲类厂房，宜采用轻质屋面板作为泄压面积。顶棚应尽量平整、无死角，厂房上部空间应通风良好。

（6）散发较空气重的可燃气体、可燃蒸气的甲类厂房和有粉尘、纤维爆炸危险的乙类厂房，应符合下列规定：

① 应采用不发火花的地面。采用绝缘材料作整体面层时，应采取防静电措施；

② 散发可燃粉尘、纤维的厂房，其内表面应平整、光滑，并易于清扫；

③ 厂房内不宜设置地沟，确需设置时，其盖板应严密，地沟应采取防止可燃气体、可燃蒸气和粉尘、纤维在地沟积聚的有效措施，且应在与相邻厂房连通处采用防火材料密封。

（7）有爆炸危险的甲、乙类生产部位，宜布置在单层厂房靠外墙的泄压设施或多层厂房顶层靠外墙的泄压设施附近。有爆炸危险的设备宜避开厂房的梁、柱等主要承重构件布置。

（8）有爆炸危险的甲、乙类厂房的总控制室应独立设置。

（9）有爆炸危险的甲、乙类厂房的分控制室宜独立设置，当贴邻外墙设置时，应采用耐火极限不低于 3.00h 的防火隔墙与其他部位分隔。

（10）有爆炸危险区域内的楼梯间、室外楼梯或有爆炸危险的区域与相邻区域连通处，应设置门斗等防护措施。门斗的隔墙应为耐火极限不应低于 2.00h 的防火隔墙，门应采用甲级防火门并应与楼梯间的门错位设置。

（11）使用和生产甲、乙、丙类液体的厂房，其管、沟不应与相邻厂房的管、沟相通，下水道应设置隔油设施。

（12）甲、乙、丙类液体仓库应设置防止液体流散的设施。遇湿会发生燃烧爆炸的物品仓库应采取防止水浸渍的措施。

三、厂房、仓库的安全疏散

（一）厂房的安全疏散

根据《建筑设计防火规范》（GB 50016—2014，2018 年版）第 3.7.1～3.7.6 条规定，厂房安全疏散的规定见表 1–12。

表 1–12 厂房安全疏散的规定

项目	规 定
安全出口布置原则	厂房的安全出口应分散布置。每个防火分区或一个防火分区的每个楼层，其相邻 2 个安全出口最近边缘之间的水平距离不应小于 5m
厂房地上部分安全出口设置	厂房内每个防火分区或一个防火分区内的每个楼层，其安全出口的数量应经计算确定，且不应少于 2 个；当符合下列条件时，可设置 1 个安全出口： （1）甲类厂房，每层建筑面积不大于 100m²，且同一时间的作业人数不超过 5 人； （2）乙类厂房，每层建筑面积不大于 150m²，且同一时间的作业人数不超过 10 人； （3）丙类厂房，每层建筑面积不大于 250m²，且同一时间的作业人数不超过 20 人； （4）丁、戊类厂房，每层建筑面积不大于 400m²，且同一时间的作业人数不超过 30 人； （5）地下或半地下厂房（包括地下或半地下室），每层建筑面积不大于 50m²，且同一时间的作业人数不超过 15 人
地下或半地下厂房设置安全出口	地下或半地下厂房（包括地下或半地下室），当有多个防火分区相邻布置，并采用防火墙分隔时，每个防火分区可利用防火墙上通向相邻防火分区的甲级防火门作为第二安全出口，但每个防火分区必须至少有 1 个直通室外的独立安全出口
厂房内任一点至最近安全出口的直线距离	厂房内任一点至最近安全出口的直线距离不应大于表 1–13 的规定
厂房的百人疏散宽度计算指标、疏散总宽度和最小净宽度要求	厂房内疏散楼梯、走道、门的各自总净宽度，应根据疏散人数按每 100 人的最小疏散净宽度不小于表 1–14 的规定计算确定。但疏散楼梯的最小净宽度不宜小于 1.10m，疏散走道的最小净宽度不宜小于 1.40m，门的最小净宽度不宜小于 0.90m。当每层疏散人数不相等时，疏散楼梯的总净宽度应分层计算，下层楼梯总净宽度应按该层及以上疏散人数最多一层的疏散人数计算。 首层外门的总净宽度应按该层及以上疏散人数最多一层的疏散人数计算，且该门的最小净宽度不应小于 1.20m
各类厂房疏散楼梯的设置形式	高层厂房和甲、乙、丙类多层厂房的疏散楼梯应采用封闭楼梯间或室外楼梯。建筑高度大于 32m 且任一层人数超过 10 人的厂房，应采用防烟楼梯间或室外楼梯

表 1–13 厂房内任一点至最近安全出口的直线距离 （m）

生产的火灾危险性类别	耐火等级	单层厂房	多层厂房	高层厂房	地下或半地下厂房（包括地下或半地下室）
甲	一、二级	30	25	—	—
乙	一、二级	75	50	30	—
丙	一、二级 三级	80 60	60 40	40 —	30 —
丁	一、二级 三级 四级	不限 60 50	不限 50 —	50 — —	45 — —
戊	一、二级 三级 四级	不限 100 60	不限 75 —	75 — —	60 — —

表 1-14　厂房内疏散楼梯、走道和门的每 100 人最小疏散净宽度　（m/百人）

厂房层数（层）	1～2	3	≥4
最小疏散净宽度（m/百人）	0.60	0.80	1.00

（二）仓库的安全疏散

根据《建筑设计防火规范》（GB 50016—2014，2018 年版）第 3.8.1～3.8.3、第 3.8.5～3.8.8 条规定，仓库的安全疏散的规定见表 1-15。

表 1-15　仓库的安全疏散的规定

项目	规定
安全出口布置原则	仓库的安全出口应分散布置。每个防火分区或一个防火分区的每个楼层，其相邻 2 个安全出口最近边缘之间的水平距离不应小于 5m
地上仓库安全出口设置的基本要求	每座仓库的安全出口不应少于 2 个，当一座仓库的占地面积不大于 300m² 时，可设置 1 个安全出口。仓库内每个防火分区通向疏散走道、楼梯或室外的出口不宜少于 2 个，当防火分区的建筑面积不大于 100m² 时，可设置 1 个出口。通向疏散走道或楼梯的门应为乙级防火门
地下、半地下仓库安全出口设置的基本要求	地下或半地下仓库（包括地下或半地下室）的安全出口不应少于 2 个；当建筑面积不大于 100m² 时，可设置 1 个安全出口。地下或半地下仓库（包括地下或半地下室），当有多个防火分区相邻布置并采用防火墙分隔时，每个防火分区可利用防火墙上通向相邻防火分区的甲级防火门作为第二安全出口，但每个防火分区必须至少有 1 个直通室外的安全出口
粮食筒仓安全出口设置	粮食筒仓上层面积小于 1000m²，且作业人数不超过 2 人时，可设置 1 个安全出口
仓库、筒仓室外金属梯设置	仓库、筒仓中符合规定的室外金属梯，可作为疏散楼梯，但筒仓室外楼梯平台的耐火极限不应低于 0.25h
高层仓库的疏散楼梯设置	高层仓库的疏散楼梯应采用封闭楼梯间
垂直运输物品的提升设施的防火要求	除一、二级耐火等级的多层戊类仓库外，其他仓库内供垂直运输物品的提升设施宜设置在仓库外，确需设置在仓库内时，应设置在井壁的耐火极限不低于 2.00h 的井筒内。室内外提升设施通向仓库的入口应设置乙级防火门或符合规定的防火卷帘

第四节　内部装修和灭火救援设施

一、厂房、仓库的内部装修

（一）厂房的内部装修

（1）《建筑内部装修设计防火规范》（GB 50222—2017）中第 6.0.1 条规定，厂房内部各部位装修材料的燃烧性能等级，不应低于表 1-16 的规定。

表 1-16　厂房内部各部位装修材料的燃烧性能等级

序号	厂房及车间的火灾危险性和性质	建筑规模	顶棚	墙面	地面	隔断	固定家具	装饰织物	其他装修装饰材料
			装修材料燃烧性能等级						
1	甲、乙类厂房 丙类厂房中的甲、乙类生产车间 有明火的丁类厂房、高温车间	—	A	A	A	A	A	B₁	B₁

续表

序号	厂房及车间的火灾危险性和性质	建筑规模	装修材料燃烧性能等级						
			顶棚	墙面	地面	隔断	固定家具	装饰织物	其他装修装饰材料
2	劳动密集型丙类生产车间或厂房 火灾荷载较高的丙类生产车间或厂房 洁净车间	单/多层	A	A	B_1	B_1	B_1	B_2	B_2
		高层	A	A	A	B_1	B_1	B_1	B_1
3	其他丙类生产车间或厂房	单/多层	A	B_1	B_2	B_2	B_2	B_2	B_2
		高层	A	B_1	B_1	B_1	B_1	B_1	B_1
4	丙类厂房	地下	A	A	A	B_1	B_1	B_1	B_1
5	无明火的丁类厂房戊类厂房	单/多层	B_1	B_2	B_2	B_2	B_2	B_2	B_2
		高层	B_1	B_1	B_2	B_2	B_2	B_1	B_1
		地下	A	A	B_1	B_1	B_1	B_1	B_1

（2）《建筑内部装修设计防火规范》（GB 50222—2017）中第 6.0.2 条规定，除本规范规定的场所和部位外，当单层、多层丙、丁、戊类厂房内同时设有火灾自动报警和自动灭火系统时，除顶棚外，其装修材料的燃烧性能等级可在表 3－16 规定的基础上降低一级。

（3）《建筑内部装修设计防火规范》（GB 50222—2017）中第 6.0.3 条规定，当厂房的地面为架空地板时，其地面应采用不低于 B_1 级的装修材料。

（二）仓库的内部装修

《建筑内部装修设计防火规范》（GB 50222—2017）中第 6.0.5 条规定，仓库内部各部位装修材料的燃烧性能等级，不应低于表 1－17 的规定。

表 1－17　　　　　　　　　仓库内部各部位装修材料的燃烧性能等级

序号	仓库类别	建筑规模	装修材料燃烧性能等级			
			顶棚	墙面	地面	隔断
1	甲、乙类仓库	—	A	A	A	A
2	丙类仓库	单层及多层仓库	A	B_1	B_1	B_1
		高层及地下仓库	A	A	A	A
		高架仓库	A	A	A	A
3	丁、戊类仓库	单层及多层仓库	A	B_1	B_1	B_1
		高层及地下仓库	A	A	A	B_1

二、厂房、仓库的灭火救援设施

（一）消防车道

根据《建筑设计防火规范》（GB 50016—2014，2018 年版）第 7.1.3 条规定，工厂、仓库区内应设置消防车道。高层厂房，占地面积大于 3000m² 的甲、乙、丙类厂房和占地面积大于 1500m² 的乙、丙类仓库，应设置环形消防车道，确有困难时，应沿建筑物的两个长边设置消防车道。

（二）消防车道

根据《建筑设计防火规范》（GB 50016—2014，2018 年版）第 7.2.4 条规定，厂房、仓库、公共建筑的外墙应在每层的适当位置设置可供消防救援人员进入的窗口。

（三）消防电梯

（1）根据《建筑设计防火规范》（GB 50016—2014，2018 年版）第 7.3.3 条规定，建筑高度大于 32m 且设置电梯的高层厂房（仓库），每个防火分区内宜设置 1 台消防电梯，但符合下列条件的建筑可不设置消防电梯：

① 建筑高度大于 32m 且设置电梯，任一层工作平台上的人数不超过 2 人的高层塔架；

② 局部建筑高度大于 32m，且局部高出部分的每层建筑面积不大于 50m² 的丁、戊类厂房。

（2）根据《建筑设计防火规范》（GB 50016—2014，2018 年版）第 7.3.5 条规定，除设置在仓库连廊、冷库穿堂或谷物筒仓工作塔内的消防电梯外，消防电梯应设置前室，并应符合下列规定：

① 前室宜靠外墙设置，并应在首层直通室外或经过长度不大于 30m 的通道通向室外。

② 前室的使用面积不应小于 6.0m²，前室的短边不应小于 2.4m；与防烟楼梯间合用的前室，其使用面积尚应符合本规范的规定。

③ 除前室的出入口、前室内设置的正压送风口和本规范规定的户门外，前室内不应开设其他门、窗、洞口。

④ 前室或合用前室的门应采用乙级防火门，不应设置卷帘。

章 节 练 习

 案例一 某电商物流仓库防火案例分析

某电商物流仓库，主要储存各类电子产品、服装、图书等，框架结构，地上 3 层，地下 1 层，占地面积 9600m²，总建筑面积 30 200m²，仓库采用耐火极限为 3.00h 的防火卷帘进行防火分隔，防火卷帘的耐火完整性和隔热性均符合要求。

地上建筑每层均划分 4 个防火分区，每个防火分区的建筑面积均为 2400m²，采用防火卷帘进行防火分隔。地下一层划分为 2 个防火分区，每个防火分区建筑面积均为 700m²；地下一层共设置 1 个安全出口。首层西北侧设有独立地办公、休息区，建筑面积 300m²，采用耐火极限 2.00h 的防火隔墙、1.50h 的不燃性楼板和乙级防火门与其他部位分隔，并设有 2 个独立的安全出口。首层靠墙的内侧采用推拉门。该仓库按有关国家工程建设消防技术标准配置了室内外消火栓给水系统、自动喷水灭火系统和建筑灭火器等消防设施及器材。为安全保卫需要，值班人员的宿舍设置在仓库内。仓库的屋面外保温系统采用 B₂ 级保温材料，采用不燃材料作为防护层，防护层的厚度为 5mm；外墙外保温系统采用 B₁ 级保温材料。屋面与外墙之间采用宽度 300mm 的不燃材料设置防火隔离带进行分隔。

根据以上场景，回答下列问题：

1. 该仓库防火分隔存在哪些问题？为什么？
2. 该仓库防火分区存在哪些问题？为什么？
3. 该仓库平面布置上存在哪些问题？为什么？
4. 该仓库的安全疏散方面存在哪些问题？为什么？
5. 该仓库的保温系统存在哪些问题？为什么？

参 考 答 案

1. 该仓库防火分隔存在下列问题：

（1）仓库内的防火分区之间必须采用防火墙分隔，而不能采用防火卷帘。

（2）办公室、休息区与仓库的防火间隔，不合理。该仓库为丙类仓库，应采用耐火极限不低于 2.50h 的防火隔墙和 1.00h 的楼板与库房隔开，并应设置独立的安全出口。

2. 该仓库防火分区存在下列问题：地下防火分区面积不符合要求。地下防火分区面积最大应为 600m²，故地下应划分为至少 3 个防火分区。

3. 该仓库平面布置上存在下列问题：值班宿舍设置在仓库内，不合理。员工宿舍严禁设置在仓库内。

4. 该仓库的安全疏散方面存在下列问题：

（1）地下仓库设置一个安全出口，不合理。根据《建筑设计防火规范》（GB 50016—2014，2018 年版），地下或半地下仓库（包括地下或半地下室）的安全出口不应少于 2 个。

（2）首层靠墙的内侧采用推拉门，不合理。根据《建筑设计防火规范》（GB 50016—2014，2018 年版），建筑内的疏散门应符合下列规定：仓库的疏散门应采用向疏散方向开启的平开门，但丙、丁、戊类仓库首层靠墙的外侧可采用推拉门或卷帘门。

5. 该仓库的保温系统存在下列问题：

（1）屋面外保温防护层厚度 5mm 不符合要求，应至少为 10mm。

（2）屋面与外墙之间采用宽度 300mm 的不燃材料设置防火隔离带进行分隔不符合要求，应为 500mm。

案例二　木器厂房防火案例分析

某单层木器厂房为砖木结构，屋顶承重构件为难燃性构件，耐火极限为 0.50h；柱子采用不燃性构件，耐火极限为 2.50h。木器厂房建筑面积为 4500m²，其总平面布局和平面布置如图 1-1 所示；木器厂房周边的建筑，面向木器厂房一侧的外墙上均设有门和窗。该木器厂房采用流水线连续生产，工艺不允许设置隔墙，厂房内东侧设有建筑面积为 500m² 的办公、休息区，采用耐火极限 2.50h 的防火隔墙与车间分隔，防火隔墙上设有双扇弹簧门；南侧分别设有建筑面积为 150m² 的油漆工段（采用封闭喷漆工艺）和 50m² 的中间仓库。中间仓库内储存 3 昼夜喷漆生产需要量的油漆、稀释剂（甲苯和香蕉水，$C=0.11$），采用防火墙与其他部位分隔，油漆工段通向车间的防火墙上设有双扇弹簧门，该厂房设置了消防给水及室内消火栓系统、建筑灭火器、排烟设施和应急照明及疏散指示标志。

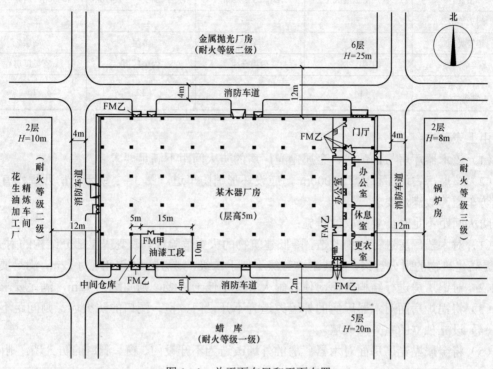

图 1-1　总平面布局和平面布置

根据以上场景，回答下列问题：

1. 检查防火间距、消防车道是否符合消防安全规定，提出防火间距不足时可采取的相应技术措施。

2. 简析厂房平面布置和油漆工段存在的消防安全问题，并提出整改意见。

3. 计算油漆工段的泄压面积，并分析利用外墙作泄压面的可行性。

4. 中间仓库存在哪些消防安全问题？应采取哪些防火防爆技术措施？

5. 该厂房内还应配置哪些建筑消防设施？

（提示：$150^{2/3}=28.24$；$200^{2/3}=34.20$；$750^{2/3}=82.55$）

参 考 答 案

1. 该厂房屋顶承重构件为难燃性构件，耐火极限为 0.50h，对应耐火等级为三级，且不说其他火灾危险性高的部分，仅木器厂房，单层丙类厂房的耐火等级不应低于三级，则该单层木器厂房耐火等级至少为三级，且甲、乙类厂房的耐火等级不应低于二级，建筑面积不大于 300m² 的独立甲、乙类单层厂房可采用三级耐火等级的建筑，该建筑只能为丙类三级耐火等级厂房。（下面需要根据火灾危险性判断防火间距）

该木器厂房与周围建筑的防火间距见表 1-18。

表 1-18　　　　　　　　　　　　　木器厂房与周围建筑的防火间距

参数	锅炉房 2 层/8m	蜡库 5 层/20m	花生油加工厂 2 层/10m	金属抛光厂房 6 层/25m
耐火等级	三级	一级	二级	二级
建筑类别	多层	多层	多层	高层
火灾危险性	丁类厂房	丙类仓库	丙类厂房	乙类厂房
木器厂房（单层、耐火等级三级）	14	12	12	15

由上表可知：

（1）该木器厂房与锅炉房、金属抛光厂房的防火间距不满足要求。

（2）该厂房占地面积大于 3000m²，应设环形消防车道。图 1-1 所示厂房四周均有 4m 的消防车道，故满足要求。

防火间距不足时需要采取的措施：

（1）对木器厂房进行结构改造，降低建筑物的火灾危险性，改变房屋部分结构的耐火性能，提高建筑物的耐火等级，使其耐火等级不低于二级，则与锅炉房间距为 12m，满足要求。

（2）对锅炉房进行结构改造，使其耐火等级不低于二级，则间距为 12m，满足要求。

（3）将锅炉房面对木器厂房的外墙改造为不开设门、窗、洞口的防火墙，则间距不限。

（4）设立独立的室外防火墙。

（5）将金属抛光厂房面对木器厂房的外墙改造为不开设门、窗、洞口的防火墙，则间距不限。

（6）对木器厂房进行结构改造，使其耐火等级不低于二级，将金属抛光车间面对木器厂房外墙的门、窗、洞口改造为甲级防火门窗或设水幕保护达到规范要求，则最小间距为 6m，满足要求。

（7）对木器厂房进行结构改造，使其耐火等级不低于二级，且屋顶承重结构耐火极限不低于 1.0h、无天窗，则最小间距为 6m，满足要求。

2. 厂房平面布置和油漆工段存在的消防安全问题及整改意见：

存在的问题一：办公、休息区，采用耐火极限 2.50h 的防火隔墙与车间分隔，防火隔墙上设有双扇弹簧门。

整改意见：防火墙上应设乙级防火门。

存在的问题二：油漆工段通向车间的防火墙上设有双扇弹簧门。

整改意见：油漆工段与车间分隔的防火墙上不应开设门、窗、洞口，确需开设时，应设置不可开启或火灾时能自动关闭的甲级防火门、窗。

存在的问题三：中间仓库储存 3 昼夜喷漆生产需要量的油漆、稀释剂。

整改意见：甲、乙类中间仓库应靠外墙布置，其储量不宜超过 1 昼夜的需要量；本题为 3 昼夜的量，应减少。

3. 油漆工段长径比 $=(L_{max}×横截面周长)/(4×横截面面积)=15×(10×2+5×2)/(4×10×5)=2.25$。由于油漆工段长径比小于 3，故：

油漆工段的泄压面积 $A=10CV^{2/3}=10×0.110×(150×5)^{2/3}=90.8m^2$

油漆工段外墙长 15m，高 5m，外墙面积为 15m×5m＝75m²，小于泄压面积，故不能采用外墙作为泄压面。

4. 中间仓库存在的消防安全问题：储存油漆、稀释剂较多，超过 1 昼夜的量。

采取的防火防爆技术措施：应靠外墙布置；应设置防止液体流散的设施；采用防爆电气；采用不发生火花的地面。

5. 该厂房内还应配置的建筑消防设施包括室外消火栓系统、自动喷水灭火系统和火灾自动报警系统、安全疏散设施。

案例三　砖混结构甲醇合成厂房防火案例分析

某砖混结构甲醇合成厂房，屋顶承重构件采用耐火极限 0.5h 的难燃性材料，厂房地下 1 层，地上 2 层（局部 3 层）；建筑高度 22m，长度和宽度均为 40m，厂房居中位置设置一部连通各层的敞开楼梯，每层外墙上有便于开启的自然排烟窗，存在爆炸危险的部位按国家标准要求设置了泄压设施，厂房东侧外墙水平距离 25m 处有一间二级耐火等级的燃煤锅炉房（建筑高度 7m），南侧外墙水平距离 25m 处有一座二级耐火等级的多层厂房办公楼（建筑高度 16m），西侧 12m 处有一座丙类仓库（建筑高度 6m，二级耐火等级），北侧设置两座单罐容量为 300m³ 甲醇储罐，储罐与厂房之间的防火间距为 25m，储罐四周设置防火堤。防火堤外侧基脚线水平距离厂房北侧外墙 7m。厂房和防火堤四周设置宽度不小于 4m 的环形消防车道。

厂房内一层布置了交、配电站，办公室和休息室，这些场所之间与其他部位之间均设置了耐火极限不低于 4.00h 的防火墙。交、配电室与生产部位之间的防火墙上设置了镶嵌固定窗扇的防火玻璃观察窗。办公室和休息室与生产部位之间开设甲级防火门。顶层局部厂房临时改为员工宿舍，员工宿舍与生产部位之间为耐火极限不低于 4.00h 的防火墙，并设置了两部专用的防烟楼梯间。

厂房地面采用水泥地面，地表面涂刷醇酸油漆；厂房与相邻厂房相连通的管、沟采取了通风措施；下水道设置了水封设施。电气设备符合《爆炸危险环境电力装置设计规范》（GB 50058—2014）规定的防爆要求。

根据以上场景，回答下列问题：

1. 指出该厂房在火灾危险性和耐火等级方面存在的消防安全问题，并提出解决方案。

2. 指出该厂房在总平面布局方面存在的消防安全问题，并提出解决方案。

3. 指出该厂房的层数、建筑面积和平面布置方面存在的消防安全问题，并提出解决方案。

4. 指出该厂房在安全疏散方面存在的消防安全问题，并提出解决方案。

扫一扫

5. 指出该厂房在防爆和其他方面存在的消防问题，并提出解决方案。

第一章

参 考 答 案

案例三

1. 该厂房在火灾危险性和耐火等级方面存在的消防安全问题及解决方案如下：

存在的消防安全问题：屋顶承重构件采用耐火极限 0.5h 的难燃性材料。

解决方案：甲醇合成厂房火灾危险性为甲类，耐火等级不应低于二级。屋顶承重构件采用耐火极限 0.5h 的难燃性材料存在问题，除了吊顶为难燃性构件外，其他构件均为不燃性构件，该厂房的屋顶承重构件应采用耐火极限不低于 1.0h 的不燃性构件。

2. 该厂房在总平面布局方面存在的消防安全问题及解决方案如下：

（1）存在的消防安全问题：甲醇厂房东侧外墙水平距离 25m 处有一间二级耐火等级的燃煤锅炉房（建筑高度 7m）。甲醇厂房与锅炉房的防火间距应当不小于 30m。

解决方案：将甲类厂房外墙设置为防火墙；将锅炉房相邻厂房设置为防火墙；拆除锅炉房。

（2）存在的消防安全问题：储罐四周设置防火堤，防火堤外侧基脚线水平距离厂房北侧外墙 7m。防火堤外侧基脚线水平距离厂房北侧外墙不应小于 10m。

解决方案：缩小防火堤的面积，同时提高防火堤的高度。

3. 该厂房的层数、建筑面积和平面布置方面存在的消防安全问题及解决方案如下：

（1）存在的消防安全问题：厂内地下 1 层、地上 2 层（局部 3 层）。

解决方案：甲类厂房不允许设置在地下或半地下；甲类厂房宜设置单层。

（2）存在的消防安全问题：厂房内一层布置了变、配电站。

解决方案：甲类厂房内不应设置变配电站，供该厂房专用的 10kV 以下专用变配电站采用无门窗洞口的防火墙可与厂房一面贴邻。

（3）存在的消防安全问题：厂房内一层布置了办公室和休息室，与其他部位之间均设置了耐火极限不低于 4.00h 的防火墙。

解决方案：甲类厂房不应设置办公室、休息室，确需贴邻时，耐火极限不应低于二级，且采用耐火极限不低于 3.0h 的防爆墙与厂房分隔，且应设置独立的安全出口。

（4）存在的消防安全问题：顶层局部厂房临时改为员工宿舍。

解决方案：甲类厂房内严禁设置员工宿舍。

4. 该厂房在安全疏散方面存在的消防安全问题及解决方案如下：

存在的消防安全问题：长度和宽度均为 40m，厂房居中位置设置一部连通各层的敞开楼梯不符合要求。

解决方案：该厂房每层划分一个防火分区，应当至少设置两个安全出口或疏散楼梯；安全出口要分散设置，其相邻两个安全出口最近边缘之间的距离不应小于 5m。该厂房内任一点到最近安全出口之间的距离不应大于 30m。若该厂房设置为多层厂房时，应采用封闭楼梯间或室外楼梯（或防烟楼梯间）。

5. 该厂房在防爆和其他方面存在的消防问题及解决方案如下：

（1）存在的消防问题：厂房地面采用水泥地面，地表面涂刷醇酸油漆。

解决方案：因甲醇（常态下为液体）挥发的蒸气较空气重，故该厂房应采用不发火花地面；采用绝缘材料作地面整体面层时，应采取防静电措施。

（2）存在的消防问题：厂房与相邻厂房相连通的管、沟采取了通风措施；下水道设置了水封设施。

解决方案：① 该厂房的管、沟不应和相邻厂房的管、沟相通，该厂房的下水道应设置隔油设施。② 厂房内不宜设置地沟，必须设置时，其盖板应严密，地沟应采取防止可燃蒸汽在地沟积聚的有效措施，且与相邻厂房连通处应采用防火材料密封。

 案例四　框架结构仓库防火案例分析

某框架结构仓库，地上六层，地下一层，层高 3.8m，占地面积 6000m²，地上每层建筑面积均为 5600m²。仓库各建筑构件均为不燃性构件，其耐火极限见表 1–19。

表 1–19　　　　　　　　　　　仓库各建筑构件的耐火极限

构件名称	防火墙	承重墙、柱	楼梯间、电梯井的墙	梁	疏散走道两侧的隔墙、楼板、上人屋面板、屋顶承重构件、疏散楼梯	非承重外墙
耐火极限（h）	4.00	2.50	2.00	1.50	1.00	0.25

仓库一层储存桶装润滑油；二层储存水泥刨花板；三至六层储存皮毛制品；地下室储存玻璃制品，每件玻璃制品重 100kg，其木质包装重 20kg。

该仓库地下室建筑面积为 1000m²。一层内靠西侧外墙设置建筑面积为 300m² 的办公室、休息室和员工宿舍，这些房间与库房之间设置一条走道，且直通室外。走道与库房之间采用防火隔墙和楼板分隔，其耐火极限分别为 2.50h 和 1.00h。走道仓库的门采用双向弹簧门。

仓库内的每个防火分区分别设置 2 个安全出口，两个安全出口之间距离 12m，疏散楼梯采用封闭楼梯间，通向疏散走道或楼梯间的门采用能阻挡烟气侵入的双向弹簧门。该建筑的消防设施和其他事项符合国家消防标准要求。

根据以上材料，回答以下问题：

1. 判断该仓库的耐火等级。
2. 确定该仓库及其各层的火灾危险性分类。
3. 指出该仓库在层数、面积和平面布置中存在的不符合国家标准的问题，并提出解决方法。
4. 该仓库各层至少应划分几个防火分区？
5. 指出建筑在各安全疏散方面存在的问题，并提出整改措施。
6. 拟在地下室东侧设置一个 25m² 的甲醛桶装仓库，甲醛仓库与其他部位之间用耐火极限不低于 4.00h 的防爆墙分隔，防爆墙上设置防爆门，并设置一部直通室外的疏散楼梯。这种做法是否可行？此时，该地下室的火灾危险性应分为哪一类？

参 考 答 案

扫一扫

第一章

案例四

1. 根据《建筑设计防火规范》（GB 50016—2014，2018 年版）中第 3.2.1 条规定，厂房和仓库的耐火等级可分为一、二、三、四级，相应建筑构件的燃烧性能和耐火极限，除本规范另有规定外，不应低于表 1–5 的规定。

根据上述内容及本案例中的仓库各建筑构件的耐火极限，可以判断出该仓库的耐火等级为二级。

2. 该仓库及其各层的火灾危险性分类如下：

（1）一层：桶装润滑油火灾危险性为丙类，故一层火灾危险性为丙类1项。

（2）二层：水泥刨花板火灾危险性为丁类，故二层火灾危险性为丁类。

（3）三～六层：毛皮制品火灾危险性为丙类，故三～六层火灾危险性为丙类2项。

（4）地下室：储存玻璃制品，每件玻璃制品重100kg，其木质包装重20kg，故火灾危险性仍按玻璃制品确定，为戊类。

（5）仓库整体按火灾危险性较大的楼层确定，为丙类1项。

3. 该仓库在层数、面积和剖面布置中存在的不符合国家标准的问题及解决方法：

（1）不符合国家标准的问题：该仓库地上6层。

解决方法：该建筑火灾危险性为丙类，耐火等级为二级，丙类1项最多允许层数为5层，丙类2项最多允许层数不限，按严格计，最多允许层数为5层。

（2）不符合国家标准的问题：该仓库占地面积6000m²。

解决方法：二级耐火等级的丙类1项物品仓库，最大占地面积不应超过2800m²。所以该仓库整体占地面积不应超过2800m²，并设置自动喷水灭火系统时，不应大于5600m²，故仓库占地面积6000m²不符合国家标准。

（3）不符合国家标准的问题：仓库内设置员工宿舍。

解决方法：员工宿舍严禁设置在仓库内。

4. 该仓库应设置自动喷水灭火系统，仓库整体按危险性最大的物品确定，即按丙类1项确定：

丙类1项多层仓库每个防火分区最大允许建筑面积为700m²×2=1400m²，地上每层建筑面积均为5600m²，故至少应划分为4个建筑面积不大于1400m²的防火分区。

丙类1项地下仓库每个防火分区最大允许建筑面积为150m²×2=300m²，建筑面积为1000m²，至少应划分为4个建筑面积不大于300m²的防火分区。

5. 该建筑在安全疏散方面存在的问题及整改措施：

（1）存在的问题：通向疏散走道或楼梯间的门采用能阻挡烟气侵入的双向弹簧门。

整改措施：根据《建筑设计防火规范》（GB 50016—2014，2018年版）中第3.8.2条规定，通向疏散走道或楼梯的门应为乙级防火门。因此，通向疏散走道或楼梯间的门采用乙级防火门。

（2）存在的问题：办公室、休息室和员工宿舍，这些房间与库房之间设置一条走道。

整改措施：根据《建筑设计防火规范》（GB 50016—2014，2018年版）中第3.3.5条规定，办公室、休息室设置在丙类厂房内时，应采用耐火极限不低于2.50h的防火隔墙和1.00h的楼板与其他部位分隔，并应至少设置1个独立的安全出口。如隔墙上需开设相互连通的门时，应采用乙级防火门。因此，办公室、休息室应至少设置1个独立的安全出口。

6. 这种做法不可行。

此时，甲类仓库不应设置在地下、半地下，地下室若设置甲醇仓库，则其火灾危险性为甲类。

案例五 钢筋混凝土框架结构印刷厂房防火案例分析

某钢筋混凝土框架结构的印刷厂房，长和宽均为 75m，地上 2 层，地下 1 层，地下建筑面积 2000m²，地下一层长边为 75m，厂房屋面采用不燃材料，其他建筑构件的燃烧性能和耐火极限见表 1-20。

表 1-20　　　　　　　　　建筑构件的燃烧性能和耐火极限性

构件名称	防火墙、柱、承重墙	梁、楼梯间的墙	楼板、屋顶承重构件、疏散楼梯	疏散走道、两层隔墙	非承重外墙、房间隔墙	吊顶
燃烧性能，耐火极限（h）	不燃性 3.00	不燃性 2.00	不燃性 1.50	不燃性 1.00	不燃性 0.75	不燃性 0.25

该厂房地下一层布置了燃煤锅炉房、消防泵房、消防水池和建筑面积 400m² 的变配电室及建筑面积为 600m² 的纸张仓库。地上一、二层为印刷车间，在二层车间中心部位布置一个中间仓库，储存不超过 1 昼夜需要量的水性油墨、溶剂型油墨和甲苯、二甲苯、醇、醚等有机溶剂。中间仓库用防火墙和甲级防火门与其他部位分隔，建筑面积为 280m²。

地上楼层在四个墙角处分别设置一部分有外窗并能自然通风的封闭楼梯间，楼梯间门采用能阻挡烟气的双向弹簧门，并在首层直通室外。地下一层在长轴轴线的两端各设置 1 部封闭的楼梯间，并用 1.40m 宽的走道连通；消防水泵房、锅炉房和变配电室内任一点至封闭楼梯间的距离分别不大于 20m、30m 和 40m；地下层封闭楼梯间的门采用乙级防火门，楼梯间在首层用防火隔墙与车间分隔，通过长度不大于 3m 的走道直通室外。在一层厂房每面外墙居中位置设置宽度为 3.00m 的平开门。

该房设置了室内、室外消火栓系统和灭火器，地下一层设置自动喷水灭火系统；该厂房地上部分利用外窗自然排烟，地下设备用房、走道和设备仓库设置机械排烟设施。

根据以上材料，回答下列问题：

1. 判断该厂房的耐火等级，确定厂房内二层中间仓库、地下纸张仓库、锅炉房、变配电室和该印刷厂的火灾危险性。

2. 指出该厂房平面布置和防火分隔构件中存在的不符合现行国家消防标准规范的问题，并给出解决方法。

3. 该厂房各层分别应至少划分几个防火分区？

4. 指出该建筑在安全疏散方面存在的问题，并提出整改措施。

5. 二层中间仓库应采取哪些防爆措施？

扫一扫

第一章

案例五

参 考 答 案

1. 根据背景资料中给出的构件燃烧性能和耐火极限判断，该建筑耐火等级为一级。

厂房内二层中间仓库、地下纸张仓库、锅炉房、变配电室和该印刷厂的火灾危险性判断：

（1）厂房二层的中间仓库火灾危险性为甲类。

（2）地下纸张仓库的火灾危险性为丙类。

（3）锅炉房的火灾危险性为丁类。

（4）变配电室装油量≤60kg 时的火灾危险性为丁类，装油量＞60kg 时的火灾危险性为丙类。

（5）印刷厂的火灾危险性为丙类。

2. 该厂房平面布量和防火分隔构件中存在的不符合现行国家消防标准规范的问题及解决方法：

（1）厂房平面布置方面：

① 问题：厂房地下一层布置了燃煤锅炉房、消防泵房、消防水池和建筑面积 400m² 的变配电室及建筑面积 600m² 的纸张仓库，不符合规定。

解决方法：燃气锅炉房不应与建筑合建，与建筑的防火间距至少 30m，独立设置。

② 问题：在二层车间中心部位布置一个中间仓库，不符合规定。

解决方法：甲乙类中间仓库重新在靠近顶层外墙的泄压设施附近设置。

③ 问题：甲类中间仓库建筑面积为 280m²，不符合规定。

解决方法：缩小该中间仓库的建筑面积，使其不大于 250m²。

（2）防火分隔构件方面：

问题：房间隔墙为不燃性 0.75h。

解决方法：消防水泵房、锅炉房、变压器室等与其他部位之间应采用耐火极限不低于 2.00h 的防火隔墙分隔。

3. 该厂房各层分别划分的防火分区如下：

地上一层：多层丙类厂房地上部分防火分区最大允许建筑面积为 6000m²，而该厂房地上部分每层建筑面积均为 5625m²，因此地上部分每层可设置为一个防火分区。

地上二层：至少划分一个防火分区。

地下一层：丙类厂房地下室每个防火分区最大允许建筑面积为 500m²，设置自动喷水灭火系统后可增加一倍，为 1000m²，该厂房地下室总建筑面积 2000m²，故应至少设置两个防火分区。

4. 该建筑在安全疏散方面存在的问题及整改措施：

（1）问题：锅炉房、消防泵房未设置独立的直通室外的安全出口，不符合规定。

整改措施：将消防水泵房、锅炉房重新改造直通室外、安全出口或者将其单独设到建筑外。

（2）问题：楼梯间在首层通过长度不大于 3m 的走道直通室外，不符合规定。

整改措施：重新改造将疏散楼梯在首层直通室外或者设置扩大的封闭楼梯间。

（3）问题：地下一层在长轴轴线的两端各设置 1 部封闭楼梯间，不符合规定。

整改措施：地下一层应至少划分为 2 个防火分区，每个防火分区不少于 2 个安全出口，因此每个防火分区增设 2 部楼梯直通室外或者采用防火墙加甲级防火门的方式向相邻的防火分区疏散（借道）。

（4）问题：地下一层长边 75m，室内任一点至疏散楼梯间的距离不小于 37.5m，不符合规定。

整改措施：地下丙类厂房，室内任一点至疏散楼梯间的距离应不大于 30m，增设楼梯。

（5）问题：封闭楼梯间门采用能阻挡烟气的双向弹簧门，不符合规定。

整改措施：采用乙级防火门，并应朝向疏散方向开启。

（6）问题：在一层厂房每面外墙居中位置设置宽度为 3.00m 的平开门，不符合规定。

整改措施：在一层厂房每面外墙居中位置设置宽度为 3.00m 的乙级防火门，并朝疏散方向开启。

5. 二层中间仓库应采取如下防爆措施：

（1）应设置门斗等防护措施。门斗的隔墙应为耐火极限不应低于2.00h的防火隔墙，门应采用甲级防火门并应与楼梯间的门错位设置。

（2）设置泄压设施。泄压设施宜采用轻质屋面板、轻质墙体和易于泄压的门、窗等，应采用安全玻璃等在爆炸时不产生尖锐碎片的材料。

（3）应采用不发火花的地面。采用绝缘材料作整体面层时，应采取防静电措施。散发可燃粉尘、纤维的厂房，其内表面应平整、光滑，并易于清扫。

（4）宜布置在单层厂房靠外墙的泄压设施或多层厂房顶层靠外墙的泄压设施附近。

（5）避开厂房的梁柱等主要承重构件。

（6）下水道设置隔油设施。

（7）采用防爆型的灯具。

（8）采取防止液体流散的措施，设置高度150～300mm的漫坡或者门槛。

（9）中间仓库形成负压。

（10）不宜设置地沟，必须设置时，其盖板应严密，采取防止可燃气体、可燃蒸气及粉尘、纤维在地沟积聚的有效措施，且与相邻厂房连通处应采用防火材料密封。

案例六 某家具生产厂房防火案例分析

某家具生产厂房，每层建筑面积13 000m²，现浇钢筋混凝土框架结构（截面最小尺寸400mm×500mm，保护层厚度20mm），黏土砖墙围护，不燃性楼板耐火极限不低于1.50h，屋顶承重构件采用耐火极限不低于1.00h的钢网架，不上人屋面采用芯材为岩棉的彩钢夹芯板（质量为58kg/m²），建筑相关信息及总平面布局如图1-2所示。

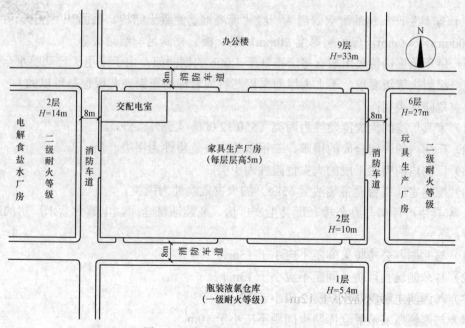

图1-2 家具生产房总平面示意图

家具生产厂房内设置建筑面积为 300m² 半地下中间仓库,储存不超过一昼夜用量的油漆和稀释剂,主要成分为甲苯和二甲苯。在家具生产厂房二层东南角贴邻外墙布置 550m² 喷漆工段,采用封闭喷漆工艺,并用防火隔墙与其他部位隔开,防火隔墙上设 1 樘在火灾时能自动关闭的甲级防火门。中间仓库和喷漆工段采用防静电不发火花地面,外墙上设置通风口,全部电气设备按规定选用防爆设备。在一层室内西北角布置 500m² 变配电室(每台设备装油量 65kg),并用防火隔墙与其他部位隔开,该家生产厂房的安全疏散和建筑消防设施的设置符合消防标准要求。

根据以上材料,回答下列问题:

1. 该家具生产厂房的耐火等级为几级?分别指出该厂房、厂房内的中间仓库、喷漆工段、变配电室的火灾危险性类别。

2. 家具生产厂房与办公楼、玩具生产厂房、瓶装液氨仓库、电解食盐水厂房的防火间距分别不应小于多少米?

3. 家具生产厂房地上各层至少应划分几个防火分区?该厂房在平面布置和建筑防爆措施方面存在什么问题?

4. 喷漆工段内若设置管、沟和下水道,应采取哪些防爆措施?

5. 计算喷漆工段泄压面积。

(喷漆工段长径比<3,$C=0.110m^2/m^3$,$502^{2/3}=67$,$2750^{2/3}=196$,$12\,000^{2/3}=524$,$13\,000^{2/3}=553$)

参 考 答 案

1. 该家具生产厂房的耐火等级为一级(现浇钢筋混凝土结构,截面尺寸 400mm×500mm,保护层厚度 20mm,梁、板、柱满足一级耐火等级,至于屋顶承重构件采用耐火等级不低于 1.00h 的钢网架,由于采用了自动喷水全保护,也满足一级耐火等级要求,不上人屋面采用芯材为岩棉的彩钢夹芯板也是可以的)。

火灾危险性类别:

(1)家具厂房的火灾危险性为丙类(550/12 000=4.58%<5%)。

(2)厂房内的中间仓库的甲苯、二甲苯的火灾危险性为甲类。

(3)厂房内的喷漆工段的火灾危险性为甲类。

(4)配电室(每台设备装油量 65kg)的火灾危险性为丙类。

2. 家具生产厂房与办公楼、玩具生产厂房、瓶装液氨仓库、电解食盐水厂房的防火间距如下:

(1)与北侧办公楼防火间距不应小于 15m。

(2)与东侧玩具厂防火间距不应小于 13m。

(3)与西侧电解食盐水厂房不应小于 12m。

(4)与南侧瓶装液氯仓库防火间距不应小于 10m。

3. (1)家具生产厂房地上各层应至少划分 2 个防火分区。

理由：一级耐火等级多层丙类厂房，6000m² 一个防火分区，设置自动喷水灭火系统，12 000m² 一个防火分区，所以地上每层应至少划分 2 个防火分区。

（2）该厂房在平面布置和建筑防爆措施方面存在下列问题：

① 半地下中间仓库储存甲苯和二甲苯，不正确。

理由：甲、乙类仓库严禁设置在地下、半地下，有爆炸危险的部位，宜布置多层厂房顶层靠外墙的泄压设施附近，并采用防火墙和耐火极限不低于 1.50h 的不燃性楼板与其他部位分隔，储量要尽量控制在一昼夜的需用量内。

② 中间仓库面积超过规定值，不正确。

理由：甲 1 项面积不得超过 250m²。

③ 喷漆工段采用防火隔墙与其他部位隔开，隔墙上设置一樘在火灾时能自动关闭的甲级防火门，不正确。

理由：有爆炸危险区域内的楼梯间、室外楼梯或有爆炸危险的区域与相邻区域连通处，应设置门斗等防护措施。门斗的隔墙应采用耐火极限不低于 2.00h 的防火隔墙，门采用甲级防火门并与楼梯间的门错位设置。

④ 中间仓库和喷漆工段采用防静电不发火花地面，不正确。

理由：应采用平整光滑，易于清扫，绝缘的防静电的地面。

⑤ 外墙上设置通风口，不正确。

理由：甲类危险气体应经过处理再排放。

⑥ 甲类液体仓库没有设置防止液体流散的设施，不正确。

理由：甲类液体仓库应设置防止液体流散的设施，具体做法：在桶装仓库门洞处修筑高为 150～300mm 的漫坡；或是在仓库门口砌筑高为 150～300mm 的门槛，再在门槛两边填沙土形成漫坡，便于装卸。

⑦ 一层室内西北角布置 500m² 变配电室，不正确。

理由：变、配电站不应设置在甲、乙类厂房内或贴邻，且不应设置在爆炸性气体、粉尘环境的危险区域内。如果生产上确有需要，变、配电站仅向与其贴邻的甲、乙类厂房供电，而不向其他厂房供电时，可在厂房的一面外墙贴邻建造，并用无门、窗、洞口的防火墙隔开。变配电室应采用耐火极限不低于 2.00h 的防火隔墙和 1.50h 楼板与其他部位分隔。开向建筑内的门应采用甲级防火门。

⑧ 屋顶承重构件采用耐火极限不低于 1.00h 的钢网架，不正确。

理由：因为承重结构宜采用钢筋混凝土或钢框架、排架结构。

4. 喷漆工段内若设置管、沟和下水道，应采取下列防爆措施：

（1）厂房内不宜设置地沟，确需设置时，其盖板应严密，地沟应采取防止可燃气体、可燃蒸气和粉尘、纤维在地沟积聚的有效措施，且应在与相邻厂房连通处采用防火材料密封。

（2）使用和生产甲、乙、丙类液体的厂房，其管、沟不应与相邻厂房的管、沟相通，下水道应设置隔油设施。

（3）对于水溶性可燃、易燃液体，采用常规的隔油设施不能有效防止可燃液体蔓延与流散，而应根据具体生产情况采取相应的排放处理措施。

（4）甲、乙、丙类液体仓库应设置防止液体流散的设施。遇湿会发生燃烧爆炸的物品仓库应采取防止水浸渍的措施。

5. 喷漆工段泄压面积计算如下：

（1）根据背景资料中，喷漆工段长径比<3，$C=0.110\text{m}^2/\text{m}^3$，$502^{2/3}=67$，$2750^{2/3}=196$，$12\,000^{2/3}=524$，$13\,000^{2/3}=553$。

（2）泄压面积$=10CV^{2/3}=10\times0.110\times(550\times5)^{2/3}\text{m}^2=215.6\text{m}^2$。

第二章　民用建筑防火案例分析

第一节　建筑分类、建筑高度和建筑层数的计算、耐火级别

一、民用建筑的分类

根据《建筑设计防火规范》（GB 50016—2014，2018 年版）第 5.1.1 条规定，民用建筑根据其建筑高度和层数可分为单、多层民用建筑和高层民用建筑。高层民用建筑根据其建筑高度、使用功能和楼层的建筑面积可分为一类和二类。民用建筑的分类应符合表 2-1 的规定。

表 2-1　　　　　　　　　　　民 用 建 筑 的 分 类

类型	高层民用建筑		单、多层民用建筑
	一类	二类	
住宅建筑	建筑高度大于 54m 的住宅建筑（包括设置商业服务网点的住宅建筑）	建筑高度大于 27m，但不大于 54m 的住宅建筑（包括设置商业服务网点的住宅建筑）	建筑高度不大于 27m 的住宅建筑（包括设置商业服务网点的住宅建筑）
公共建筑	（1）建筑高度大于 50m 的公共建筑。 （2）建筑高度 24m 以上部分任一楼层建筑面积大于 1000m² 的商店、展览、电信、邮政、财贸金融建筑和其他多种功能组合的建筑。 （3）医疗建筑、重要公共建筑。 （4）省级及以上的广播电视和防灾指挥调度建筑、网局级和省级电力调度。 （5）藏书超过 100 万册的图书馆、书库	除住宅建筑和一类高层公共建筑外的其他高层公共建筑	（1）建筑高度大于 24m 的单层公共建筑。 （2）建筑高度不大于 24m 的其他公共建筑

注：1. 表中未列入的建筑，其类别应根据表 2-1 类比确定。

2. 除本规范另有规定外，宿舍、公寓等非住宅类居住建筑的防火要求，应符合本规范有关公共建筑的规定。

3. 除本规范另有规定外，裙房的防火要求应符合本规范有关高层民用建筑的规定。

二、建筑高度和建筑层数的计算

（一）建筑高度的计算

根据《建筑设计防火规范》（GB 50016—2014，2018 年版）附录 A，建筑高度的计算见表 2-2。

表 2-2 　　　　　　　　　　建 筑 高 度 的 计 算

屋面类型	计算方法
坡屋面	为建筑室外设计地面至其檐口与屋脊的平均高度
平屋面（包括有女儿墙的平屋面）	为建筑室外设计地面至其屋面面层的高度
多种形式的屋面	建筑高度应按上述方法分别计算后，取其中最大值
台阶式地坪	当位于不同高程地坪上的同一建筑之间有防火墙分隔，各自有符合规范规定的安全出口，且可沿建筑的两个长边设置贯通式或尽头式消防车道时，可分别计算各自的建筑高度。否则，应按其中建筑高度最大者确定该建筑的建筑高度
局部突出屋顶	局部突出屋顶的瞭望塔、冷却塔、水箱间、微波天线间或设施、电梯机房、排风和排烟机房以及楼梯出口小间等辅助用房占屋面面积不大于 1/4 者，可不计入建筑高度
住宅建筑	（1）设置在底部且室内高度不大于 2.2m 的自行车库、储藏室、敞开空间。 （2）室内外高差或建筑的地下或半地下室的顶板面高出室外设计地面的高度不大于 1.5m 的部分，可不计入建筑高度

（二）建筑层数的计算

根据《建筑设计防火规范》（GB 50016—2014，2018 年版）附录 A，建筑层数应按建筑的自然层数计算，下列空间可不计入建筑层数：

（1）室内顶板面高出室外设计地面的高度不大于 1.5m 的地下或半地下室。

（2）设置在建筑底部且室内高度不大于 2.2m 的自行车库、储藏室、敞开空间。

（3）建筑屋顶上突出的局部设备用房、出屋面的楼梯间等。

三、民用建筑的耐火级别

（一）不同耐火等级建筑相应构件的燃烧性能和耐火极限

《建筑设计防火规范》（GB 50016—2014，2018 年版）中第 5.1.2 条规定，民用建筑的耐火等级可分为一、二、三、四级。除本规范另有规定外，不同耐火等级建筑相应构件的燃烧性能和耐火极限不应低于表 2-3 的规定。

表 2-3 　　　　不同耐火等级建筑相应构件的燃烧性能和耐火极限 　　　　（h）

构件名称		耐火等级			
		一级	二级	三级	四级
墙	防火墙	不燃性 3.00	不燃性 3.00	不燃性 3.00	不燃性 3.00
	承重墙	不燃性 3.00	不燃性 2.50	不燃性 2.00	难燃性 0.50
	非承重外墙	不燃性 1.00	不燃性 1.00	不燃性 0.50	可燃性
	楼梯间和前室的墙、电梯井的墙、住宅建筑单元之间的墙和分户墙	不燃性 2.00	不燃性 2.00	不燃性 1.50	难燃性 0.50
	疏散走道两侧的隔墙	不燃性 1.00	不燃性 1.00	不燃性 0.50	难燃性 0.25
	房间隔墙	不燃性 0.75	不燃性 0.50	难燃性 0.50	难燃性 0.25

构件名称	耐火等级			
	一级	二级	三级	四级
柱	不燃性 3.00	不燃性 2.50	不燃性 2.00	难燃性 0.50
梁	不燃性 2.00	不燃性 1.50	不燃性 1.00	难燃性 0.50
楼板	不燃性 1.50	不燃性 1.00	不燃性 0.50	可燃性
屋顶承重构件	不燃性 1.50	不燃性 1.00	可燃性 0.50	可燃性
疏散楼梯	不燃性 1.50	不燃性 1.00	不燃性 0.50	可燃性
吊顶（包括吊顶搁栅）	不燃性 0.25	难燃性 0.25	难燃性 0.15	可燃性

注：1. 除本规范另有规定外，以木柱承重且墙体采用不燃材料的建筑，其耐火等级应按四级确定。

　　2. 住宅建筑构件的耐火极限和燃烧性能可按现行国家标准《住宅建筑规范》（GB 50368）的规定执行。

（二）民用建筑的耐火等级

根据《建筑设计防火规范》（GB 50016—2014，2018 年版）规定：

5.1.3　民用建筑的耐火等级应根据其建筑高度、使用功能、重要性和火灾扑救难度等确定，并应符合下列规定：

（1）地下或半地下建筑（室）和一类高层建筑的耐火等级不应低于一级；

（2）单、多层重要公共建筑和二类高层建筑的耐火等级不应低于二级。

5.1.3　A　除木结构建筑外，老年人照料设施的耐火等级不应低于三级。

（三）部分构件的特殊规定

根据《建筑设计防火规范》（GB 50016—2014，2018 年版），部分构件的特殊规定见表 2-4。

表 2-4　　　　　　　　　　　　部分构件的特殊规定

构件类型	规　　定
楼板	建筑高度大于 100m 的民用建筑，其楼板的耐火极限不应低于 2.00h（5.1.4 第一款） 二级耐火等级多层住宅建筑内采用预应力钢筋混凝土的楼板，其耐火极限不应低于 0.75h（5.1.6 第二款）
屋面板	一、二级耐火等级建筑的屋面板应采用不燃材料。屋面防水层宜采用不燃、难燃材料，当采用可燃防水材料且铺设在可燃、难燃保温材料上时，防水材料或可燃、难燃保温材料应采用不燃材料作防护层（5.1.5）
房间隔墙	二级耐火等级建筑内采用难燃墙体的房间隔墙，其耐火极限不应低于 0.75h；当房间的建筑面积不大于 100m² 时，房间隔墙可采用耐火极限不低于 0.50h 的难燃性墙体或耐火极限不低于 0.30h 的不燃性墙体（5.1.6 第一款）
民用建筑内采用金属夹芯板的芯材燃烧性能和耐火极限	建筑中的非承重外墙、房间隔墙和屋面板，当确需要采用金属夹芯板材时，其芯材应为不燃材料，且耐火极限应符合有关规定（5.1.7）

续表

构件类型	规　定
吊顶	二级耐火等级建筑内采用不燃材料的吊顶，其耐火极限不限。三级耐火等级的医疗建筑、中小学校的教学建筑、老年人照料设施及托儿所、幼儿园的儿童用房和儿童游乐厅等儿童活动场所的吊顶，应采用不燃材料；当采用难燃材料时，其耐火极限不应低于 0.25h。二、三级耐火等级建筑内门厅、走道的吊顶应采用不燃材料（5.1.8）
上人平屋顶	一、二级耐火等级建筑的上人平屋顶，其屋面板的耐火极限分别不应低于 1.50h 和 1.00h（5.1.4 第二款）

第二节　总平面布局、防火分区和层数、平面布置

一、民用建筑的总平面布局

（一）建筑设计阶段的总平面布置

根据《建筑设计防火规范》（GB 50016—2014，2018 年版）第 5.2.1 条规定，在总平面布局中，应合理确定建筑的位置、防火间距、消防车道和消防水源等，不宜将民用建筑布置在甲、乙类厂（库）房，甲、乙、丙类液体储罐，可燃气体储罐和可燃材料堆场的附近。

（二）民用建筑之间的防火间距

根据《建筑设计防火规范》（GB 50016—2014，2018 年版）第 5.2.2 条规定，民用建筑之间的防火间距不应小于表 2-5 的规定，与其他建筑的防火间距，除应符合本规范的规定外，尚应符合本规范其他有关规定。

表 2-5　　　　　　　　　　　民用建筑之间的防火间距　　　　　　　　　　　（m）

建筑类别		高层民用建筑	裙房和其他民用建筑		
		一、二级	一、二级	三级	四级
高层民用建筑	一、二级	13	9	11	14
裙房和其他民用建筑	一、二级	9	6	7	9
	三级	11	7	8	10
	四级	14	9	10	12

注：1. 相邻两座单、多层建筑，当相邻外墙为不燃性墙体且无外露的可燃性屋檐，每面外墙上无防火保护的门、窗、洞口不正对开设且该门、窗、洞口的面积之和不大于外墙面积的 5% 时，其防火间距可按表 2-5 的规定减少 25%。

2. 两座建筑相邻较高一面外墙为防火墙，或高出相邻较低一座一、二级耐火等级建筑的屋面 15m 及以下范围内的外墙为防火墙时，其防火间距不限。

3. 相邻两座高度相同的一、二级耐火等级建筑中相邻任一侧外墙为防火墙，屋顶的耐火极限不低于 1.00h 时，其防火间距不限。

4. 相邻两座建筑中较低一座建筑的耐火等级不低于二级，相邻较低一面外墙为防火墙且屋顶无天窗，屋顶的耐火极限不低于 1.00h 时，其防火间距不应小于 3.5m；对于高层建筑，不应小于 4m。

5. 相邻两座建筑中较低一座建筑的耐火等级不低于二级且屋顶无天窗，相邻较高一面外墙高出较低一座建筑的屋面 15m 及以下范围内的开口部位设置甲级防火门、窗，或设置符合现行国家标准《自动喷水灭火系统设计规范》（GB 50084）规定的防火分隔水幕或本规范规定的防火卷帘时，其防火间距不应小于 3.5m；对于高层建筑，不应小于 4m。

6. 相邻建筑通过连廊、天桥或底部的建筑物等连接时，其间距不应小于表 2-5 规定。

7. 耐火等级低于四级的既有建筑，其耐火等级可按四级确定。

（三）民用建筑与单独建造的变电站的防火间距

根据《建筑设计防火规范》（GB 50016—2014，2018 年版）第 5.2.3 条规定，民用建筑与单独建造的变电站的防火间距应符合本规范有关室外变、配电站的规定，但与单独建造的终端变电站的防火间距，可根据变电站的耐火等级按本规范有关民用建筑的规定确定。

民用建筑与 10kV 及以下的预装式变电站的防火间距不应小于 3m。

民用建筑与燃油、燃气或燃煤锅炉房的防火间距应符合本规范有关丁类厂房的规定，但与单台蒸汽锅炉的蒸发量不大于 4t/h 或单台热水锅炉的额定热功率不大于 2.8MW 的燃煤锅炉房的防火间距，可根据锅炉房的耐火等级按本规范有关民用建筑的规定确定。

（四）其他规定

（1）根据《建筑设计防火规范》（GB 50016—2014，2018 年版）第 5.2.4 条规定，除高层民用建筑外，数座一、二级耐火等级的住宅建筑或办公建筑，当建筑物的占地面积总和不大于 2500m² 时，可成组布置，但组内建筑物之间的间距不宜小于 4m。

（2）根据《建筑设计防火规范》（GB 50016—2014，2018 年版）第 5.2.6 条规定，建筑高度大于 100m 的民用建筑与相邻建筑的防火间距，当符合本规范允许减小的条件时，仍不应减小。

二、民用建筑的防火分区和层数

（一）不同耐火等级建筑的允许建筑高度或层数、防火分区最大允许建筑面积

根据《建筑设计防火规范》（GB 50016—2014，2018 年版）第 5.3.1 条规定，除本规范另有规定外，不同耐火等级建筑的允许建筑高度或层数、防火分区最大允许建筑面积应符合表 2–6 的规定。

表 2–6　　不同耐火等级建筑的允许建筑高度或层数、防火分区最大允许建筑面积

名称	耐火等级	允许建筑高度或层数	防火分区的最大允许建筑面积（m²）	备注
高层民用建筑	一、二级	按本规范第 5.1.1 条确定	1500	对于体育馆、剧场的观众厅，防火分区的最大允许建筑面积可适当增加
单、多层民用建筑	一、二级	按本规范第 5.1.1 条确定	2500	
	三级	5 层	1200	—
	四级	2 层	600	—
地下或半地下建筑（室）	一级	—	500	设备用房的防火分区最大允许建筑面积不应大于 1000m²

注：1. 表中规定的防火分区最大允许建筑面积，当建筑内设置自动灭火系统时，可按表中的规定增加 1.0 倍；局部设置时，防火分区的增加面积可按该局部面积的 1.0 倍计算。

　　2. 裙房与高层建筑主体之间设置防火墙时，裙房的防火分区可按单、多层建筑的要求确定。

（二）建筑内设置中庭的防火分区规定

根据《建筑设计防火规范》（GB 50016—2014，2018 年版）第 5.3.2 条规定，建筑内

设置自动扶梯、敞开楼梯等上、下层相连通的开口时，其防火分区的建筑面积应按上、下层相连通的建筑面积叠加计算；当叠加计算后的建筑面积大于本规范的规定时，应划分防火分区。

建筑内设置中庭时，其防火分区的建筑面积应按上、下层相连通的建筑面积叠加计算；当叠加计算后的建筑面积大于本规范的规定时，应符合下列规定：

（1）与周围连通空间应进行防火分隔：采用防火隔墙时，其耐火极限不应低于 1.00h；采用防火玻璃墙时，其耐火隔热性和耐火完整性不应低于 1.00h，采用耐火完整性不低于 1.00h 的非隔热性防火玻璃墙时，应设置自动喷水灭火系统进行保护；采用防火卷帘时，其耐火极限不应低于 3.00h，并应符合本规范的规定；与中庭相连通的门、窗，应采用火灾时能自行关闭的甲级防火门、窗。

（2）高层建筑内的中庭回廊应设置自动喷水灭火系统和火灾自动报警系统。

（3）中庭应设置排烟设施。

（4）中庭内不应布置可燃物。

（三）一、二级耐火等级建筑内的商店营业厅、展览厅的防火分区规定

根据《建筑设计防火规范》（GB 50016—2014，2018 年版）第 5.3.4 条规定，一、二级耐火等级建筑内的商店营业厅、展览厅，当设置自动灭火系统和火灾自动报警系统并采用不燃或难燃装修材料时，其每个防火分区的最大允许建筑面积应符合下列规定：

（1）设置在高层建筑内时，不应大于 4000m²。

（2）设置在单层建筑或仅设置在多层建筑的首层内时，不应大于 10 000m²。

（3）设置在地下或半地下时，不应大于 2000m²。

（四）地下或半地下商店的防火分区规定

根据《建筑设计防火规范》（GB 50016—2014，2018 年版）第 5.3.5 条规定，总建筑面积大于 20 000m² 的地下或半地下商店，应采用无门、窗、洞口的防火墙、耐火极限不低于 2.00h 的楼板分隔为多个建筑面积不大于 20 000m² 的区域。相邻区域确需局部连通时，应采用下沉式广场等室外开敞空间、防火隔间、避难走道、防烟楼梯间等方式进行连通，并应符合下列规定：

（1）下沉式广场等室外开敞空间应能防止相邻区域的火灾蔓延和便于安全疏散，并应符合本规范的规定。

（2）防火隔间的墙应为耐火极限不低于 3.00h 的防火隔墙，并应符合本规范的规定。

（3）避难走道应符合本规范的规定。

（4）防烟楼梯间的门应采用甲级防火门。

（五）有顶棚的步行街防火分区的规定

根据《建筑设计防火规范》（GB 50016—2014，2018 年版）第 5.3.6 条规定，餐饮、商店等商业设施通过有顶棚的步行街连接，且步行街两侧的建筑需利用步行街进行安全疏散时，应符合下列规定：

（1）步行街两侧建筑的耐火等级不应低于二级。

（2）步行街两侧建筑相对面的最近距离均不应小于本规范对相应高度建筑的防火间距要求且不应小于 9m。步行街的端部在各层均不宜封闭，确需封闭时，应在外墙上设置可开启的门窗，且可开启门窗的面积不应小于该部位外墙面积的一半。步行街的长度不宜大于300m。

（3）步行街两侧建筑的商铺之间应设置耐火极限不低于 2.00h 的防火隔墙，每间商铺的建筑面积不宜大于 300m²。

（4）步行街两侧建筑的商铺，其面向步行街一侧的围护构件的耐火极限不应低于 1.00h，并宜采用实体墙，其门、窗应采用乙级防火门、窗；当采用防火玻璃墙（包括门、窗）时，其耐火隔热性和耐火完整性不应低于 1.00h；采用耐火完整性不低于 1.00h 的非隔热性防火玻璃墙（包括门、窗）时，应设置闭式自动喷水灭火系统进行保护。相邻商铺之间面向步行街一侧应设置宽度不小于 1.0m、耐火极限不低于 1.00h 的实体墙。

当步行街两侧的建筑为多个楼层时，每层面向步行街一侧的商铺均应设置防止火灾竖向蔓延的措施，并应符合本规范的规定；设置回廊或挑檐时，其出挑宽度不应小于 1.2m；步行街两侧的商铺在上部各层需设置回廊和连接天桥时，应保证步行街上部各层的开口面积不应小于步行街地面面积的 37%，且开口宜均匀布置。

（5）步行街两侧建筑内的疏散楼梯应靠外墙设置并宜直通室外，确有困难时，可在首层直接通至步行街；首层商铺的疏散门可直接通至步行街，步行街内任一点到达最近室外安全地点的步行距离不应大于 60m。步行街两侧建筑二层及以上各层商铺的疏散门至该层最近疏散楼梯口或其他安全出口的直线距离不应大于 37.5m。

（6）步行街的顶棚材料应采用不燃或难燃材料，其承重结构的耐火极限不应低于 1.00h。步行街内不应布置可燃物。

（7）步行街的顶棚下檐距地面的高度不应小于 6.0m，顶棚应设置自然排烟设施并宜采用常开式的排烟口，且自然排烟口的有效面积不应小于步行街地面面积的 25%。常闭式自然排烟设施应能在火灾时手动和自动开启。

（8）步行街两侧建筑的商铺外应每隔 30m 设置 DN65 的消火栓，并应配备消防软管卷盘或消防水龙，商铺内应设置自动喷水灭火系统和火灾自动报警系统；每层回廊均应设置自动喷水灭火系统。步行街内宜设置自动跟踪定位射流灭火系统。

（9）步行街两侧建筑的商铺内外均应设置疏散照明、灯光疏散指示标志和消防应急广播系统。

三、民用建筑的平面布置

（一）一般规定

根据《建筑设计防火规范》（GB 50016—2014，2018 年版）规定，民用建筑的平面布置应结合建筑的耐火等级、火灾危险性、使用功能和安全疏散等因素合理布置。除为满足民用建筑使用功能所设置的附属库房外，民用建筑内不应设置生产车间和其他库房。经营、存放和使用甲、乙类火灾危险性物品的商店、作坊和储藏间，严禁附设在民用建筑内。

（二）人员密集场所平面布置的规定

根据《建筑设计防火规范》（GB 50016—2014，2018 年版）第 5.4.3、5.4.7～5.4.9 条规定，人员密集场所平面布置的规定见表 2-7。

表 2-7　　　　　　　　　　　　人员密集场所平面布置的规定

场所	检查项目	具体规定
商店建筑、展览建筑	设置层数	采用三级耐火等级建筑时，不应超过 2 层；采用四级耐火等级建筑时，应为单层
	营业厅、展览厅	设置在三级耐火等级的建筑内时，应布置在首层或二层；设置在四级耐火等级的建筑内时，应布置在首层；不应设置在地下三层及以下楼层
	不应经营产品	地下或半地下营业厅、展览厅不应经营、储存和展示甲、乙类火灾危险性物品
剧场、电影院、礼堂	设置层数	宜设置在独立的建筑内；采用三级耐火等级建筑时，不应超过 2 层；确需设置在其他民用建筑内时，至少应设置 1 个独立的安全出口和疏散楼梯。 设置在一、二级耐火等级的建筑内时，观众厅宜布置在首层、二层或三层。 设置在三级耐火等级的建筑内时，不应布置在三层及以上楼层。 设置在地下或半地下时，宜设置在地下一层，不应设置在地下三层及以下楼层
	观众厅	确需布置在四层及以上楼层时，一个厅、室的疏散门不应少于 2 个，且每个观众厅的建筑面积不宜大于 400m²
	防火分隔	应采用耐火极限不低于 2.00h 的防火隔墙和甲级防火门与其他区域分隔
	消防设施	设置在高层建筑内时，应设置火灾自动报警系统及自动喷水灭火系统等自动灭火系统
会议厅、多功能厅	设置层数	宜布置在首层、二层或三层。设置在三级耐火等级的建筑内时，不应布置在三层及以上楼层。 设置在地下或半地下时，宜设置在地下一层，不应设置在地下三层及以下楼层
	疏散门	一个厅、室的疏散门不应少于 2 个，且建筑面积不宜大于 400m²
	消防设施	设置在高层建筑内时，应设置火灾自动报警系统及自动喷水灭火系统等自动灭火系统
歌舞厅、录像厅、夜总会、卡拉 OK 厅（含具有卡拉 OK 功能的餐厅）、游艺厅（含电子游艺厅）、桑拿浴室（不包括洗浴部分）、网吧等歌舞娱乐放映游艺场所（不含剧场、电影院）	设置层数	不应布置在地下二层及以下楼层。 宜布置在一、二级耐火等级建筑内的首层、二层或三层的靠外墙部位。 不宜布置在袋形走道的两侧或尽端。 确需布置在地下一层时，地下一层的地面与室外出入口地坪的高差不应大于 10m
	建筑面积	确需布置在地下或四层及以上楼层时，一个厅、室的建筑面积不应大于 200m²
	防火分隔	厅、室之间及与建筑的其他部位之间，应采用耐火极限不低于 2.00h 的防火隔墙和 1.00h 的不燃性楼板分隔，设置在厅、室墙上的门和该场所与建筑内其他部位相通的门均应采用乙级防火门

（三）特殊场所平面布置的规定

根据《建筑设计防火规范》（GB 50016—2014，2018 年版）第 5.3.1A、5.4.4、5.4.4A、5.4.4B、5.4.6、6.2.2 条规定，特殊场所平面布置的规定见表 2-8。

表 2-8　　　　　　　　　　　　特殊场所平面布置的规定

场所	检查项目	具体规定
托儿所、幼儿园的儿童用房和儿童游乐厅等儿童活动场所	设置层数	宜设置在独立的建筑内，且不应设置在地下或半地下；当采用一、二级耐火等级的建筑时，不应超过 3 层；采用三级耐火等级的建筑时，不应超过 2 层；采用四级耐火等级的建筑时，应为单层。 设置在一、二级耐火等级的建筑内时，应布置在首层、二层或三层。 设置在三级耐火等级的建筑内时，应布置在首层或二层。 设置在四级耐火等级的建筑内时，应布置在首层

场所	检查项目	具体规定
托儿所、幼儿园的儿童用房和儿童游乐厅等儿童活动场所	安全出口	设置在高层建筑内时，应设置独立的安全出口和疏散楼梯。 设置在单、多层建筑内时，宜设置独立的安全出口和疏散楼梯
老年人照料设施	设置层数、设置高度	独立建造的一、二级耐火等级老年人照料设施的建筑高度不宜大于32m，不应大于54m；独立建造的三级耐火等级老年人照料设施，不应超过2层。 当老年人照料设施中的老年人公共活动用房、康复与医疗用房设置在地下、半地下时，应设置在地下一层，每间用房的建筑面积不应大于200m²且使用人数不应大于30人。 老年人照料设施中的老年人公共活动用房、康复与医疗用房设置在地上四层及以上时，每间用房的建筑面积不应大于200m²且使用人数不应大于30人
	防火分隔	应采用耐火极限不低于2.00h的防火隔墙和1.00h的楼板与其他场所或部位分隔，墙上必须设置的门、窗应采用乙级防火门、窗
医院和疗养院的住院部分	设置层数	不应设置在地下或半地下。 采用三级耐火等级建筑时，不应超过2层；采用四级耐火等级建筑时，应为单层；设置在三级耐火等级的建筑内时，应布置在首层或二层；设置在四级耐火等级的建筑内时，应布置在首层
	防火分隔	相邻护理单元之间应采用耐火极限不低于2.00h的防火隔墙分隔，隔墙上的门应采用乙级防火门，设置在走道上的防火门应采用常开防火门
教学建筑、食堂、菜市场	设置层数	采用三级耐火等级建筑时，不应超过2层；采用四级耐火等级建筑时，应为单层；设置在三级耐火等级的建筑内时，应布置在首层或二层；设置在四级耐火等级的建筑内时，应布置在首层

（四）设备用房平面布置的规定

1. 民用燃油、燃气锅炉房，油浸变压器室等的规定

根据《建筑设计防火规范》（GB 50016—2014，2018年版）第5.4.12条规定，燃油或燃气锅炉、油浸变压器、充有可燃油的高压电容器和多油开关等，宜设置在建筑外的专用房间内；确需贴邻民用建筑布置时，应采用防火墙与所贴邻的建筑分隔，且不应贴邻人员密集场所，该专用房间的耐火等级不应低于二级；确需布置在民用建筑内时，不应布置在人员密集场所的上一层、下一层或贴邻，并应符合下列规定：

（1）燃油或燃气锅炉房、变压器室应设置在首层或地下一层的靠外墙部位，但常（负）压燃油或燃气锅炉可设置在地下二层或屋顶上。设置在屋顶上的常（负）压燃气锅炉，距离通向屋面的安全出口不应小于6m。采用相对密度（与空气密度的比值）不小于0.75的可燃气体为燃料的锅炉，不得设置在地下或半地下。

（2）锅炉房、变压器室的疏散门均应直通室外或安全出口。

（3）锅炉房、变压器室等与其他部位之间应采用耐火极限不低于2.00h的防火隔墙和1.50h的不燃性楼板分隔。在隔墙和楼板上不应开设洞口，确需在隔墙上设置门、窗时，应采用甲级防火门、窗。

（4）锅炉房内设置储油间时，其总储存量不应大于1m³，且储油间应采用耐火极限不低于3.00h的防火隔墙与锅炉间分隔；确需在防火隔墙上设置门时，应采用甲级防火门。

（5）变压器室之间、变压器室与配电室之间，应设置耐火极限不低于2.00h的防火隔墙。

（6）油浸变压器、多油开关室、高压电容器室，应设置防止油品流散的设施。油浸变压器下面应设置能储存变压器全部油量的事故储油设施。

（7）应设置火灾报警装置。

（8）应设置与锅炉、变压器、电容器和多油开关等的容量及建筑规模相适应的灭火设施，当建筑内其他部位设置自动喷水灭火系统时，应设置自动喷水灭火系统。

（9）锅炉的容量应符合现行国家标准《锅炉房设计规范》（GB 50041）的规定。油浸变压器的总容量不应大于 1260kV·A，单台容量不应大于 630kV·A。

（10）燃气锅炉房应设置爆炸泄压设施。燃油或燃气锅炉房应设置独立的通风系统，并应符合本规范的规定。

2. 布置在民用建筑内的柴油发电机房

根据《建筑设计防火规范》（GB 50016—2014，2018 年版）第 5.4.13 条规定，布置在民用建筑内的柴油发电机房应符合下列规定：

（1）宜布置在首层或地下一、二层。

（2）不应布置在人员密集场所的上一层、下一层或贴邻。

（3）应采用耐火极限不低于 2.00h 的防火隔墙和 1.50h 的不燃性楼板与其他部位分隔，门应采用甲级防火门。

（4）机房内设置储油间时，其总储存量不应大于 1m³，储油间应采用耐火极限不低于 3.00h 的防火隔墙与发电机间分隔；确需在防火隔墙上开门时，应设置甲级防火门。

（5）应设置火灾报警装置。

（6）应设置与柴油发电机容量和建筑规模相适应的灭火设施，当建筑内其他部位设置自动喷水灭火系统时，机房内应设置自动喷水灭火系统。

3. 瓶装液化石油气瓶组

根据《建筑设计防火规范》（GB 50016—2014，2018 年版）第 5.4.17 条规定，建筑采用瓶装液化石油气瓶组供气时，应符合下列规定：

（1）应设置独立的瓶组间。

（2）瓶组间不应与住宅建筑、重要公共建筑和其他高层公共建筑贴邻，液化石油气气瓶的总容积不大于 1m³ 的瓶组间与所服务的其他建筑贴邻时，应采用自然气化方式供气。

（3）液化石油气气瓶的总容积大于 1m³、不大于 4m³ 的独立瓶组间，与所服务建筑的防火间距应符合表 2-9 的规定。

表 2-9　　　　　　　液化石油气气瓶的独立瓶组间与所服务建筑的防火间距　　　　　　　（m）

名称		液化石油气气瓶的独立瓶组间的总容积 V（m³）	
		$V \leqslant 2$	$2 < V \leqslant 4$
明火或散发火花地点		25	30
重要公共建筑、一类高层民用建筑		15	20
裙房和其他民用建筑		8	10
道路（路边）	主要	10	
	次要	5	

注：气瓶总容积应按配置气瓶个数与单瓶几何容积的乘积计算。

（4）在瓶组间的总出气管道上应设置紧急事故自动切断阀。

（5）瓶组间应设置可燃气体浓度报警装置。

4. 消防控制室

根据《建筑设计防火规范》（GB 50016—2014，2018 年版）第 6.2.7、8.1.7 条规定，消防控制室的设置应符合下列规定：

（1）单独建造的消防控制室，其耐火等级不应低于二级。

（2）附设在建筑内的消防控制室，宜设置在建筑内首层或地下一层，并宜布置在靠外墙部位，且应采用耐火极限不低于 2.00h 的防火隔墙和 1.50h 的楼板与其他部位分隔。

（3）疏散门应直通室外或安全出口。

（4）消防控制室和其他设备房开向建筑内的门应采用乙级防火门。

（5）不应设置在电磁场干扰较强及其他可能影响消防控制设备正常工作的房间附近。

5. 消防水泵房

根据《建筑设计防火规范》（GB 50016—2014，2018 年版）第 8.1.6 条规定，消防水泵房的设置应符合下列规定：

（1）单独建造的消防水泵房，其耐火等级不应低于二级。

（2）附设在建筑内的消防水泵房，不应设置在地下三层及以下或室内地面与室外出入口地坪高差大于 10m 的地下楼层。

（3）疏散门应直通室外或安全出口。

（五）其他场所平面布置的规定

根据《建筑设计防火规范》（GB 50016—2014，2018 年版）第 5.4.10、5.4.11 条规定，其他场所平面布置的规定见表 2-10。

表 2-10　　　　　　　　　　其他场所平面布置的规定

场所	检查项目	具体规定
与其他使用功能建筑合建的住宅建筑	防火分隔	住宅部分与非住宅部分之间，应采用耐火极限不低于 2.00h 且无门、窗、洞口的防火隔墙和 1.50h 的不燃性楼板完全分隔；当为高层建筑时，应采用无门、窗、洞口的防火墙和耐火极限不低于 2.00h 的不燃性楼板完全分隔
	安全出口和疏散楼梯	住宅部分与非住宅部分的安全出口和疏散楼梯应分别独立设置；为住宅部分服务的地上车库应设置独立的疏散楼梯或安全出口
设置商业服务网点的住宅建筑	居住部分与商业服务网点之间防火分隔	设置商业服务网点的住宅建筑，其居住部分与商业服务网点之间应采用耐火极限不低于 2.00h 且无门、窗、洞口的防火隔墙和 1.50h 的不燃性楼板完全分隔，住宅部分和商业服务网点部分的安全出口和疏散楼梯应分别独立设置
	商业服务网点中分隔单元	商业服务网点中每个分隔单元之间应采用耐火极限不低于 2.00h 且无门、窗、洞口的防火隔墙相互分隔，当每个分隔单元任一层建筑面积大于 200m² 时，该层应设置 2 个安全出口或疏散门

第三节　安全疏散和避难层（间）

一、民用建筑的安全疏散

（一）民用建筑的安全疏散一般规定

根据《建筑设计防火规范》（GB 50016—2014，2018 年版）第 5.5.2～5.5.7 条规定，民

用建筑的安全疏散一般规定见表 2-11。

表 2-11　　　　　　　　　　　民用建筑的安全疏散一般规定

项目	规定
安全出口和疏散门	建筑内的安全出口和疏散门应分散布置，且建筑内每个防火分区或一个防火分区的每个楼层、每个住宅单元每层相邻两个安全出口以及每个房间相邻两个疏散门最近边缘之间的水平距离不应小于 5m
楼梯间	建筑的楼梯间宜通至屋面，通向屋面的门或窗应向外开启
不应计作安全疏散的设施	自动扶梯和电梯不应计作安全疏散设施
对地下、半地下建筑或建筑内的地下、半地下室可设置一个安全出口或疏散门	除人员密集场所外，建筑面积不大于 500m² 、使用人数不超过 30 人且埋深不大于 10m 的地下或半地下建筑（室），当需要设置 2 个安全出口时，其中一个安全出口可利用直通室外的金属竖向梯。 除歌舞娱乐放映游艺场所外，防火分区建筑面积不大于 200m² 的地下或半地下设备间、防火分区建筑面积不大于 50m² 且经常停留人数不超过 15 人的其他地下或半地下建筑（室），可设置 1 个安全出口或 1 部疏散楼梯。 除另有规定外，建筑面积不大于 200m² 的地下或半地下设备间、建筑面积不大于 50m² 且经常停留人数不超过 15 人的其他地下或半地下房间，可设置 1 个疏散门
直通建筑内附设汽车库的电梯的防火分隔	直通建筑内附设汽车库的电梯，应在汽车库部分设置电梯候梯厅，并应采用耐火极限不低于 2.00h 的防火隔墙和乙级防火门与汽车库分隔
高层建筑直通室外的安全出口	高层建筑直通室外的安全出口上方，应设置挑出宽度不小于 1.0m 的防护挑檐

（二）公共建筑的安全疏散规定

根据《建筑设计防火规范》（GB 50016—2014，2018 年版）第 5.5.8～5.5.19 条规定，公共建筑的安全疏散规定见表 2-12。

表 2-12　　　　　　　　　　　公共建筑的安全疏散规定

项目	规定
公共建筑设置安全出口的基本要求	公共建筑内每个防火分区或一个防火分区的每个楼层，其安全出口的数量应经计算确定，且不应少于 2 个。设置 1 个安全出口或 1 部疏散楼梯的公共建筑应符合下列条件之一： （1）除托儿所、幼儿园外，建筑面积不大于 200m² 且人数不超过 50 人的单层公共建筑或多层公共建筑的首层。 （2）除医疗建筑，老年人照料设施，托儿所、幼儿园的儿童用房，儿童游乐厅等儿童活动场所和歌舞娱乐放映游艺场所等外，符合表 2-13 规定的公共建筑
建筑内的防火分区利用相邻防火分区进行疏散时的基本要求	一、二级耐火等级公共建筑内的安全出口全部直通室外确有困难的防火分区，可利用通向相邻防火分区的甲级防火门作为安全出口，但应符合下列要求： （1）利用通向相邻防火分区的甲级防火门作为安全出口时，应采用防火墙与相邻防火分区进行分隔。 （2）建筑面积大于 1000m² 的防火分区，直通室外的安全出口不应少于 2 个；建筑面积不大于 1000m² 的防火分区，直通室外的安全出口不应少于 1 个。 （3）该防火分区通向相邻防火分区的疏散净宽度不应大于其按规定计算所需疏散总净宽度的 30%，建筑各层直通室外的安全出口总净宽度不应小于按照规定计算所需疏散总净宽度
高层公共建筑的疏散楼梯采用剪刀楼梯间要求	高层公共建筑的疏散楼梯，当分散设置确有困难且从任一疏散门至最近疏散楼梯间入口的距离不大于 10m 时，可采用剪刀楼梯间，但应符合下列规定： （1）楼梯间应为防烟楼梯间。 （2）梯段之间应设置耐火极限不低于 1.00h 的防火隔墙。 （3）楼梯间的前室应分别设置
公共建筑设置一个疏散楼梯的条件确定原则	设置不少于 2 部疏散楼梯的一、二级耐火等级多层公共建筑，如顶层局部升高，当高出部分的层数不超过 2 层、人数之和不超过 50 人且每层建筑面积不大于 200m² 时，高出部分可设置 1 部疏散楼梯，但至少应另外设置 1 个直通建筑主体上人平屋面的安全出口，且上人屋面应符合人员安全疏散的要求

项目	规　定
公共建筑中采用防烟楼梯间的情形	一类高层公共建筑和建筑高度大于32m的二类高层公共建筑，其疏散楼梯应采用防烟楼梯间。 裙房和建筑高度不大于32m的二类高层公共建筑，其疏散楼梯应采用封闭楼梯间。 注：当裙房与高层建筑主体之间设置防火墙时，裙房的疏散楼梯可按有关单、多层建筑的要求确定
多层公共建筑中采用封闭楼梯间的情形	下列多层公共建筑的疏散楼梯，除与敞开式外廊直接相连的楼梯间外，均应采用封闭楼梯间： （1）医疗建筑、旅馆及类似使用功能的建筑。 （2）设置歌舞娱乐放映游艺场所的建筑。 （3）商店、图书馆、展览建筑、会议中心及类似使用功能的建筑。 （4）6层及以上的其他建筑
老年人照料设施设置与疏散或避难场所直接连通的室外走廊的情形	老年人照料设施的疏散楼梯或疏散楼梯间宜与敞开式外廊直接连通，不能与敞开式外廊直接连通的室内疏散楼梯应采用封闭楼梯间。建筑高度大于24m的老年人照料设施，其室内疏散楼梯应采用防烟楼梯间。 建筑高度大于32m的老年人照料设施，宜在32m以上部分增设能连通老年人居室和公共活动场所的连廊，各层连廊应直接与疏散楼梯、安全出口或室外避难场地连通
建筑内的客货电梯设置要求	公共建筑内的客、货电梯宜设置电梯候梯厅，不宜直接设置在营业厅、展览厅、多功能厅等场所内。 老年人照料设施内的非消防电梯采取防烟措施，当火灾情况下需用于辅助人员疏散时，该电梯及其设置应符合有关消防电梯及其设置的要求
疏散门的设置原则	公共建筑内房间的疏散门数量应经计算确定且不应少于2个。除托儿所、幼儿园、老年人照料设施、医疗建筑、教学建筑内位于走道尽端的房间外，符合下列条件之一的房间可设置1个疏散门： （1）位于两个安全出口之间或袋形走道两侧的房间，对于托儿所、幼儿园、老年人照料设施，建筑面积不大于50m²；对于医疗建筑、教学建筑，建筑面积不大于75m²；对于其他建筑或场所，建筑面积不大于120m²。 （2）位于走道尽端的房间，建筑面积小于50m²且疏散门的净宽度不小于0.90m，或由房间内任一点至疏散门的直线距离不大于15m、建筑面积不大于200m²且疏散门的净宽度不小于1.40m。 （3）歌舞娱乐放映游艺场所内建筑面积不大于50m²且经常停留人数不超过15人的厅、室
剧场、电影院、礼堂和体育馆的观众厅或多功能厅疏散门的设置	剧场、电影院、礼堂和体育馆的观众厅或多功能厅，其疏散门的数量应经计算确定且不应少于2个，并应符合下列规定： （1）对于剧场、电影院、礼堂的观众厅或多功能厅，每个疏散门的平均疏散人数不应超过250人；当容纳人数超过2000人时，其超过2000人的部分，每个疏散门的平均疏散人数不应超过400人。 （2）对于体育馆的观众厅，每个疏散门的平均疏散人数不宜超过400~700人
公共建筑的安全疏散距离要求	公共建筑的安全疏散距离应符合下列规定： （1）直通疏散走道的房间疏散门至最近安全出口的直线距离不应大于表2-14的规定； （2）楼梯间应在首层直通室外，确有困难时，可在首层采用扩大的封闭楼梯间或防烟楼梯间前室。当层数不超过4层且未采用扩大的封闭楼梯间或防烟楼梯间前室时，可将直通室外的门设置在离楼梯间不大于15m处； （3）房间内任一点至房间直通疏散走道的疏散门的直线距离，不应大于表2-14规定的袋形走道两侧或尽端的疏散门至最近安全出口的直线距离； （4）一、二级耐火等级建筑内疏散门或安全出口不少于2个的观众厅、展览厅、多功能厅、餐厅、营业厅等，其室内任一点至最近疏散门或安全出口的直线距离不应大于30m；当疏散门不能直通室外地面或疏散楼梯间时，应采用长度不大于10m的疏散走道通至最近的安全出口。当该场所设置自动喷水灭火系统时，室内任一点至最近安全出口的安全疏散距离可分别增加25%
公共建筑内疏散门和安全出口的净宽度	除另有规定外，公共建筑内疏散门和安全出口的净宽度不应小于0.90m，疏散走道和疏散楼梯的净宽度不应小于1.10m。 高层公共建筑内楼梯间的首层疏散门、首层疏散外门、疏散走道和疏散楼梯的最小净宽度应符合表2-15的规定。
人员密集的公共场所、观众厅的疏散门、室外疏散通道净宽度	人员密集的公共场所、观众厅的疏散门不应设置门槛，其净宽度不应小于1.40m，且紧靠门口内外各1.40m范围内不应设置踏步。 人员密集的公共场所的室外疏散通道的净宽度不应小于3.00m，并应直接通向宽敞地带

表 2-13 设置 1 部疏散楼梯的公共建筑

耐火等级	最多层数	每层最大建筑面积（m²）	人数
一、二级	3层	200	第二、三层的人数之和不超过 50 人
三级	3层	200	第二、三层的人数之和不超过 25 人
四级	2层	200	第二层人数不超过 15 人

表 2-14 直通疏散走道的房间疏散门至最近安全出口的直线距离 （m）

名称			位于两个安全出口之间的疏散门			位于袋形走道两侧或尽端的疏散门		
			一、二级	三级	四级	一、二级	三级	四级
托儿所、幼儿园老年人照料设施			25	20	15	20	15	10
歌舞娱乐放映游艺场所			25	20	15	9	—	—
医疗建筑	单、多层		35	30	25	20	15	10
	高层	病房部分	24	—	—	12	—	—
		其他部分	30	—	—	15	—	—
教学建筑	单、多层		35	30	25	22	20	10
	高层		30	—	—	15	—	—
高层旅馆、展览建筑			30	—	—	15	—	—
其他建筑	单、多层		40	35	25	22	20	15
	高层		40	—	—	20	—	—

注：1. 建筑内开向敞开式外廊的房间疏散门至最近安全出口的直线距离可按表 2-14 的规定增加 5m。

2. 直通疏散走道的房间疏散门至最近敞开楼梯间的直线距离，当房间位于两个楼梯间之间时，应按表 2-14 的规定减少 5m；当房间位于袋形走道两侧或尽端时，应按表 2-14 的规定减少 2m。

3. 建筑物内全部设置自动喷水灭火系统时，其安全疏散距离可按表 2-14 的规定增加 25%。

表 2-15 高层公共建筑内楼梯间的首层疏散门、首层疏散外门、
疏散走道和疏散楼梯的最小净宽度 （m）

建筑类别	楼梯间的首层疏散门、首层疏散外门	走道		疏散楼梯
		单面布房	双面布房	
高层医疗建筑	1.30	1.40	1.50	1.30
其他高层公共建筑	1.20	1.30	1.40	1.20

（三）住宅建筑的安全疏散规定

根据《建筑设计防火规范》（GB 50016—2014，2018 年版）第 5.5.25～5.5.30 条规定，住宅建筑的安全疏散规定见表 2-16。

表 2-16　　　　　　　　　　　　　　　住宅建筑的安全疏散规定

项目	内　　容
住宅建筑安全出口的设置	住宅建筑安全出口的设置应符合下列规定： （1）建筑高度不大于 27m 的建筑，当每个单元任一层的建筑面积大于 650m²，或任一户门至最近安全出口的距离大于 15m 时，每个单元每层的安全出口不应少于 2 个。 （2）建筑高度大于 27m，但不大于 54m 的建筑，当每个单元任一层的建筑面积大于 650m²，或任一户门至最近安全出口的距离大于 10m 时，每个单元每层的安全出口不应少于 2 个。 （3）建筑高度大于 54m 的建筑，每个单元每层的安全出口不应少于 2 个
建筑高度大于 27m，但不大于 54m 的住宅建筑中设置一座疏散楼梯的要求	建筑高度大于 27m，但不大于 54m 的住宅建筑，每个单元设置一座疏散楼梯时，疏散楼梯应通至屋面，且单元之间的疏散楼梯应能通过屋面连通，户门应采用乙级防火门。当不能通至屋面或不能通过屋面连通时，应设置 2 个安全出口
住宅建筑的疏散楼梯设置	住宅建筑的疏散楼梯设置应符合下列规定： （1）建筑高度不大于 21m 的住宅建筑可采用敞开楼梯间；与电梯井相邻布置的疏散楼梯应采用封闭楼梯间，当户门采用乙级防火门时，仍可采用敞开楼梯间。 （2）建筑高度大于 21m、不大于 33m 的住宅建筑应采用封闭楼梯间；当户门采用乙级防火门时，可采用敞开楼梯间。 （3）建筑高度大于 33m 的住宅建筑应采用防烟楼梯间。户门不宜直接开向前室，确有困难时，每层开向同一前室的户门不应大于 3 樘且应采用乙级防火门
住宅单元的疏散楼梯采用剪刀楼梯间的要求	住宅单元的疏散楼梯，当分散设置确有困难且任一户门至最近疏散楼梯间入口的距离不大于 10m 时，可采用剪刀楼梯间，但应符合下列规定： （1）应采用防烟楼梯间。 （2）梯段之间应设置耐火极限不低于 1.00h 的防火隔墙。 （3）楼梯间的前室不宜共用；共用时，前室的使用面积不应小于 6.0m²。 （4）楼梯间的前室或共用前室不宜与消防电梯的前室合用；楼梯间的共用前室与消防电梯的前室合用时，合用前室的使用面积不应小于 12.0m²，且短边不应小于 2.4m
住宅建筑的安全疏散距离	住宅建筑的安全疏散距离应符合下列规定： （1）直通疏散走道的户门至最近安全出口的直线距离不应大于表 2-17 的规定。 （2）楼梯间应在首层直通室外，或在首层采用扩大的封闭楼梯间或防烟楼梯间前室。层数不超过 4 层时，可将直通室外的门设置在离楼梯间不大于 15m 处。 （3）户内任一点至直通疏散走道的户门的直线距离不应大于表 2-17 规定的袋形走道两侧或尽端的疏散门至最近安全出口的最大直线距离。 注：跃层式住宅，户内楼梯的距离可按其梯段水平投影长度的 1.50 倍计算
总净宽度要求	住宅建筑的户门、安全出口、疏散走道和疏散楼梯的各自总净宽度应经计算确定，且户门和安全出口的净宽度不应小于 0.90m，疏散走道、疏散楼梯和首层疏散外门的净宽度不应小于 1.10m。建筑高度不大于 18m 的住宅中一边设置栏杆的疏散楼梯，其净宽度不应小于 1.00m

表 2-17　　　　　　　住宅建筑直通疏散走道的户门至最近安全出口的直线距离　　　　　　　　（m）

住宅建筑类别	位于两个安全出口之间的户门			位于袋形走道两侧或尽端的户门		
	一、二级	三级	四级	一、二级	三级	四级
单、多层	40	35	25	22	20	15
高层	40	—	—	20	—	—

注：1. 开向敞开式外廊的户门至最近安全出口的最大直线距离可按表 2-17 的规定增加 5m。
　　2. 直通疏散走道的户门至最近敞开楼梯间的直线距离，当户门位于两个楼梯间之间时，应按表 2-17 的规定减少 5m；当户门位于袋形走道两侧或尽端时，应按表 2-17 的规定减少 2m。
　　3. 住宅建筑内全部设置自动喷水灭火系统时，其安全疏散距离可按表 2-17 的规定增加 25%。
　　4. 跃廊式住宅的户门至最近安全出口的距离，应从户门算起，小楼梯的一段距离可按其水平投影长度的 1.50 倍计算。

二、民用建筑的避难层（间）

（一）公共建筑的避难层（间）规定

根据《建筑设计防火规范》（GB 50016—2014，2018 年版）第 5.5.23、5.5.24、5.5.24A 条规定，公共建筑的避难层（间）规定见表 2-18。

表 2-18　　　　　　　　　　　公共建筑的避难层（间）规定

项目	内　容
公共建筑避难层（间）的设置	建筑高度大于 100m 的公共建筑，应设置避难层（间）。避难层（间）应符合下列规定： （1）第一个避难层（间）的楼地面至灭火救援场地地面的高度不应大于 50m，两个避难层（间）之间的高度不宜大于 50m。 （2）通向避难层的疏散楼梯应在避难层分隔、同层错位或上下层断开。 （3）避难层（间）的净面积应能满足设计避难人数避难的要求，并宜按 5.0 人/m² 计算。 （4）避难层可兼作设备层。设备管道宜集中布置，其中的易燃、可燃液体或气体管道应集中布置，设备管道区应采用耐火极限不低于 3.00h 的防火隔墙与避难区分隔。管道井和设备间应采用耐火极限不低于 2.00h 的防火隔墙与避难区分隔，管道井和设备间的门不应直接开向避难区；确需直接开向避难区时，与避难区安全出入口的距离不应小于 5m，且应采用甲级防火门。避难间内不应设置易燃、可燃液体或气体管道，不应开设除外窗、疏散门之外的其他开口。 （5）避难层应设置消防电梯出口。 （6）应设置消火栓和消防软管卷盘。 （7）应设置消防专线电话和应急广播。 （8）在避难层（间）进入楼梯间的入口处和疏散楼梯通向避难层（间）的出口处，应设置明显的指示标志。 （9）应设置直接对外的可开启窗口或独立的机械防烟设施，外窗应采用乙级防火窗
高层病房楼和手术室的避难间设置	高层病房楼应在二层及以上的病房楼层和洁净手术部设置避难间。避难间应符合下列规定： （1）避难间服务的护理单元不应超过 2 个，其净面积应按每个护理单元不小 25.0m² 确定。 （2）避难间兼作其他用途时，应保证人员的避难安全，且不得减少可供避难的净面积。 （3）应靠近楼梯间，并应采用耐火极限不低于 2.00h 的防火隔墙和甲级防火门与其他部位分隔。 （4）应设置消防专线电话和消防应急广播。 （5）避难间的入口处应设置明显的指示标志。 （6）应设置直接对外的可开启窗口或独立的机械防烟设施，外窗应采用乙级防火窗
老年人照料设施的避难间设置	3 层及 3 层以上总建筑面积大于 3000m²（包括设置在其他建筑内三层及以上楼层）的老年人照料设施，应在二层及以上各层老年人照料设施部分的每座疏散楼梯间的相邻部位设置 1 间避难间；当老年人照料设施设置与疏散楼梯或安全出口直接连通的开敞式外廊、与疏散走道直接连通且符合人员避难要求的室外平台等时，可不设置避难间。避难间内可供避难的净面积不应小于 12m²，避难间可利用疏散楼梯间的前室或消防电梯的前室，其他要求应符合的规定。 供失能老年人使用且层数大于 2 层的老年人照料设施，应按核定使用人数配备简易防毒面具

（二）住宅建筑的避难层（间）规定

《建筑设计防火规范》（GB 50016—2014，2018 年版）中第 5.5.32 条规定，建筑高度大于 54m 的住宅建筑，每户应有一间房间符合下列规定：

（1）应靠外墙设置，并应设置可开启外窗。

（2）内、外墙体的耐火极限不应低于 1.00h，该房间的门宜采用乙级防火门，外窗的耐火完整性不宜低于 1.00h。

第四节　内部装修、建筑保温和外墙装饰、灭火救援设施

一、民用建筑的内部装修

（一）常用建筑内部装修材料燃烧性能等级划分

根据《建筑内部装修设计防火规范》（GB 50222—2017）第 3.0.2 条文说明，常用建筑内部装修材料燃烧性能等级划分举例见表 2-19。

表 2-19　　　　　　　　　　常用建筑内部装修材料燃烧性能等级划分举例

材料类别	级别	材料举例
各部位材料	A	花岗石、大理石、水磨石、水泥制品、混凝土制品、石膏板、石灰制品、黏土制品、玻璃、瓷砖、马赛克、钢铁、铝、铜合金、天然石材、金属复合板、纤维石膏板、玻镁板、硅酸钙板等
顶棚材料	B$_1$	纸面石膏板、纤维石膏板、水泥刨花板、矿棉板、玻璃棉装饰吸声板、珍珠岩装饰吸声板、难燃胶合板、难燃中密度纤维板、岩棉装饰板、难燃木材、铝箔复合材料、难燃酚醛胶合板、铝箔玻璃钢复合材料、复合铝箔玻璃棉板等
墙面材料	B$_1$	纸面石膏板、纤维石膏板、水泥刨花板、矿棉板、玻璃棉板、珍珠岩板、难燃胶合板、难燃中密度纤维板、防火塑料装饰板、难燃双面刨花板、多彩涂料、难燃墙纸、难燃墙布、难燃仿花岗岩装饰板、氯氧镁水泥装配式墙板、难燃玻璃钢平板、难燃 PVC 塑料护墙板、阻燃模压木质复合板材、彩色难燃人造板、难燃玻璃钢、复合铝箔玻璃棉板等
	B$_2$	各类天然木材、木制人造板、竹材、纸制装饰板、装饰微薄木贴面板、印刷木纹人造板、塑料贴面装饰板、聚酯装饰板、复塑装饰板、塑纤板、胶合板、塑料壁纸、无纺贴墙布、墙布、复合壁纸、天然材料壁纸、人造革、实木饰面装饰板、胶合竹夹板等
地面材料	B$_1$	硬 PVC 塑料地板、水泥刨花板、水泥木丝板、氯丁橡胶地板、难燃羊毛地毯等
	B$_2$	半硬质 PVC 塑料地板、PVC 卷材地板等
装饰织物	B$_1$	经阻燃处理的各类难燃织物等
	B$_2$	纯毛装饰布、经阻燃处理的其他织物等
其他装修装饰材料	B$_1$	难燃聚氯乙烯塑料、难燃酚醛塑料、聚四氟乙烯塑料、难燃脲醛塑料、硅树脂塑料装饰型材、经难燃处理的各类织物等
	B$_2$	经阻燃处理的聚乙烯、聚丙烯、聚氨酯、聚苯乙烯、玻璃钢、化纤织物、木制品等

（二）常用装修材料分级规定

（1）根据《建筑内部装修设计防火规范》（GB 50222—2017）第 3.0.2 条规定，装修材料按其燃烧性能应划分为四级，并应符合表 2-20 的规定。

表 2-20　　　　　　　　　　装修材料燃烧性能等级

等级	装修材料燃烧性能
A	不燃性
B$_1$	难燃性
B$_2$	可燃性
B$_3$	易燃性

（2）根据《建筑内部装修设计防火规范》（GB 50222—2017）第3.0.4条规定，安装在金属龙骨上燃烧性能达到B_1级的纸面石膏板、矿棉吸声板，可作为A级装修材料使用。

（3）根据《建筑内部装修设计防火规范》（GB 50222—2017）第3.0.5条规定，单位面积质量小于$300g/m^2$的纸质、布质壁纸，当直接粘贴在A级基材上时，可作为B_1级装修材料使用。

（4）根据《建筑内部装修设计防火规范》（GB 50222—2017）第3.0.6条规定，施涂于A级基材上的无机装修涂料，可作为A级装修材料使用；施涂于A级基材上，湿涂覆比小于$1.5kg/m^2$，且涂层干膜厚度不大于1.0mm的有机装修涂料，可作为B_1级装修材料使用。

（三）特别场所内部装修的规定

根据《建筑内部装修设计防火规范》（GB 50222—2017）第4.0.4～4.0.7、4.0.9～4.0.11、4.0.13～4.0.18条规定，特别场所内部装修的规定见表2-21。

表2-21   特别场所内部装修的规定

场 所	规 定
水平疏散走道和安全出口的门厅	地上建筑：顶棚应采用A级装修材料，其他部位应采用不低于B_1级的装修材料
	地下民用建筑：顶棚、墙面和地面均应采用A级装修材料
疏散楼梯间和前室	顶棚、墙面和地面：均应采用A级装修材料
建筑物内设有上下层相连通的中庭、走马廊、开敞楼梯、自动扶梯时部位装修材料等级	连通部位的顶棚、墙面：应采用A级装修材料
	其他部位：应采用不低于B_1级的装修材料
建筑内部变形缝	两侧基层的表面装修：应采用不低于B_1级的装修材料
消防水泵房、机械加压送风排烟机房、固定灭火系统钢瓶间、配电室、变压器室、发电机房、储油间、通风和空调机房等内部所有装修	均应采用A级装修材料
消防控制室等重要房间	顶棚和墙面：应采用A级装修材料
	地面及其他装修：应采用不低于B_1级的装修材料
建筑物内的厨房	顶棚、墙面、地面：均应采用A级装修材料
民用建筑内的库房或贮藏间	内部所有装修：除应符合相应场所规定外，且应采用不低于B_1级的装修材料
展览性场所装修	展台材料：应采用不低于B_1级的装修材料
	在展厅设置电加热设备的餐饮操作区内，与电加热设备贴邻的墙面、操作台：均应采用A级装修材料
	展台与卤钨灯等高温照明灯具贴邻部位的材料：应采用A级装修材料
住宅建筑装修	厨房内的固定橱柜：宜采用不低于B_1级的装修材料
	卫生间顶棚：宜采用A级装修材料
	阳台装修：宜采用不低于B_1级的装修材料
照明灯具及电气设备、线路的高温部位	靠近非A级装修材料或构件：应采取隔热、散热等防火保护措施，与窗帘、帷幕、幕布、软包等装修材料的距离不应小于500mm
	灯饰：应采用不低于B_1级的材料

场 所	规 定
建筑内部的配电箱、控制面板、接线盒、开关、插座等	不应直接安装在低于 B_1 级的装修材料上
	用于顶棚和墙面装修的木质类板材,当内部含有电器、电线等物体时:应采用不低于 B_1 级的材料
当室内顶棚、墙面、地面和隔断装修材料内部安装	内部安装电加热供暖系统:室内采用的装修材料和绝热材料的燃烧性能等级应为 A 级
	内部安装水暖(或蒸汽)供暖系统:顶棚采用的装修材料和绝热材料的燃烧性能应为 A 级,其他部位的装修材料和绝热材料的燃烧性能不应低于 B_1 级

(四)单层、多层民用建筑内部装修的规定

根据《建筑内部装修设计防火规范》(GB 50222—2017)规定,单层、多层民用建筑内部各部位装修材料的燃烧性能等级,不应低于表 2–22 的规定。

表 2–22　　　　单层、多层民用建筑内部各部位装修材料的燃烧性能等级

序号	建筑物及场所	建筑规模、性质	装修材料燃烧性能等级							
			顶棚	墙面	地面	隔断	固定家具	装饰织物		其他装饰装修材料
								窗帘	帷幕	
1	候机楼的候机大厅、贵宾候机室、售票厅、商店、餐饮场所等	—	A	A	B_1	B_1	B_1	B_1	—	B_1
2	汽车站、火车站、轮船客运站的候车(船)室、商店、餐饮场所等	建筑面积>10 000m²	A	A	B_1	B_1	B_1	B_1	—	B_2
		建筑面积≤10 000m²	A	B_1	B_1	B_1	B_1	B_1	—	B_2
3	观众厅、会议厅、多功能厅、等候厅等	每个厅建筑面积>400m²	A	A	B_1	B_1	B_1	B_1	B_1	B_1
		每个厅建筑面积≤400m²	A	B_1	B_1	B_1	B_1	B_1	B_2	B_2
4	体育馆	>3000 座位	A	A	B_1	B_1	B_1	B_1	B_1	B_2
		≤3000 座位	A	B_1	B_1	B_1	B_1	B_1	B_2	B_2
5	商店的营业厅	每层建筑面积>1500m² 或总建筑面积>3000m²	A	B_1	B_1	B_1	B_1	B_1	—	B_2
		每层建筑面积≤1500m² 或总建筑面积≤3000m²	A	B_1	B_1	B_2	B_1	B_1	—	—
6	宾馆、饭店的客房及公共活动用房等	设置送回风道(管)的集中空气调节系统	A	B_1	B_1	B_1	B_1	B_1	—	B_2
		其他	B_1	B_1	B_2	B_2	B_1	B_1	—	—
7	养老院、托儿所、幼儿园的居住及活动场所	—	A	A	B_1	B_1	B_1	B_1	—	B_2
8	医院的病房区、诊疗区、手术区	—	A	A	B_1	B_1	B_2	B_1	—	B_2
9	教学场所、教学实验场所	—	A	B_1	B_2	B_2	B_2	B_1	—	B_2
10	纪念馆、展览馆、博物馆、图书馆、档案馆、资料馆等的公众活动场所	—	A	B_1	B_1	B_1	B_2	B_1	—	B_2

续表

序号	建筑物及场所	建筑规模、性质	装修材料燃烧性能等级							
			顶棚	墙面	地面	隔断	固定家具	装饰织物		其他装饰装修材料
								窗帘	帷幕	
11	存放文物、纪念展览物品、重要图书、档案、资料的场所	—	A	A	B_1	B_1	B_1	B_1	—	B_2
12	歌舞娱乐游艺场所	—	A	B_1	B_1	B_1	B_1	B_1	B_1	B_1
13	A、B级电子信息系统机房及装有重要机器仪器的房间	—	A	A	B_1	B_1	B_1	B_1	—	B_1
14	餐饮场所	营业面积>100m²	A	B_1	B_1	B_1	B_1	B_1	—	B_2
		营业面积≤100m²	B_1	B_1	B_1	B_2	B_2	B_2	—	B_2
15	办公场所	设置送回风道（管）的集中空气调节系统	A	B_1	B_1	B_1	B_1	B_1	—	B_2
		其他	B_1	B_1	B_2	B_2	B_2	—	—	—
16	其他公共场所	—	B_1	B_1	B_2	B_2	B_2	—	—	—
17	住宅	—	B_1	B_1	B_1	B_2	B_2	—	—	B_2

注：1. 除《建筑内部装修设计防火规范》（GB 50222—2017）规定的场所和表2-22序号为11～13规定的部位外，单层、多层民用建筑内面积小于100m²的房间，当采用耐火极限不低于2.00h的防火隔墙和甲级防火门、窗与其他部位分隔时，其装修材料的燃烧性能等级可在表2-22的基础上降低一级。

2. 除《建筑内部装修设计防火规范》（GB 50222—2017）规定的场所和表2-22中序号为11～13规定的部位外，当单层、多层民用建筑制内部装修的空间内装有自动灭火系统时，除顶棚外，其内部装修材料的燃烧性能等级可在表2-22规定的基础上降低一级；同时装有火灾自动报警装置和自动灭火系统时，其装修材料的燃烧性能等级可在表2-22规定的基础上降低一级。

（五）高层民用建筑内部装修的规定

根据《建筑内部装修设计防火规范》（GB 50222—2017）规定，高层民用建筑内部各部位装修材料的燃烧性能等级，不应低于表2-23的规定。

表2-23　　　　　高层民用建筑内部各部位装修材料的燃烧性能等级

序号	建筑物及场所	建筑规模、性质	装修材料燃烧性能等级									
			顶棚	墙面	地面	隔断	固定家具	装饰织物				其他装饰装修材料
								窗帘	帷幕	床罩	家具包布	
1	候机楼的候机大厅、贵宾候机室、售票厅、商店、餐饮场所等	—	A	A	B_1	B_1	B_1	B_1	—	—	—	B_1
2	汽车站、火车站、轮船客运站的候车（船）室、商店、餐饮场所等	建筑面积>10 000m²	A	A	B_1	B_1	B_1	B_1	—	—	—	B_2
		建筑面积≤10 000m²	A	B_1	B_1	B_1	B_1	B_1	—	—	—	B_2

续表

序号	建筑物及场所	建筑规模、性质	装修材料燃烧性能等级									
			顶棚	墙面	地面	隔断	固定家具	装饰织物				其他装饰装修材料
								窗帘	帷幕	床罩	家具包布	
3	观众厅、会议厅、多功能厅、等候厅等	每个厅建筑面积＞400m²	A	A	B₁	B₁	B₁	B₁	B₁	—	B₁	B₁
		每个厅建筑面积≤400m²	A	B₁	B₁	B₁	B₂	B₁	B₁	—	B₁	B₁
4	商店的营业厅	每层建筑面积＞1500m²或总建筑面积＞3000m²	A	B₁	B₁	B₁	B₁	B₁	—	—	B₂	B₂
		每层建筑面积≤1500m²或总建筑面积≤3000m²	B₁	B₁	B₁	B₁	B₂	B₁	—	—	B₂	B₂
5	宾馆、饭店的客房及公共活动用房等	一类建筑	A	B₁	B₁	B₁	B₂	B₁	—	B₁	B₂	B₁
		二类建筑	A	B₁	B₁	B₂	B₂	B₂	—	B₂	B₂	B₂
6	养老院、托儿所、幼儿园的居住及活动场所	—	A	A	B₁	B₁	B₂	B₁	—	B₂	B₂	B₂
7	医院的病房区、诊疗区、手术区	—	A	A	B₁	B₁	B₂	B₁	—	B₂	B₂	B₂
8	教学场所、教学实验场所	—	A	B₁	B₂	B₂	B₂	B₁	B₁	—	B₂	B₂
9	纪念馆、展览馆、博物馆、图书馆、档案馆、资料馆等的公众活动场所	一类建筑	A	B₁	B₁	B₁	B₂	B₁	B₁	—	B₂	B₂
		二类建筑	A	B₁	B₂	B₂	B₂	B₂	B₂	—	B₂	B₂
10	存放文物、纪念展览物品、重要图书、档案、资料的场所	—	A	A	B₁	B₁	B₂	B₁	—	—	B₁	B₁
11	歌舞娱乐游艺场所	—	A	B₁	B₁	B₁	B₁	B₁	B₁	B₁	B₁	B₁
12	A、B 级电子信息系统机房及装有重要机器仪器的房间	—	A	B₁	B₁	B₁	B₂	B₁	—	—	B₁	B₁
13	餐饮场所	—	A	B₁	B₁	B₁	B₂	B₁	—	—	B₁	B₂
14	办公场所	一类建筑	A	B₁	B₁	B₁	B₂	B₁	—	—	B₁	B₁
		二类建筑	A	B₁	B₁	B₂	B₂	B₂	—	—	B₂	B₂
15	电信楼、财贸金融楼、邮政楼、广播电视楼、电力调度楼、防灾指挥调度楼	一类建筑	A	A	B₁	B₁	B₂	B₁	—	—	B₂	B₁
		二类建筑	A	B₁	B₂	B₂	B₂	B₁	—	—	B₂	B₂
16	其他公共场所	—	A	B₁	B₁	B₂	B₂	B₂	B₂	—	B₂	B₂
17	住宅	—	A	B₁	B₁	B₁	B₂	B₁	—	B₁	B₂	B₁

注：1. 除规定的场所和表 2-23 中序号为 10～12 规定的部位外，高层民用建筑裙房内面积小于 500m² 的房间，当设有自动灭火系统，并且采用耐火极限不低于 2.00h 的防火隔墙和甲级火门、窗与其他部位分隔时，顶棚、墙面、地面装修材料的饶绍性能等级可在表 2-23 规定的基础上降低一级。

2. 除规定的场所和表 2-23 中序号为 10～12 规定的部位外，以及大于 400m² 的观众厅、会议厅和 100m 以上的高层民用建筑外，当设有火灾自动报警装置和自动灭火系统时，除顶棚外，其内部装修材料的燃烧性能等级可在表 2-23 规定的基础上降低一级。

（六）地下民用建筑内部装修的规定

根据《建筑内部装修设计防火规范》（GB 50222—2017）规定，地下民用建筑内部各部位装修材料的燃烧性能等级，不应低于表 2-24 的规定。

表 2-24　　　　　　　　地下民用建筑内部各部位装修材料的燃烧性能等级

序号	建筑物及场所	装修材料燃烧性能等级						
		顶棚	墙面	地面	隔断	固定家具	装饰织物	其他装饰装修材料
1	观众厅、会议厅、多功能厅、等候厅等，商店的营业厅等	A	A	A	B_1	B_1	B_1	B_2
2	宾馆、饭店的客房及公共活动用房等	A	B_1	B_1	B_1	B_1	B_1	B_2
3	医院的诊疗区、手术区	A	A	B_1	B_1	B_1	B_1	B_2
4	教学场所、教学实验场所	A	A	B_1	B_2	B_2	B_1	B_2
5	纪念馆、展览馆、博物馆、图书馆、档案馆、资料馆等的公众活动场所	A	A	B_1	B_1	B_1	B_1	B_1
6	存放文物、纪念展览物品、重要图书、档案、资料的场所	A	A	A	A	A	B_1	B_1
7	歌舞娱乐游艺场所	A	A	B_1	B_1	B_1	B_1	B_1
8	A、B级电子信息系统机房及装有重要机器、仪器的房间	A	A	B_1	B_1	B_1	B_1	B_1
9	餐饮场所	A	A	B_1	B_1	B_1	B_1	B_1
10	办公场所	A	B_1	B_1	B_1	B_1	B_2	B_2
11	其他公共场所	A	B_1	B_1	B_1	B_2	B_2	B_2
12	汽车库、修车库	A	A	B_1	A	A		

注：1. 地下民用建筑系指单层、多层、高层民用建筑的地下部分，单独建造在地下的民用建筑以及平战结合的地下人防工程。

2. 除规定的场所和表 2-24 中序号为 6～8 规定的部位外，单独建造的地下民用建筑的地上部分，其门厅、休息室、办公室等内部装修材料的燃烧性能等级可在表 2-24 的基础上降低一级。

二、建筑保温和外墙装饰

根据《建筑设计防火规范》（GB 50016—2014，2018 年版）第 6.7.1～6.7.12 条规定，建筑保温和外墙装饰要求，见表 2-25。

表 2-25　　　　　　　　建筑保温和外墙装饰要求

项目	具体要求
建筑内外保温系统中保温材料的燃烧性能规定	建筑的内外保温系统，宜采用燃烧性能为 A 级的保温材料，不宜采用 B_2 级保温材料，严禁采用 B_3 级保温材料
建筑外墙采用内保温系统时的规定	人员密集场所用火、燃油、燃气等具有火灾危险性的场所以及各类建筑内的疏散楼梯间、避难走道、避难间、避难层等场所或部位，应采用燃烧性能为 A 级的保温材料
	其他场所应采用低烟、低毒且燃烧性能不低于 B_1 级的保温材料
	保温系统装修材料应采用不燃材料做防护层。采用燃烧性能为 B_1 级的保温材料时，防护层的厚度不应小于 10mm

续表

项目	具体要求
建筑外墙采用保温材料与两侧墙体构成无空腔复合保温结构体时的规定	该结构体的耐火极限应符合有关规定；当保温材料的燃烧性能为 B_1、B_2 级时，保温材料两侧的墙体应采用不燃材料且厚度均不应小于 50mm
设置人员密集场所的建筑外墙外保温材料规定	外墙外保温材料的燃烧性能应为 A 级
老年人照料设施的内、外墙体和屋面保温材料规定	除规定的情况外，独立建造的老年人照料设施、与其他建筑组合建造且老年人照料设施部分的总建筑面积大于 500m² 的老年人照料设施的内、外墙体和屋面保温材料应采用燃烧性能为 A 级的保温材料
与基层墙体、装饰层之间无空腔的建筑外墙外保温系统的保温材料规定	住宅建筑： （1）建筑高度大于 100m 时，保温材料的燃烧性能应为 A 级。 （2）建筑高度大于 27m，但不大于 100m 时，保温材料的燃烧性能不应低于 B_1 级。 （3）建筑高度不大于 27m 时，保温材料的燃烧性能不应低于 B_2 级 除住宅建筑和设置人员密集场所的建筑外，其他建筑： （1）建筑高度大于 50m 时，保温材料的燃烧性能应为 A 级。 （2）建筑高度大于 24m，但不大于 50m 时，保温材料的燃烧性能不应低于 B_1 级。 （3）建筑高度不大于 24m 时，保温材料的燃烧性能不应低于 B_2 级
除设置人员密集场所的建筑外，与基层墙体、装饰层之间有空腔的建筑外墙外保温系统保温材料的规定	建筑高度大于 24m 时，保温材料的燃烧性能应为 A 级 建筑高度不大于 24m 时，保温材料的燃烧性能不应低于 B_1 级
当建筑的外墙外保温系统按规定采用燃烧性能为 B_1、B_2 级保温材料时的规定	除采用 B_1 级保温材料且建筑高度不大于 24m 的公共建筑或采用 B_1 级保温材料且建筑高度不大于 27m 的住宅建筑外，建筑外墙上门、窗的耐火完整性不应低于 0.50h 应在保温系统中每层设置水平防火隔离带。防火隔离带应采用燃烧性能为 A 级的材料，防火隔离带的高度不应小于 300mm
建筑的外墙外保温系统防护层的规定	建筑的外墙外保温系统应采用不燃材料在其表面设置防护层，防护层应将保温材料完全包覆。除规定的情况外，当按规定采用 B_1、B_2 保温材料时，防护层厚度首层不应小于 15mm，其他层不应小于 5mm
外墙外保温系统与基层墙体、装饰层之间的空腔封堵	建筑外墙外保温系统与基层墙体、装饰层之间的空腔，应在每层楼板处采用防火封堵材料封堵
屋面外保温系统规定	建筑的屋面外保温系统，当屋面板的耐火极限不低于 1.00h 时，保温材料的燃烧性能不应低于 B_2 级；当屋面板的耐火极限低于 1.00h 时，不应低于 B_1 级。采用 B_1、B_2 级保温材料的外保温系统应采用不燃材料作防护层，防护层的厚度不应小于 10mm。 当建筑的屋面和外墙外保温系统均采用 B_1、B_2 级保温材料时，屋面与外墙之间应采用宽度不小于 500mm 的不燃材料设置防火隔离带进行分隔
电气线路的规定	电气线路不应穿越或敷设在燃烧性能为 B_1 或 B_2 级的保温材料中；确需穿越或敷设时，应采取穿金属管并在金属管周围采用不燃隔热材料进行防火隔离等防火保护措施
设置开关、插座等电器配件的部位周围的规定	设置开关、插座等电器配件的部位周围应采取不燃隔热材料进行防火隔离等防火保护措施
建筑外墙的装饰层规定	建筑外墙的装饰层应采用燃烧性能为 A 级的材料，但建筑高度不大于 50m 时，可采用 B_1 级材料

三、民用建筑的灭火救援设施

（一）消防车道

根据《建筑设计防火规范》（GB 50016—2014，2018 年版）第 7.1.1、7.1.2、7.1.4、7.1.5、7.1.7～7.1.9 条规定，民用建筑的消防车道设置要求见表 2-26。

表 2-26 民用建筑的消防车道设置要求

项目	具体要求
一般规定	街区内的道路应考虑消防车的通行，道路中心线间的距离不宜大于 160m。 当建筑物沿街道部分的长度大于 150m 或总长度大于 220m 时，应设置穿过建筑物的消防车道。确有困难时，应设置环形消防车道
高层民用建筑消防车道的设置	高层民用建筑，超过 3000 个座位的体育馆，超过 2000 个座位的会堂，占地面积大于 3000m² 的商店建筑、展览建筑等单、多层公共建筑应设置环形消防车道，确有困难时，可沿建筑的两个长边设置消防车道；对于高层住宅建筑和山坡地或河道边临空建造的高层民用建筑，可沿建筑的一个长边设置消防车道，但该长边所在建筑立面应为消防车登高操作面
内院展开救援操作及回车需要的规定	有封闭内院或天井的建筑物，当内院或天井的短边长度大于 24m 时，宜设置进入内院或天井的消防车道；当该建筑物沿街时，应设置连通街道和内院的人行通道（可利用楼梯间），其间距不宜大于 80m
穿过建筑的消防车道的规定	在穿过建筑物或进入建筑物内院的消防车道两侧，不应设置影响消防车通行或人员安全疏散的设施
供消防车取水规定	供消防车取水的天然水源和消防水池应设置消防车道。消防车道的边缘距离取水点不宜大于 2m
消防车道要求	消防车道应符合下列： （1）车道的净宽度和净空高度均不应小于 4.0m。 （2）转弯半径应满足消防车转弯的要求。 （3）消防车道与建筑之间不应设置妨碍消防车操作的树木、架空管线等障碍物。 （4）消防车道靠建筑外墙一侧的边缘距离建筑外墙不宜小于 5m。 （5）消防车道的坡度不宜大于 8%
其他规定	环形消防车道至少应有两处与其他车道连通。尽头式消防车道应设置回车道或回车场，回车场的面积不应小于 12m×12m；对于高层建筑，不宜小于 15m×15m；供重型消防车使用时，不宜小于 18m×18m。消防车道的路面、救援操作场地、消防车道和救援操作场地下面的管道和暗沟等，应能承受重型消防车的压力。消防车道可利用城乡、厂区道路等，但该道路应满足消防车通行、转弯和停靠的要求

（二）救援场地和入口

（1）根据《建筑设计防火规范》（GB 50016—2014，2018 年版）第 7.2.1 条规定，高层建筑应至少沿一个长边或周边长度的 1/4 且不小于一个长边长度的底边连续布置消防车登高操作场地，该范围内的裙房进深不应大于 4m。建筑高度不大于 50m 的建筑，连续布置消防车登高操作场地确有困难时，可间隔布置，但间隔距离不宜大于 30m，且消防车登高操作场地的总长度仍应符合上述规定。

（2）根据《建筑设计防火规范》（GB 50016—2014，2018 年版）第 7.2.2 条规定，消防车登高操作场地应符合下列规定：

① 场地与厂房、仓库、民用建筑之间不应设置妨碍消防车操作的树木、架空管线等障碍物和车库出入口。

② 场地的长度和宽度分别不应小于 15m 和 10m。对于建筑高度大于 50m 的建筑，场地的长度和宽度分别不应小于 20m 和 10m。

③ 场地及其下面的建筑结构、管道和暗沟等，应能承受重型消防车的压力。

④ 场地应与消防车道连通，场地靠建筑外墙一侧的边缘距离建筑外墙不宜小于 5m，且不应大于 10m，场地的坡度不宜大于 3%。

（3）根据《建筑设计防火规范》（GB 50016—2014，2018 年版）第 7.2.3 条规定，建筑物与消防车登高操作场地相对应的范围内，应设置直通室外的楼梯或直通楼梯间的入口。

（4）根据《建筑设计防火规范》（GB 50016—2014，2018 年版）第 7.2.5 条规定，供消防救援人员进入的窗口的净高度和净宽度均不应小于 1.0m，下沿距室内地面不宜大于 1.2m，间距不宜大于 20m 且每个防火分区不应少于 2 个，设置位置应与消防车登高操作场地相对应。窗口的玻璃应易于破碎，并应设置可在室外易于识别的明显标志。

（三）消防电梯

根据《建筑设计防火规范》（GB 50016—2014，2018 年版）第 7.3.1、7.3.2、7.3.4、7.3.6～7.3.8 条规定，民用建筑的消防电梯设置要求见表 2-27。

表 2-27　　　　　　　　　　　　　民用建筑的消防电梯设置要求

项目	内容
应设置消防电梯的建筑	（1）建筑高度大于 33m 的住宅建筑。 （2）一类高层公共建筑和建筑高度大于 32m 的二类高层公共建筑、5 层及以上且总建筑面积大于 3000m² （包括设置在其他建筑内五层及以上楼层）的老年人照料设施。 （3）设置消防电梯的建筑的地下或半地下室，埋深大于 10m 且总建筑面积大于 3000m² 的其他地下或半地下建筑（室）
防火分区	消防电梯应分别设置在不同防火分区内，且每个防火分区不应少于 1 台
可兼作消防电梯的情形	符合消防电梯要求的客梯或货梯可兼作消防电梯
防火分隔	消防电梯井、机房与相邻电梯井、机房之间应设置耐火极限不低于 2.00h 的防火隔墙，隔墙上的门应采用甲级防火门
设置排水设施	消防电梯的井底应设置排水设施，排水井的容量不应小于 2m³，排水泵的排水量不应小于 10L/s。消防电梯间前室的门口宜设置挡水设施
消防电梯设置要求	（1）应能每层停靠。 （2）电梯的载重量不应小于 800kg。 （3）电梯从首层至顶层的运行时间不宜大于 60s。 （4）电梯的动力与控制电缆、电线、控制面板应采取防水措施。 （5）在首层的消防电梯入口处应设置供消防队员专用的操作按钮。 （6）电梯轿厢的内部装修应采用不燃材料。 （7）电梯轿厢内部应设置专用消防对讲电话

章 节 练 习

 案例一　某高层建筑防火案例分析

B 市一高层建筑，耐火等级一级，建筑高度为 88.0m。高层主体每层的建筑面积为 3600m²，每层划分为 1 个防火分区；首层至二层为上、下连通的大堂，三层以上用于办公；建筑附建了 4 层裙房，并采用防火墙及甲级防火门与高层主体建筑进行分隔；高层主体建筑和裙房的地下均设有 3 层的地下室，每层层高 4m，地下一层设置餐饮、超市和一个儿童游乐场。地下二层设置了柴油发电机房、消防水泵房等设备房及汽车库，设备房用耐火极限 2.0h 的防火隔墙和乙级防火门与其他区域分隔，房间门开向车库，经过车库通向疏散楼梯。地下三层设置汽车库。裙房的一至三层为商店，四层为展览厅，全部使用不燃材料装修，首层的建筑面积为 7500m²，划分为 1 个防火分区；二～四层的建筑面积均为 6600m²，分别划分为 2 个建筑面积不大于 4000m² 的防火分区；一～四层设置了一个上、下连通的中庭，首层采用符合要求的防火卷帘分隔，二～四层的中庭与周围连通空间的防火分隔为耐火完整性 1.0h 的非隔热性防火玻璃墙。

高层主体建筑设置了 1 部消防电梯，从首层大堂直通至顶层，从首层到顶层的运行时间为 65s，消防电梯前室与防烟楼梯间前室合用，使用面积为 8m²，消防电梯的前室在各层采用乙级防火门与其他区域分隔。高层建筑内的办公室沿 "一" 字形疏散走道双面布置，疏散走道宽度 1.3m。两部疏散楼梯中其中一部设置在走道尽头，另一部距离走道另一尽头 20m，走道的这一尽头有一间面积为 180m² 的办公室，由于在走道尽头，只设置了一个疏散门，宽度为 1.2m，该房间室内最远点距离房间门 16m，该建筑内办公室疏散门离最近疏散楼梯间的距离均不大于 40m。该高层建筑按要求设置了室内消火栓系统、自动喷水灭火系统和火灾自动报警系统等消防设施。

根据以上材料，回答下列问题：
1. 指出该高层建筑在平面布置方面的问题，并说明理由。
2. 指出该高层建筑在防火分区与防火分隔方面的问题，并给出正确的做法。
3. 指出该高层建筑在消防救援设施方面的问题，并说明原因。
4. 指出该高层建筑在安全疏散方面的问题，并说明原因。
5. 简述消防水泵房的设置应符合的规定。

参 考 答 案

1. 该高层建筑在平面布置方面的问题及理由如下：
（1）存在的问题：地下一层设置儿童游乐场。
理由：儿童游乐场不应设置在地下。
（2）存在的问题：柴油发电机房设置在地下二层。
理由：地下一层是超市，为人员密集场所，柴油发电机房不应布置在人员密集场所的上一层、下一层及贴邻。
2. 该高层建筑在防火分区与防火分隔方面的问题及正确的做法：
（1）存在的问题：高层主体每层的建筑面积为 3600m²，每层划分为 1 个防火分区。
理由：高层民用建筑防火分区最大建筑面积为 1500m²，设自喷增加一倍为 3000m²，每层 3600m² 应划分为 2 个建筑面积不大于 3000m² 的防火分区。
（2）存在的问题：裙房的首层的建筑面积为 7500m²，划分为 1 个防火分区。
理由：一、二级单多层防火分区最大建筑面积 2500m²，设自喷增加一倍为 5000m²，7500m² 应划分为 2 个建筑面积不大于 5000m² 的防火分区。
（3）存在的问题：裙房二、三、四层的中庭与周围连通空间的防火分隔为耐火极限 1.0h 的非隔热性防火玻璃墙分隔。
理由：采用非隔热性防火玻璃墙分隔时应增加自动喷水灭火系统保护。

（4）存在的问题：柴油发电机房、消防水泵房采用乙级防火门与其他区域分隔。

理由：柴油发电机房和消防水泵房的门应采用甲级防火门。

3. 该高层建筑在消防救援设施方面的问题及原因如下：

（1）存在的问题：高层主体建筑设置了 1 部消防电梯。

理由：每个防火分区应至少设置 1 部消防电梯。

（2）存在的问题：消防电梯从首层大堂直通至顶层，建筑的地上部分设置消防电梯时，消防电梯也应通至地下各层。

（3）存在的问题：消防电梯从首层到顶层的运行时间为 65s。

理由：消防电梯从首层到顶层的运行时间不应超过 60s。

（4）存在的问题：消防电梯合用前室的使用面积为 8m²。

理由：消防电梯合用前室的使用面积不应小于 10m²。

4. 该高层建筑在安全疏散方面的问题及原因如下：

（1）存在的问题：疏散走道宽度 1.3m。

理由：高层公共建筑内的疏散走道宽度，双面布房时应不小于 1.4m。

（2）存在的问题：走道尽头办公室的一个疏散门的宽度 1.2m，该房间室内最远点距离房间门 16m。

理由：在走道尽头的房间设置一个疏散门时，面积不应大于 200m²，疏散门的宽度不应小于 1.4m，房间内任意一点到房间疏散门的距离不应大于 15m。

（3）存在的问题：该建筑内办公室疏散门离最近疏散楼梯间的距离均不大于 40m。

理由：高层建筑位于两个安全出口之间的房间疏散门至最近安全出口或疏散楼梯间的距离不大于 40m，位于袋型走道尽端或两侧的房间疏散门至最近安全出口或疏散楼梯间的距离不应大于 20m。

（4）存在的问题：消防水泵房疏散门开向地下车库，通过地下车库通向疏散楼梯间不合理。

理由：消防水泵房的疏散门应直通室外或安全出口。设置在工业或民用建筑内的汽车库，其车辆疏散出口应与其他场所的人员安全出口分开设置。

5. 根据《建筑设计防火规范》（GB 50016—2014，2018 年版）第 8.1.6 条规定，消防水泵房的设置应符合下列规定：

（1）单独建造的消防水泵房，其耐火等级不应低于二级。

（2）附设在建筑内的消防水泵房，不应设置在地下三层及以下或室内地面与室外出入口地坪高差大于 10m 的地下楼层。

（3）疏散门应直通室外或安全出口。

 ## 案例二　某商业区综合楼防火案例分析

C 市某商业区的综合楼，沿街区道路布置东西长 165m，南北宽 20m。地下三层为物业管理用房，地下二层为设备用房，地下一层至地上三层为商场且内部装修材料均为不燃或难燃材料，四至八层为办公区，每层层高 4m，每层建筑面积 4000m²，每层划分 1 个防火分区。同时配置室内外消防给水系统、自动喷水灭火系统、火灾自动报警系统、防烟排烟系统和建筑灭火器等满足规范要求的消防设施。

西侧建有建筑高度24m，7层的老年人照料设施建筑。北侧建有建筑高度30m，藏书100万册的图书馆。东侧建有建筑高度25m，单层重要的体育馆。南侧建有6层的高档住宅楼，其首层室内地坪标高为±0.0m，地下车库高出室外地坪1.2m，平屋顶的屋面面层标高+27.0m，屋顶女儿墙顶部标高+28.8m。

综合楼与老年人照料设施建筑的防火间距为8m，与图书馆的防火间距为15m，与体育馆防火间距25m，与高档住宅楼防火间距10m。综合楼沿南、北两侧设置消防车道，东侧为消防救援场地。

地下三层设有纸制品仓库，地下二层设有消防控制室、消防水泵房、柴油发电机房及其储油间，均采用耐火极限2.5h的防火隔墙进行分隔，隔墙上开设甲级防火门。消防控制室顶棚和墙面均采用矿棉板，地面采用实木地板进行装修。首层靠外墙部位设有儿童游乐厅，采用耐火极限2.0h的防火隔墙进行分隔，与商场连通的门采用丙级防火门。

地上三层的商场，设有2个固定座位数分别为100个和300个的餐厅，利用2个净宽度均为1.2m的封闭楼梯间进行安全疏散。餐厅的厨房顶棚和墙面均采用瓷砖，地面采用水泥木丝板进行装修。地上四层的办公区，在袋形走道一侧设有建筑面积150m^{2}的阅览室，在走道尽端设有建筑面积50m^{2}会客厅，均设置了1个向外开启的疏散门。

根据以上材料，回答以下问题：
1. 指出该商业区各个建筑的分类，并说明理由。简述哪些建筑属于一类高层公共建筑。
2. 指出该综合楼的防火间距方面的问题。
3. 指出该建筑防火分区方面的问题，并说明理由。
4. 指出该建筑平面布置和防火分隔方面的问题，并说明理由。

参 考 答 案

扫一扫
第二章
案例二

1. 该商业区各个建筑的分类确定及理由如下：
（1）综合楼为一类高层公共建筑。
理由：建筑高度24m以上部分任一楼层建筑面积大于1000m^{2}的其他多种功能组合的建筑，属于一类高层公共建筑。
（2）老年人照料设施为多层公共建筑。
理由：建筑高度等于24m的老年人照料设施，属于多层公共建筑。
（3）图书馆属于二类高层公共建筑。
理由：建筑高度24m以上且藏书超过100万册的图书馆，属于一类高层公共建筑，其他属于二类高层公共建筑。
（4）体育馆属于单层公共建筑。
理由：建筑高度大于24m的单层公共建筑，属于单层公共建筑。
（5）住宅楼的建筑高度为27m，属于多层住宅建筑。
理由：住宅建筑地下的顶板面高出室外设计地面的高度不大于1.5m的部分，可不计入建筑高度。屋顶女儿墙不计入建筑高度。所以该住宅的建筑高度不大于 27m，属于多层住宅建筑。

一类高层公共建筑包括下列建筑：

（1）建筑高度大于 50m 的公共建筑。

（2）建筑高度 24m 以上部分任一楼层建筑面积大于 1000m² 的商店、展览、电信、邮政、财贸金融建筑和其他多种功能组合的建筑。

（3）医疗建筑、重要公共建筑。

（4）省级及以上的广播电视和防灾指挥调度建筑、网局级和省级电力调度。

（5）藏书超过 100 万册的图书馆、书库。

2. 该综合楼的防火间距方面的问题：综合楼与老年人建筑之间的防火间距为 8m 不符合规范要求，两者之间的防火间距不应小于 9m。

3. 该建筑防火分区方面的问题及理由如下：

（1）存在的问题：地下三层的物业管理用房建筑面积 4000m²，每层划分 1 个防火分区不符合规范要求。

理由：地下室防火分区的最大允许建筑面积，当设有自动喷水灭火系统后为 1000m²，应至少划分 4 个防火分区。

（2）存在的问题：地下二层的设备用房建筑面积 4000m²，每层划分 1 个防火分区不符合规范要求。

理由：地下室设备用房防火分区的最大允许建筑面积，当设有自动喷水灭火系统后为 2000m²，应至少划分 2 个防火分区。

（3）存在的问题：四至八层为办公区，每层建筑面积 4000m²，每层划分 1 个防火分区不符合规范要求。

理由：高层建筑防火分区的最大允许建筑面积，当设有自动喷水灭火系统后为 3000m²，应至少划分 2 个防火分区。

（4）存在的问题：地下一层的商场，每层建筑面积 4000m²，每层划分 1 个防火分区不符合规范要求。

理由：商场内部装修材料均为不燃或难燃材料，并设置自动喷水灭火系统和火灾自动报警系统，最大允许建筑面积为 2000m²，应至少划分 2 个防火分区。

4. 该建筑平面布置方面的问题及理由如下：

（1）存在的问题：地下三层设有纸制品仓库。

理由：民用建筑内不设置其他库房。

（2）存在的问题：地下二层设有消防控制室。

理由：建筑内的消防控制室，设置在首层或地下一层靠外墙部位。

（3）存在的问题：地下一层为商场，地下二层设有柴油发电机房。

理由：不应布置在人员密集场所的上一层、下一层或贴邻。

该建筑防火分隔方面的问题及理由如下：

（1）存在的问题：储油间采用耐火极限 2.50h 的防火隔墙进行分隔。

理由：储油间采用耐火极限不低于 3.00h 的防火隔墙进行分隔。

（2）存在的问题：儿童游乐厅采用耐火极限 2.00h 的防火隔墙进行分隔，与商场连通的门采用丙级防火门。

理由：建筑内的儿童游乐厅，应采用耐火极限不低于 2.00h 的防火隔墙和 1.00h 的楼板与其他场所或部位分隔，墙上设置的门应采用乙级防火门。

 案例三 某购物中心防火案例分析

某购物中心地下 2 层、地上 4 层。建筑高度 24m，耐火等级二级，地下二层室内地面与室外出入口地坪高差为 11.5m。

地下每层建筑面积 15 200m²，地下二层设置汽车库和变配电房、消防水泵房等设备用房以及建筑面积 5820m² 的建材商场（经营五金、洁具、瓷砖，桶装油漆、香蕉水等），地下一层为家具、灯饰商场，设有多部自动扶梯与建材商场连通。自动扶梯上下层相连通的开口部位设置防火卷帘。地下商场部分的每个防火分区面积不大于 2000m²，采用耐火极限为 1.50h 的不燃性楼板和防火墙及符合规定的防火卷帘进行分隔，在相邻防火分区的防火墙上均设有向疏散方向开启的甲级防火门。

地上一～三层为商场，每层建筑面积 12 000m²，主要经营服装、鞋类、箱包和电器等商品。四层建筑面积 5600m²，主要功能为餐厅、游艺厅、儿童游乐厅和电影院。电影院有 8 个观众厅，每个观众厅建筑面积在 186～390m² 之间；游艺厅有 2 个厅室，建筑面积分别为 216m²、147m²。游艺厅和电影院候场区均采用不到顶的玻璃隔断、玻璃门与其他部位分隔，安全出口符合规范规定。

每层疏散照明的地面水平照度为 1.0lx，备用电源连续供电时间 0.60h。

购物中心外墙外保温系统的保温材料采用模塑聚苯板，保温材料与基层墙体、装饰层之间有 0.17～0.60m 的空腔，在楼板处每隔一层用防火封堵材料对空腔进行防火封堵。

购物中心按规范配置了室内外消火栓系统、自动喷水灭火系统和火灾自动报警系统等消防措施。

根据以上材料，回答问题：

1. 指出地下二层、地上四层平面布置方面存在的问题。

2. 指出地下商场防火分区方面存在的问题，并提出消防规范规定的整改措施。

3. 分别列式计算购物中心地下一、二层安全出口的最小总净宽度，地下一层安全出口最小总净宽度应为多少？（以 m 为单位，计算结果保留 1 位小数）

4. 判断购物中心的疏散照明设置是否正确，并说明理由。

5. 指出购物中心外墙外保温系统防火措施存在的问题。

（提示：商店营业厅人员密度及百人宽度指标分别见表 2-28、表 2-29）

表 2-28 商店营业厅内的人员密度 （人/m²）

楼层位置	地下第二层	地下第一层	地上第一、二层	地上第三层	地上第四层及以上各层
人员密度	0.56	0.60	0.43～0.60	0.39～0.54	0.30～0.42

表 2-29　　　　　　　疏散楼梯、疏散出口和疏散走道的每百人净宽度　　　　　　（m）

建筑层数		耐火等级		
		一、二级	三级	四级
地上楼层	一～二层	0.65	0.75	1.00
	三层	0.75	1.00	—
	≥四层	1.00	1.25	—
地下楼层	与地面出入口地面的高差≤10m	0.75		
	与地面出入口地面的高差＞10m	1.00		

参 考 答 案

扫一扫

第二章

案例三

1. 地下二层存在的问题：

（1）地下二层室内地面与室外出入口地坪高差为 11.5m。

原因：消防水泵房不得设置在地下三层及以下或地下室内地面与室外出入口地坪高差大于 10m 的楼层内。

（2）地下二层设置建筑面积 5820m² 的建材商场（经营五金、洁具、瓷砖，桶装油漆、香蕉水等）。

原因：香蕉水属于闪点小于 28℃ 的液体。按生产和储存危险性分类属于甲类。地下商场不得经营甲乙类物品。

地上四层存在的问题：

（1）游艺厅建筑面积为 216m²。

原因：游艺场所布置在地下一层或 4 层及以上楼层时，一个厅、室的建筑面积不得大于 200m²。

（2）游艺厅及电影院采用不到顶的玻璃隔断，玻璃门与其他部位分隔。

原因：游艺场所中相互分隔的独立房间，应采用耐火极限不低于 2.00h 的防火隔墙和不低于 1.00h 的不燃性楼板分隔，在厅、室墙上的门均为乙级防火门。电影院应采用耐火极限不低于 2.00h 的防火隔墙和甲级防火门与其他区域分隔。

（3）儿童游乐厅设置在四层。

原因：儿童游乐厅设置在一、二级耐火等级的建筑内时，应设置在建筑物的首层或二、三层。

2. 地下商场防火分区方面存在的问题：15 200＋5820＝21 020m²＞20 000m²，地下商场总建筑面积大于 20 000m²，应采用无门、窗、洞口的防火墙，耐火极限不低于 2.00h 的楼板分隔为 2 个建筑面积不大于 20 000m² 的区域，背景资料采用耐火极限为 1.50h 的不燃性楼板。

整改措施：相邻区域确需局部连通时，应设避难走道，下沉式广场等室外空间、开敞空间、隔火空间、防烟楼梯间进行连通。

3. 地下二层：

$$疏散人数=0.56×0.3×5820=977.76 人，即 977 人$$
$$最小总净宽度=977×1.0/100=9.8m$$

地下一层：

建筑商店、家具和灯饰展示建筑，其人员密度可按表 2-27 规定值的 30%确定。

$$疏散人数=0.6×0.3×15\ 200=2736 人$$
$$最小总净宽度=2736×0.75/100=20.6m$$

地下二层也经过地下一层疏散，地下建筑内上层楼梯的总净宽度应按该层及以下疏散人数最多一层的人数计算，地下一层人数最多，地下一层安全出口最小净宽度为 20.6m。

4. "每层疏散照明的地面水平照度为 1.0lx，备用电源连续供电时间 0.60h"不正确。

原因：（1）建筑内消防应急照明灯具的照度应符合下列规定：

① 疏散走道的地面最低水平照度不应低于 1.0lx。

② 人员密集场所、避难层（间）内的地面最低水平照度不应低于 3.0lx。

③ 楼梯间、前室或合用前室、避难走道的地面最低水平照度不应低于 5.0lx。

（2）应急照明备用电源连续供电不应少于 0.50h。

5. 购物中心外墙外保温系统防火措施存在的问题及原因如下：

（1）存在的问题：采用模塑聚苯板。

原因：模塑聚苯板燃烧性能为 B_3 级。根据规范相关规定，设置人员密集场所的建筑，其外墙外保温材料的燃烧性能应为 A 级。

（2）存在的问题：在楼板处每隔一层用防火封堵材料对空腔进行防火封堵。

原因：外墙外保温系统与基层墙体、装饰层之间的空腔，在每层楼板处采用防火封堵材料封堵，以防因烟囱效应造成火势快速发展。

 ## 案例四　某四星级旅馆建筑防火案例分析

某一级耐火等级的四星级旅馆建筑，建筑高度为 128.0m，下部设置 3 层地下室（每层层高 3.3m）和四层裙房，裙房的建筑高度为 33.4m，高层主体东侧为旅馆主入口，设置了长 12m、宽 6m、高 5m 的门廊，北侧设置员工出入口。建筑主体三层（局部四层）以上外墙全部设置玻璃幕墙。旅馆客房建筑面积为 50～96m²，外窗全部为不可开启窗扇的外窗。建筑周围设置宽度为 6m 的环形消防车道，消防车道的内边缘距离建筑物外墙 6～22m；沿建筑高层主体东侧和北侧连续设置了宽度为 15m 的消防车登高操作场地，北侧的消防车登高操作场地距离建筑外墙 12m，东侧距离建筑外墙 6m。

地下一层设置总建筑面积为 7000m² 的商店，总建筑面积 980m² 的卡拉 OK 厅（每间房间的建筑面积小于 50m²）和 1 个建筑面积为 260m² 的舞厅；地下二层设置变配电室（干式变压器）、常压燃油锅炉房和柴油发电机房等设备用房和汽车库；地下三层设置消防水池、消防水泵房和汽车库。在地下一层，娱乐区与商店之间采用防火墙完全分隔；卡拉 OK 区域每隔 180～200m² 设置了 2.00h 耐火极限的实体墙，每间卡拉 OK 的房门均为防烟隔声门。

舞厅与其他部分的分隔为 2.00h 耐火极限的实体墙和乙级防火门；商店内的相邻防火分区之间均有一道宽度为 9m（分隔部位长度大于 30m）其符合规范要求的防火卷帘。

裙房的地上一、二层设置商店，三层设置商店和宝宝乐等儿童活动场所，四层设置餐饮场所和电影院。一层的商店采用轻质墙体在吊顶下将商店隔成每间建筑面积小于 $100m^2$ 的多个小商铺，每间商铺的门口均通向主疏散通道，至最近安全出口的直线距离均为 5～35m，商铺进深为 8m。裙房与高层主体之间用防火墙和甲级防火门进行了分隔，裙房和建筑的地下室均按国家标准要求的建筑面积和分隔方式划分防火分区。

高层主体中的疏散楼梯间、客房、公共走道的地面均为阻燃地毯（B_1 级），客房墙面贴有墙布（B_2 级）；旅馆大堂和商店的墙面和地面均为大理石（A 级）装修，顶棚均为石膏板（A 级）。

建筑高层主体、裙房和地下室的疏散楼梯均按国家标准采用了防烟楼梯间或疏散楼梯，地下楼层的疏散楼梯在首层于地上楼层的疏散楼梯已采用符合要求的防火隔墙和防火门完全分隔。地下一层商店有 3 个防火分区分别借用了其他防火分区 2.4m 的疏散净宽度，且均不大于需借用疏散宽度的防火分区所需疏散净宽度的 30%，每个防火分区的疏散净宽度（包括借用的疏散宽度）均符合国家标准的规定，商店区域的总疏散净宽度为 39.6m（各防火分区的人员密度均按 0.6 人/m^2 取值）。

建筑按国家标准设置了自动喷水灭火系统、室内外消火栓系统、火灾自动报警系统、防烟系统及灭火器等，每个消火栓箱内配置消防水带、消防水枪、消防水泵接合器，直接设置在高层主体北侧的外墙上，地下室、商店、酒店区的公共走道和建筑面积大于 $100m^2$ 的房间均按国家标准配置了机械排烟系统。

根据以上材料，回答下列问题：
1. 指出该建筑在总平面布局方面存在的问题，并简述理由。
2. 指出该建筑在平面布置方面存在的问题，并简述理由。
3. 指出该建筑在防火分区和防火分隔方面存在的问题，并简述理由。
4. 指出该建筑在安全疏散方面存在的问题，并简述理由。
5. 指出该建筑内部装修防火方面存在的问题，并简述理由。
6. 指出该建筑在消防设备配置方面存在的问题，并简述理由。

参 考 答 案

扫一扫

第二章

案例四

1. 该建筑在总平面布局方面存在的问题及理由如下：

（1）存在的问题：高层主体东侧设置宽 6m 的门廊，同时该侧设消防车登高操作场地，且该消防车登高操作场地距离建筑外墙为 6m。

理由：消防车登高操作场地紧贴门廊设置，门廊进深大于 4m，不符合规范要求。

（2）存在的问题：主体北侧消防车登高操作场地距离建筑外墙 12m。

理由：一般如果扑救 50m 以上的建筑火灾，在 5～13m 内消防登高车可达其额定高度，为方便布置，登高场地距建筑外墙不宜小于 5m，且不应大于 10m。

（3）存在的问题：裙房的建筑高度为 33.4m。

理由：裙房是在高层建筑主体投影范围外，与建筑主体相连且建筑高度不大于 24m 的附属建筑，因此本案例中裙房的建筑高度为 33.4m 不符合要求。

（4）存在的问题：消防救援窗未设置，不符合要求。

理由：公共建筑外墙应每层设置可供消防救援人员进入的窗口。

2. 该建筑在平面布置方面存在的问题及理由如下：

（1）存在的问题：地下二层设置变配电室（干式变压器）、常压燃油锅炉房和柴油发电机房等设备用房和汽车库。

理由：因地下一层为歌舞娱乐放映游艺场所，属于人员密集场所。地下二层设置的变配电室（干式变压器）、常压燃油锅炉房和柴油发电机房等设备用房和汽车库与人员密集场所贴邻，与规范要求不符。变压器室应设置在首层或地下一层靠外墙部位。

（2）存在的问题：地下三层设置消防水泵房。

理由：消防水泵房不满足规范"不应设置在地下三层及以下"的要求。

（3）存在的问题：每间卡拉 OK 的门均为防烟隔声门，不符合要求。

理由：卡拉 OK 厅于建筑内其他部位，相通的门应采用乙级防火门。

3. 该建筑在防火分区和防火分隔方面存在的问题及理由如下：

（1）存在的问题：卡拉 OK 区域每隔 180～200m² 设置了 2.00h 耐火极限的实体墙，每间卡拉 OK 的房门均为防烟隔声门，舞厅与其他部分的分隔为 2.00h 耐火极限的实体墙和乙级防火门。

理由：歌舞娱乐放映游艺场所在地下一层设置时，应采用耐火极限不低于 2.00h 的防火隔墙，设置在厅、室墙上的门和该场所与建筑内其他部位相通的门应采用乙级防火门。因此，卡拉 OK 区域每隔 180～200m² 应设置 2.00h 耐火极限的防火隔墙，每间卡拉 OK 的房门应为乙级防火门，舞厅与其他部分的分隔为 2.00h 耐火极限的防火隔墙和乙级防火门。

（2）存在的问题：卡拉 OK 厅总建筑面积为 980m²，舞厅建筑面积为 260m²，这两部分合并设置为一个防火分区。

理由：卡拉 OK 厅总建筑面积为 980m²，舞厅建筑面积为 260m²，这两部分不能合并设置为一个防火分区，应划分为两个防火分区，采用防火墙分隔。

（3）存在的问题：一层的商店采用轻质墙体在吊顶下将商店隔成每间建筑面积小于 100m² 的小商铺。

理由：一层商店的隔墙应砌至梁或楼板的基层，不能只分隔到吊顶下。

（4）存在的问题：地下一层设置 1 个建筑面积为 260m² 的舞厅。

理由：歌舞娱乐放映游艺场所布置在地下或四层及以上楼层时，一个厅、室的建筑面积不应超过 200m²。

4. 该建筑在安全疏散方面存在的问题及理由如下：

（1）存在的问题：地下一层商店有 3 个防火分区分别借用了其他防火分区 2.4m 的疏散净宽度，且均不大于需借用疏散宽度的防火分区所需的疏散净宽度的 30%。

理由：借用疏散宽度不大于需借用疏散宽度的防火分区所需疏散净宽度的 30%不对，应不超过本防火分区所需疏散宽度的 30%。

（2）存在的问题：商店区域的总疏散净宽度为 39.6m（各防火分区的人员密度均按 0.6 人/m^2 取值）。

理由：商店区域的总疏散宽度不满足规范要求，应为：$7000 \times 0.6 \times 1/100 = 42m$。

（3）存在的问题：儿童活动场所、电影院未设置独立的安全出口和疏散楼梯。

理由：儿童活动场所宜设置独立的安全出口和疏散楼梯，电影院至少应设置 1 个独立的安全出口和疏散楼梯。

5. 该建筑内部装修防火方面存在的问题及理由如下：

（1）存在的问题：高层主体的疏散楼梯间、客房、公共走道的地面均为阻燃地毯（B$_1$级）。

理由：无自然采光楼梯间、封闭楼梯间、防烟楼梯间及其前室的顶棚、墙面和地面均应采用 A 级装修材料。故疏散楼梯间的地面不能采用阻燃地毯。

（2）存在的问题：客房墙面贴有墙布（B$_2$级）。

理由：旅馆其顶棚、墙面、地面装修材料燃烧性能分别不应低于 A 级、B$_1$级、B$_1$级。因该建筑为综合楼，设置火灾自动报警系统及自动喷水灭火系统均不能降低燃烧性能，故客房墙面贴 B$_2$级墙布不符合规范要求，客房的墙面有墙布应为 B$_1$级。

6. 该建筑在消防设备配置方面存在的问题及理由如下：

（1）存在的问题：建筑按国家标准设置了自动喷水灭火系统、室内外消火栓系统、火灾自动报警系统、防烟系统及灭火器等，未设置排烟系统、火灾应急照明及疏散指示标志等。

理由：该建筑防烟楼梯间及前室、消防电梯间的前室和合用前室、人员密集场所、疏散走道应设置疏散照明；配电室、消防控制室、消防水泵房、防烟排烟机房以及发生火灾时仍需工作的消防设备用房应设备用照明。安全出口和人员密集场所的疏散门的正上方、疏散走道及转角处距地面高度 1m 以下的墙面或地面上应设灯光疏散指示标志。地上一、二层商店、地下一层商店、地下一层的歌舞厅、卡拉 OK 厅应在疏散走道和主要疏散路径的地面上，增设能够保持视觉连续的灯光疏散指示标志或蓄光疏散指示标志。

（2）存在的问题：每个消火栓箱内配置消防水带、消防水枪。

理由：人员密集的公共建筑、建筑高度大于 100m 的建筑和建筑面积大于 200m^2 的商业服务网点内应设置消防软管卷盘或轻便消防水龙。高层住宅建筑的户内宜配置轻便消防水龙。该题每个消火栓箱内未配置消防软管卷盘或轻便消防水龙，不符合规范要求。

（3）存在的问题：消防水泵接合器直接设置在高层主体北侧的外墙上。

理由：墙壁消防水泵接合器的安装高度距地面宜为 0.70m；与墙面上的门、窗、孔、洞的净距离不应小于 2.00m，且不应安装在玻璃幕墙下方。该题消防水泵接合器直接设置在高层主体北侧的外墙上，而该外墙三层以上的外墙全部设置玻璃幕墙，故水泵接合器设置不符合规范要求。

（4）存在的问题：地下室、商店、酒店区的公共走道和建筑面积大于100m²的房间均按国家标准配置了机械排烟系统。

理由：建筑面积大于50m²的地下房间均应按国家标准配置机械排烟系统。

（5）存在的问题：高层建筑和地下室未配置消防电梯。

理由：一类高层公共建筑和埋深大于10m且建筑面积大于3000m²的地下或半地下建筑（室）应设置消防电梯。

 ## 案例五　某高层建筑防火案例分析

某高层建筑，设计建筑高度为68.0m，总建筑面积为91 200m²。标准层的建筑面积为2176m²，每层划分为1个防火分区；一、二层为上、下连通的大堂，三层设置会议室和多功能厅，四层以上用于办公；建筑的耐火等级设计为二级，其楼板、梁和柱的耐火极限分别为1.00h、2.00h和3.00h。高层主体建筑附建了3层裙房，并采用防火墙及甲级防火门与高层主体建筑进行分隔；高层主体建筑和裙房的下部设置了3层地下室。

高层主体建筑设置了1部消防电梯，从首层大堂直通至顶层；消防电梯的前室在首层和三层，采用防火卷帘和乙级防火门与其他区域分隔，在其他各层均采用乙级防火门和防火隔墙进行分隔。

高层建筑内的办公室均为半开敞办公室，最大一间办公室的建筑面积为98m²，办公室的最多使用人数为10人，人数最多的一层为196人，办公室内的最大疏散距离为23m，直通疏散走道的房间门至最近疏散楼梯间前室入口的最大直线距离为18m，且房间门均向办公室内开启，不影响疏散走道的使用。核心筒内设置了1座防烟剪刀楼梯间用于高层主体建筑的人员疏散，楼梯梯段以及从楼层进入疏散楼梯间前室和楼梯间的门的净宽度均为1.10m，核心筒周围采用环形走道与办公区分隔，走道隔墙的耐火极限为2.00h，高层主体建筑的三层增设了2座直通地面的防烟楼梯间。

裙房的一～二层为商店，三层为展览厅。首层的建筑面积为8100m²，划分为1个防火分区；二、三层的建筑面积均为7640m²，分别划分为2个建筑面积不大于4000m²的防火分区；一～三层设置了一个上、下连同的中庭，除首层采用符合要求的防火卷帘分隔外，二、三层的中庭与周围连通空间的防火分隔为耐火极限1.50h的非隔热性防火玻璃墙。

高层建筑地下一层设置餐饮、超市和设备室；地下二层为人防工程和汽车库、消防水泵房、消防水池、燃油锅炉房、变配电室（干式）等；地下三层为汽车库。地下各层均按标准要求划分了防火分区；其中，人防工程区的建筑面积为3310m²，设置了歌厅、洗浴桑拿房、健身用房及影院，并划分为歌厅、洗浴桑拿与健身、影院三个防火分区，建筑面积分别为820m²、1110m²和1380m²。

该高层建筑的室内消火栓箱内按要求配置了水带、水枪和灭火器。该高层主体建筑及裙房的消防应急照明的备用电源可连续保障供电60min，消防水泵、消防电梯等建筑内的全部消防用电设备的供电均能在这些设备所在防火分区的配电箱处自动切换。

该高层建筑防火设计的其他事项均符合国家标准。

根据以上材料,回答下列问题:

1. 指出该高层建筑在结构耐火方面的问题,并给出正确做法。

2. 指出该高层建筑在平面布置方面的问题,并给出正确做法。

3. 指出该高层建筑在防火分区与防火隔离方面的问题,并给出正确的做法。

4. 指出该高层建筑在安全疏散方面的问题,并给出正确的做法。

5. 指出该高层建筑在灭火救援设施方面的问题,并给出正确的做法。

6. 指出该高层建筑在消防设置与消防电源方面的问题,并给出正确做法。

参 考 答 案

1. 该高层建筑在结构耐火方面存在的问题及正确做法:

(1)存在的问题:建筑的耐火等级设计为二级。

正确做法:根据建筑高度、使用功能和楼层的建筑面积将高层民用建筑分为一类和二类。并规定一类高层建筑耐火等级为一级,二类高层建筑的耐火等级不低于二级。该高层建筑设计建筑高度为68.0m,属于一类高层建筑,建筑的耐火等级设计提高为一级。

(2)存在的问题:楼板的耐火极限为1.00h。

正确做法:当建筑的耐火等级为一级时,楼板的耐火极限提高到1.50h。

2. 该高层建筑在平面布置方面存在的问题及正确做法:

(1)存在的问题:高层建筑地下一层设置餐饮、超市,地下二层为燃油锅炉房。

正确做法:燃油锅炉房应设置在首层或地下一层靠外墙部位,但常(负)压燃油、燃气锅炉可设置在地下二层。确需布置在民用建筑内时,不应布置在人员密集场所的上一层、下一层或贴邻。

(2)存在的问题:地下二层防工程区设置了歌厅、洗浴桑拿房、健身用房。

正确做法:歌舞厅、卡拉OK厅(含具有卡拉OK功能的餐厅)、游艺厅(含电子游艺厅)、夜总会、录像厅、放映厅、桑拿浴室(除洗浴部分外)、网吧等歌舞娱乐放映游艺场所(不含剧场、电影院)不应布置在地下二层及以下楼层,宜布置在一二级耐火等级建筑内的首层、二层或三层的靠外墙的部位,不宜布置在袋形走道的两侧或尽端,确需布置在地下一层时,地下一层地面与室外出入口地坪的高差不应大于10m。

3. 该高层建筑在防火分区与防火隔离方面存在的问题及正确的做法:

(1)存在的问题:消防电梯的前室在首层和三层采用防火卷帘和乙级防火门与其他区域分隔。

正确做法:除设置在仓库连廊、冷库穿堂或谷物筒仓工作塔内的消防电梯外,消防电梯应设置前室,前室或合用前室的门应采用乙级防火门,不应设置卷帘。因此,本案例中,消防电梯的前室不应设置防火卷帘进行分隔。

(2)存在的问题:裙房的一至二层为商店,三层为展览厅。首层的建筑面积为8100m²,划分为1个防火分区。

正确做法:当建筑内设置自动灭火系统时,防火分区最大允许建筑面积可按规定增加1.0倍;局部设置时,防火分区的增加面积可按该局部面积的1.0倍计算。裙房与高层建筑主体之间设置防火墙，墙上开口部位采用甲级防火门分隔时，裙房的防火分区可按单、多层建筑的要求确定。该裙房应设置自动灭火系统，且按上述材料中裙房采用甲级防火门与高层主体建筑进行分隔，故其防火分区最大允许建筑面积为 5000m²。本案例中，首层的建筑面积为 8100m²，应划分为 2 个防火分区。

（3）存在的问题：二、三层的中庭与周围连通空间的防火分隔为耐火极限 1.50h 的非隔热性防火玻璃墙。

正确做法：上述材料中描述的二、三层的中庭与周围连通空间的防火分隔应采用耐火隔热性和耐火完整性不应低于 1.00h 的防火玻璃墙进行分隔，或者采用耐火完整性不低于 1.00h 的非隔热性防火玻璃墙时，应设置自动喷水灭火系统进行保护。

（4）存在的问题：人防工程区洗浴桑拿与健身的防火分区建筑面积为 1110m²、影院的防火分区建筑面积为 1380m²。

正确做法：该人防工程宜设置自动喷水灭火系统，其防火分区最大建筑面积均为 1000m²。

（5）存在的问题：建筑楼板的耐火极限为 1.00h，地下二层、地下三层为汽车库。

正确做法：汽车库与其他建筑合建时，设在建筑物内的汽车库与其他部分之间，应采用防火墙和耐火极限不低于 2.00h 的不燃性楼板分隔。

4. 该高层建筑在安全疏散方面存在的问题及正确的做法：

（1）存在的问题：楼梯梯段以及从楼层进入疏散楼梯间前室和楼梯间的门的净宽度均为 1.10m。

正确做法：楼梯梯段以及从楼层进入疏散楼梯间前室和楼梯间的门的净宽度均为 1.20m。

（2）存在的问题：核心筒内设置了 1 座防烟剪刀楼梯间用于高层主体建筑的人员疏散。

正确做法：高层公共建筑的疏散楼梯，当分散设置确有困难且从任一疏散门至最近疏散楼梯间入口的距离不大于 10m 时，可采用剪刀楼梯间。在背景材料中，直通疏散走道的房间门至最近疏散楼梯间前室入口的最大直线距离为 18m，因此核心筒设置剪刀楼梯间不合理。

5. 该高层建筑在灭火救援设施方面存在的问题及正确的做法：

（1）存在的问题：高层主体建筑设置了 1 部消防电梯，从首层大堂直通至顶层。

正确做法：设置消防电梯的建筑的地下或半地下室，应设置消防电梯。消防电梯应分别设置在不同防火分区内，且每个防火分区不应少于 1 台。因此，该高层主体建筑应增加消防电梯数量，保证包括地下楼层在内的每个防火分区不应少于 1 台。该高层主体建筑还设有 3 层地下室，因此，消防电梯应从地下三层直通顶层。

（2）存在的问题：消防电梯的前室在首层和三层，采用防火卷帘和乙级防火门与其他区域分隔，在其他各层均采用乙级防火门和防火隔墙进行分隔。

正确做法：除设置在仓库连廊、冷库穿堂或谷物筒仓工作塔内的消防电梯外，消防电梯应设置前室，前室或合用前室的门应采用乙级防火门，不应设置卷帘。

6. 该高层建筑在消防设置与消防电源方面存在的问题及正确做法：

（1）存在的问题：该高层建筑的室内消火栓箱内按要求配置了水带、水枪和灭火器。

正确做法：该高层建筑的室内消火栓箱应采用 DN65 的室内消火栓，并可与消防软管卷盘或轻便水龙设置在同一箱体内。该建筑为一类高层建筑，灭火器配置级别按严重危险级，灭火器最大保护保护距离是 15m。因此，灭火器不能完全按室内消火栓箱的位置布置，需要在合适的地方增设灭火器。

（2）存在的问题：消防水泵、消防电梯等建筑内的全部消防用电设备的供电均能在这些设备所在防火分区的配电箱处自动切换。

正确做法：消防控制室、消防水泵房、防烟和排烟风机房的消防用电设备及消防电梯等的供电设备，应在其配电线路的最末一级配电箱处设置自动切换装置。除消防水泵、消防电梯、防烟和排烟风机等消防用电设备，各防火分区的其他消防用电设备应由消防电源中的双电源或双回线路电源供电，末端配电箱要设置双电源自动切换装置，并将配电箱安装在所在防火分区内，再由末端配电箱配出引至相应的消防设备。

案例六　某医院病房楼防火案例分析

某医院病房楼，地下 1 层，地上 6 层，局部 7 层，屋面为平屋面。首层地面设计标高为 ±0.000m，地下室地面标高为 −4.200m，建筑室外地面设计标高为 −0.600m。六层屋面面层的标高为 23.700m，女儿墙顶部标高 24.800m；七层屋面面层的标高为 27.300m。该病房楼首层平面示意图如图 2−1 所示。

该病房楼六层以下各层建筑面积均为 1220m²，图中⑨号轴线东侧地下室建筑面积为 560m²，布置设备用房。中间走道北侧自西向东依次布置消防水泵房、通风空调机房、排烟机房，中间走道南侧自西向东依次布置柴油发电机房、变配电室（使用干式变压器）；⑨号轴线西侧的地下室布置自行车库。地上一层至地上六层均为病房层，七层（建筑面积为 275m²）布置消防水箱间、电梯机房和楼梯出口小间。

地下室各设备用房的门均为乙级防火门，各层楼梯 1、楼梯 2 的门和地上各层配电室的门均为乙级防火门，首层 M1、M2、M3、M4 均为钢化玻璃门，其他各层各房间的门均为普通木门。楼内的 M1 门净宽为 3.4m，所有单扇门净宽均为 0.9m，双扇门净宽均为 1.2m。

该病房楼内按规范要求设置了室内外消火栓系统、湿式自动喷水灭火系统、火灾自动报警系统、防烟和排烟系统及灭火器。疏散走道和楼梯间照明的地面最低水平照度为 6.0lx，供电时间 1.50h。

根据以上材料，回答下列问题：

1. 该病房楼的建筑高度是多少？按《建筑设计防火规范》（GB 50016—2014，2018 年版）分类，属于哪类？地下室至少应划分几个防火区？地上部分的防火分区如何划分？并说明理由。

2. 指出图中抢救室可用的安全出口，判断抢救室的疏散距离是否满足《建筑设计防火规范》（GB 50016—2014，2018 年版）的相关要求，并说明理由。

3. 指出该病房楼的地下室及首层在平面布置和防火分隔方面的问题，并给出正确做法。

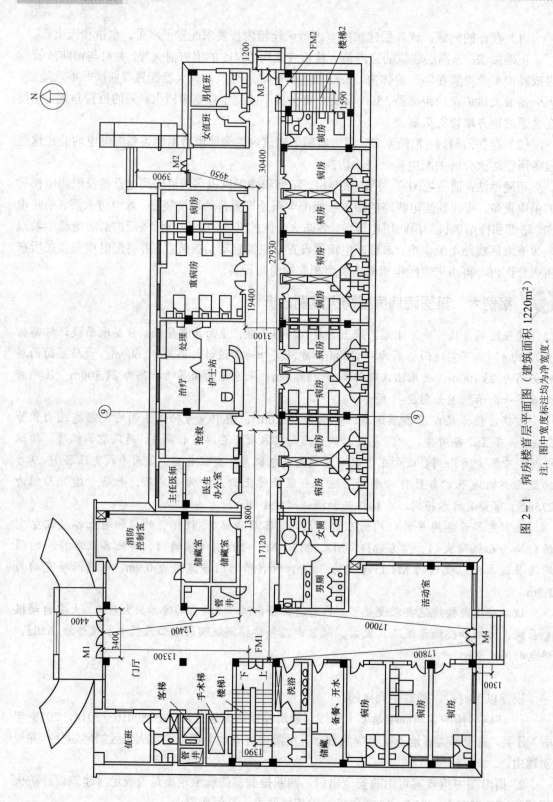

图 2—1 病房楼首层平面图（建筑面积 1220m²）
注：图中宽度标注均为净宽度。

4. 指出该病房楼在灭火救援设施和消防设施配置方面的问题，并给出正确做法。

5. 指出图中安全疏散方面的问题，并给出正确做法。

参 考 答 案

1. 该病房楼的建筑高度、分类，地下室防火区划分、地上部分的防火分区及理由：

（1）建筑高度的计算：建筑高度为 23.700+0.600=24.300m。

理由：① 根据《建筑设计防火规范》（GB 50016—2014，2018 年版）第 A.0.1 条第 5 项规定，局部突出屋顶的瞭望塔、冷却塔、水箱间、微波天线间或设施、电梯机房、排风和排烟机房以及楼梯出口小间等辅助用房占屋面面积不大于 1/4 者，可不计入建筑高度。七层建筑面积为 275m²，275/1220=0.225<1/4，因此局部突出的 7 层不计入建筑高度，同时女儿墙不计入建筑高度。

② 根据《建筑设计防火规范》（GB 50016—2014，2018 年版）第 A.0.1 条第 2 项规定，建筑屋面为平屋面（包括有女儿墙的平屋面）时，建筑高度应为建筑室外设计地面至其屋面面层的高度。则建筑高度为 23.700+0.600=24.300m。

（2）该建筑为一类高层公共建筑。

理由：该建筑为医院病房楼，且高度为 24.3m 大于 24m，那么该建筑为一类高层公共建筑。

（3）地下室至少应划分 2 个防火区。

理由：民用建筑地下设备用房防火分区最大允许建筑面积不应大于 1000m²，该建筑设置了自动喷水灭火系统，设置自动喷水灭火系统后防火分区的面积可以增加 1.0 倍，最大为 2000m²。自行车库区域防火分区最大允许建筑面积为 500m²，设置自动喷水灭火系统后防火分区的面积可以增加 1.0 倍，最大为 1000m²。该建筑每层建筑面积均为 1220m²，其中设备用房面积为 560m²，则自行车库面积 660m²，因此各划分为 1 个防火分区。

（4）地上部分的防火分区 1 个防火区。

理由：该建筑属于一类高层公共建筑，耐火等级为一级，高层民用建筑耐火等级一、二级防火分区最大允许建筑面积为 1500m²，该建筑设置了自动喷水灭火系统，设置自动喷水灭火系统后防火分区的面积可以增加 1.0 倍，最大为 3000m²。该建筑每层实际面积为 1220m²，因此地上每层划分 1 个防火分区。

2. 抢救室的疏散距离是否满足相关要求及理由：

（1）M1 可作为安全出口。

理由：根据《建筑设计防火规范》（GB 50016—2014，2018 年版）第 5.5.18 条规定，医疗建筑的首层疏散门的净宽度大于或等于 1.30m，M2 门净宽为 1.2m，因此其净宽度不满足要求。根据《建筑设计防火规范》（GB 50016—2014，2018 年版）第 6.4.5 条第 4 项规定，通向室外楼梯的门应采用乙级防火门，并应向外开启。M3、M4 门朝里面开启，门净宽为 1.2m，因此门扇开启方向错误，并且宽度不满足要求，无法作为安全出口。

（2）M1 满足抢救室的疏散距离要求。

理由：通过图示可知，抢救室距离 M1 门的距离为 13.8+12.4=26.2m。高层医疗建筑疏散门至最近安全出口的距离不大于 24m，设置自动喷水灭火系统，可以增加 25%，24×1.25＝30m，因此，M1 满足抢救室的疏散距离要求。

3. 该病房楼的地下室及首层在平面布置和防火分隔方面的问题及正确做法：

（1）平面布置方面存在问题：

① 问题：地下一层设置柴油发电机房，不符合规定。

正确做法：柴油发电机房不得与人员密集场所上一层、下一层或者贴邻，应独立设置在病房楼外专用房间内。

② 问题：图示中消防水泵房、消防控制室和变配电室（使用干式变压器）未能直通室外，不符合规定。

正确做法：水泵房应布置在走道南侧最西边，靠近疏散楼梯的位置，疏散门直通楼梯间。

（2）防火分隔方面存在问题：

① 问题：地下室各设备用房的门均为乙级防火门，不符合规定。

正确做法：应该采用甲级防火门。

② 问题：各层配电室的门均为乙级防火门，不符合规定。

正确做法：应该采用甲级防火门。

③ 问题：图示中消防控制室未采用乙级防火门，不符合规定。

正确做法：消防控制室的门采用乙级防火门。

④ 问题：图示中管道井的门未采用丙级防火门，不符合规定。

正确做法：更换成丙级防火门。

⑤ 问题：图示中地上地下共用疏散楼梯未做任何分隔，不符合规定。

正确做法：应该采用 2.00h 的防火隔墙分隔，若要开门采用乙级防火门。

⑥ 问题：其他各层各房间的门均为普通木门，不符合规定。

正确做法：更换成乙级防火门。

4. 该病房楼在灭火救援设施和消防设施配置方面的问题及正确做法：

（1）问题：未按要求设置消防电梯，不符合规定。

正确做法：增设消防电梯，地上及地下每个防火分区不少于 1 部。

（2）问题：图示中未按要求设置灭火救援窗，不符合规定。

正确做法：应该采用甲级防火门。

（3）问题：图示中未体现设置了消防车道，不符合规定。

正确做法：增设环形消防车道。

（4）问题：图示中未体现设置了消防救援场地，不符合规定。

正确做法：增设消防救援场地。

（5）问题：疏散走道和楼梯间照明的地面最低水平照度为 6.0lx，不符合规定。

正确做法：高层病房楼楼梯间地面最低水平照水平照度为 10.0lx。

（6）问题：消防设施设置不足。

正确做法：增设疏散指示标识、应急广播和专用电话等。

（7）问题：设置了室内消火栓。

正确做法：增设消防软管卷盘或轻便水龙。

5. 图中安全疏散方面的问题及正确做法：

（1）问题：图示中显示该建筑设置的封闭楼梯间，不符合规定。

正确做法：改为防烟楼梯间。

（2）问题：该大楼未设置避难间，不符合规定。

正确做法：在该病房大楼二层及以上靠近楼梯处增设避难间。

（3）问题：图示中门 M3、M4 的开启方向错误，不符合规定。

正确做法：重新设置开启方向，向疏散方向开启。

（4）问题：图示中门 M3 紧靠门口处 1.20m 处和门 M4 紧靠门口处 1.30m 处设置了踏步，不符合规定。

正确做法：踏步重新改造，确保公共疏散出口处内、外 1.40m 范围内无踏步。

（5）问题：所有双扇门净宽均为 1.20m，不符合规定。

正确做法：门 M2、M3、M4 作为人员密集场所的首层疏散门净宽度≥1.3m，将双扇门的宽度进行改造。

（6）问题：图示中显示地上地下共用楼梯但未采取任何保证疏散安全的措施。

正确做法：地上地下共用疏散楼梯，应该采用 2.0h 的防火隔墙分隔，若要开门采用乙级防火门。

（7）问题：图示中重病房的两个疏散门之间距离不满足要求，可以从重病房对面的隔墙对比看出。

正确做法：重新设置疏散门，确保疏散门之间的距离不小于 5m。

（8）问题：楼梯间在首层没有直通室外，不符合规定。

正确做法：在首层直通室外或楼梯间的首层可将走道和门厅等包括楼梯间前室内，形成扩大的前室，但应采用乙级防火门等与其他走道和房间分隔。

 案例七 某综合楼防火案例分析

某综合楼，地下 1 层，地上 5 层，局部 6 层，一层室内地坪标高为±0.000m，室外地坪标高为−0.600m，屋顶为平屋面。该楼为钢筋混凝土现浇框架结构，柱的耐火极限为 5.00h；梁、楼板、疏散楼梯的耐火极限为 2.50h；防火墙、楼梯间的墙和电梯井的墙均采用加气混凝土砌块墙，耐火极限均为 5.00h；疏散走道两侧的隔墙和房间隔墙均采用钢龙骨两面钉耐火纸面石膏板（中间填 100mm 厚隔声玻璃丝绵），耐火极限均为 1.50h；以上构件燃烧性能均为不燃性。吊顶采用木吊顶搁栅钉 10mm 厚纸面石膏板，耐火极限为 0.25h。

该综合楼除地上一层层高 4.2m 外，其余各层层高均为 3.9m，建筑面积均为 960m²，顶层建筑面积 100m²。各层用途及人数为：地下一层为设备用房和自行车库，人数 30 人；一层为门厅、厨房、餐厅，人数 100 人；二层为餐厅，人数 240 人；三层为歌舞厅（人数需计算）；四层为健身房，人数 100 人；五层为儿童舞蹈培训中心，人数 120 人。地上各层安全出口均为 2 个，地下一层 3 个，其中一个为自行车出口。

楼梯 1 和楼梯 2 在各层位置相同，采用敞开楼梯间。在地下一层楼梯间入口处设有净宽 1.50m 的甲级防火门（编号为 FM1），开启方向顺着人员进入地下一层的方向。

该综合楼三层平面图如图 2-2 所示。图中 M1、M2 为木质隔声门，净宽分别为 1.30m 和 0.90m；M4 为普通木门，净宽 0.90m；JXM1、JXM2 为丙级防火门，门宽 0.60m。

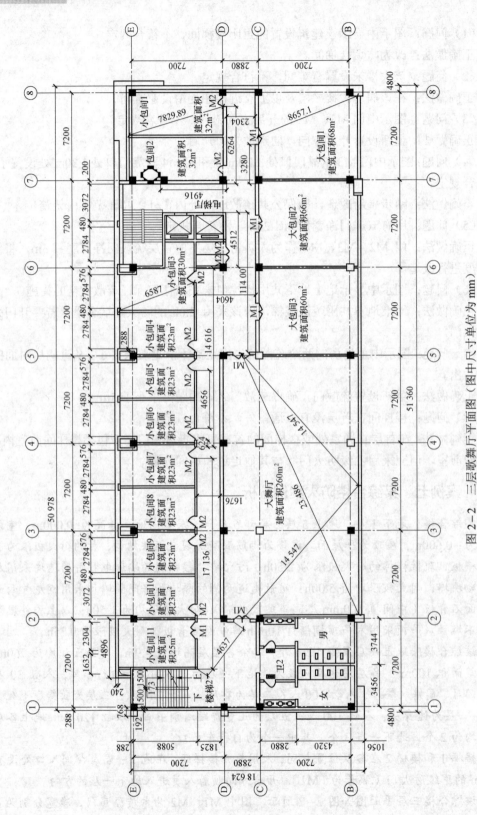

图 2-2 三层歌舞厅平面图（图中尺寸单位为 mm）

该建筑全楼设置中央空调系统和湿式自动喷水灭火系统等消防设施,各消防系统按照国家消防技术标准要求设置且完整好用。

根据以上材料,回答下列问题:

1. 计算该综合楼建筑高度,并确定该综合楼的建筑分类。

2. 判断该综合楼的耐火等级是否满足规范要求,并说明理由。

3. 该综合楼的防火分区划分是否满足规范要求,并说明理由。

4. 计算一层外门的最小总净宽度和二层疏散楼梯的最小总净宽度。

5. 指出该综合楼在平面布置和防火分隔方面存在的问题。

6. 指出题干和图 2-2 中在安全疏散方面存在的问题。

扫一扫
第二章
案例七

参 考 答 案

1. 案例背景描述及根据《建筑设计防火规范》(GB 50016—2014,2018 年版),建筑屋顶上突出的局部设备用房、出屋面的楼梯间等空间不计入建筑层数。

该综合楼建筑高度为:$4.2+3.9\times5+0.6=24.3$m。

该综合楼建筑属于二类高层公共建筑。

2. 该综合楼的地上部分建筑耐火等级不满足要求,地下部分建筑满足要求。

理由:本案例中综合楼建筑为二类高层公共建筑,地上部分建筑耐火等级不低于二级,地下部分建筑耐火等级不低于一级。该建筑其他建筑构件满足一级耐火等级要求,木吊顶搁栅钉 10mm 厚纸面石膏板为难燃 0.25h,符合二级耐火等级难燃 0.25h 的要求。地下部分是设备用房和自行车库不考虑吊顶,故地上部分建筑耐火等级不满足要求,地下部分建筑满足要求。

3. 该综合楼的地上部分和地下部分防火分区均满足要求。

理由:(1)地上部分防火分区满足要求。因为二类高层公共建筑,地上部分每个防火分区的最大允许面积不大于 1500m²,设置自动喷水灭火系统为 3000m²,本题每层 960m²,故一个防火分区满足要求。

(2)地下部分防火分区满足要求。因为地下部分自行车设自动喷水灭火系统,库防火分区最大面积是 1000m²,设备用房最大是 2000m²。地下即使按最不利的 1000m² 来划分 1 个防火分区也是满足要求。

4. 对于歌舞娱乐放映游艺场所,在计算疏散人数时,可以不计算该场所内疏散走道、卫生间等辅助用房的建筑面积,而可以只根据该场所内具有娱乐功能的各厅、室的建筑面积确定,内部服务和管理人员的数量,可根据核定人数确定。其他歌舞娱乐放映游艺场所的疏散人数,应根据厅、室的建筑面积按不小于 0.5 人/m² 计算。$23\times7+25+30+32\times2+68+66\times2+260=740$m²,$740\times0.5=370$ 人。

各层楼梯的总宽度可按该层或该层以上人数最多的一层分段计算确定,下层楼梯的总宽度按该层以上各楼层疏散人数最多一层的疏散人数计算。

该建筑 5 层,百人宽度指标为 1m/百人,二层疏散楼梯的最小总计宽度计算:

370×1/100＝3.7m。

首层外门的疏散总净宽度应按该建筑疏散人数最多一层的人数计算确定，不供其他楼层人员疏散的外门，可按本层的疏散人数计算确定。因此，首层外门的最小总净宽度取值为：3.7m。

5. 该综合楼在平面布置和防火分隔方面存在的问题：

（1）平面布置：儿童舞蹈培训中心不应该布置在 5 层，不得超过 3 层。

（2）防火分隔：

① M1、M2 为木质隔声门，不合理；应采用乙级防火门。

② 疏散楼梯间没有在首层进行分割，不合理；疏散楼梯间应在首层采用耐火极限不低于 2h 的防火隔墙和乙级防火门进行分隔。

6. 本案例背景题干和图 2-2 中在安全疏散方面存在的问题如下：

问题一：在地下一层楼梯间入口处设有净宽 1.50m 的甲级防火门（编号为 FM1），开启方向顺着人员的方向，不合理。在民用建筑和厂房的疏散门，应采用向疏散方向开启的平开门。

问题二：楼梯 1 和楼梯 2，采用敞开楼梯间，不合理。设置歌舞娱乐放映游艺场所的建筑，其疏散楼梯应采用封闭楼梯间。

问题三：图 2-2 中，大包间、大舞厅疏散门的方向均向内开启，不合理。应向外开启。

问题四：大包间面积分别为 66m²、66m²、68m²，均超过规范规定的 50m²，设置 1 个疏散门，不合理。应设置不少于 2 个疏散门。

问题五：疏散楼梯的净宽度为 1.5m，两部楼梯总计 3.0m，不满足要求。本层需要的总净宽度为 370×1/100＝3.7m。

问题六：大舞厅的 M1 和 M2 为木质木门，净宽分别为 1.3m 和 0.9m，不合理。歌舞娱乐放映游艺场所设置在厅、室墙上的门和该场所与建筑内其他相通的门均应采用乙级防火门。人员密集的公共场所的疏散门，其净宽度不应小于 1.4m，因此 M1 不应小于 1.40m。

问题七：图 2-2 中大舞厅的疏散距离为 14.547m，超出规定。歌舞娱乐放映游戏场所室内任一点至直通疏散走道的疏散门的距离不应大于 9m，设自动喷水灭火系统不应大于 11.25m。

问题八：自行车库 1 个出口，不合理。至少 2 个安全出口。

问题九：最东侧的楼梯间无扩大前室或扩大封闭楼梯间没有直通室外，不合理。楼梯间应在首层直通室外，确有困难时，可在首层采用扩大的封闭楼梯间或防烟楼梯间前室。

问题十：疏散楼梯间没有在首层进行防火分隔，不合理。应在首层做防火分隔。

案例八　某商业建筑防火案例分析

某商业建筑，总建筑面积为 48 960m²，地上 5 层，地下 2 层，建筑高度为 25m，各建筑构件的燃烧性能均为不燃性，耐火极限见表 2-30，该建筑地下一层至地上五层设有商场、商铺、餐饮场所、游乐场所和电影放映厅等，地下二层为车库和设备用房。该建筑按规范配置了相应的建筑消防设施。9 月 28 日该商场消防安全责任人为落实企业消防安全主体责任，组织相关人员对该商场进行消防安全检查。

情况如下：

（1）地下一层中餐厅，（建筑面积 145m²，座位数 70 个）厨房中电加热炊具已改为天然气炊具。

（2）地上二层游乐场所为了增加节日气氛，在顶棚上挂满塑料绿色植物装饰（氧指数值 OI＜26%），并在顶棚上布置了许多彩色照明灯，彩灯功率 5～100W，为了方便游客购物，游乐场所内增设 2 台自动售货机；新增用电器供电线路采用绞接方式连接，并缠绕绝缘胶布保护，用线卡固定；该场所配电箱原用 16A 空气开关，为保证安全更换为 32A 具有保护功能的空气开关。

（3）地上三层某经营服装的商铺将轻钢龙骨石膏板吊顶改为网格通透性吊顶，通透面积占吊顶总面积的比例为 80%，通透性吊顶开口部位的净宽度为 150mm，且开口部位的厚度为 50mm。

（4）地上四层商场原经营家具的营业厅面积为 49.80m²，疏散总宽度为 14.00m，拟改为经营服装。

（5）商场原有 4 部客用电梯，2 部消防电梯，因客流量大，将消防电梯兼作客梯使用，因消防电梯前室的常闭型防火门影响客流，且不能保证经常处于关闭状态，将其改为火灾时自动降落的防火卷帘。

表 2-30　　　　　　　　　　　　各建筑构件耐火极限

构件名称	防火墙、承重墙、柱	梁、楼梯间和前室及电梯井的墙	楼板、屋顶承重构件、疏散楼梯	非承重外墙、疏散走道两侧隔墙	房间间隔	吊顶
耐火极限/h	3.00	2.00	1.50	1.00	0.75	0.25

根据以上材料，回答下列问题：

1. 指出该商业建筑的建筑类别和耐火等级，分析地上二层游乐场所内存在的火灾隐患并提出整改意见。

2. 地下一层中餐厅炊具可使用哪些常用燃料？不能使用什么燃料？

3. 地上三层服装商铺吊顶改成网格通透性吊顶后，自动喷水灭火系统洒水喷头应怎样布置？

4. 地上四层在营业厅面积、疏散总宽度不变的情况下，由经营家具改成经营服装是否可行？为什么？

5. 消防电梯能不能兼作客梯使用？如何解决消防电梯前室上的常闭型防火门影响客流的问题？

参 考 答 案

扫一扫

第二章

案例八

1. 因为该建筑高度为 25m，建筑高度 24m 以上的部分，任一楼层建筑面积小于 1000m² 的商业建筑。因此该商业建筑的建筑类别属于二类高层公共建筑。

根据背景资料中的建筑构件耐火极限，可以判断出耐火等级为一级。

地上二层游乐场所内存在的火灾隐患以及整改意见如下：

（1）隐患一：地上二层游乐场所为了增加节日气氛，在顶棚上挂满塑料绿色植物装饰（氧指数值 OI ＜26%）。

措施：需要更换的材料要满足 OI 大于或等于 26% 的材料。

（2）隐患二：在顶棚上布置了许多彩色照明灯，彩灯功率 5～100W。

措施：舞台安装彩灯泡、舞池脚灯彩灯灯泡的功率一般在 40W 以下，最大不应超过 60W。彩灯之间导线应焊接，所有导线不应与可燃材料接触。

（3）隐患三：新增用电器供电线路采用绞接方式连接，并缠绕绝缘胶布保护，用线卡固定。

措施：供电线路需要采用焊接方式连接，并且应当穿金属导管，采取封闭式金属槽盒等防火保护措施。

（4）隐患四：该场所配电箱原用 16A 空气开关，为保证安全更换为 32A 具有保护功能的空气开关。

措施：应当选择电流小的空气开关。

2. 地下一层中餐厅炊具可使用天然气作燃料时，应当采用管道供气。

地下一层中餐厅炊具严禁使用液化石油气和甲、乙类液体燃料。

3. 根据背景资料中通透面积占吊顶总面积的比例为 80%，因此，地上三层服装商铺吊顶改成网格通透性吊顶后，自动喷水灭火系统洒水喷头应当设置在吊顶的上方。

4. 地上四层在营业厅面积、疏散总宽度不变的情况下，由经营家具改成经营服装不可行。

理由：地上四层商场原经营家具的营业厅面积为 4980m²，人员密度为 0.3 人/m²，由于建材商店、家具和灯饰展示建筑，人员密度可按 30% 确定。

计算过程：4980×0.3/100＝14.94＞14。

因此由经营家具改成经营服装不可行。

5. 符合消防电梯要求的客梯或工作电梯，可以兼作消防电梯。

解决消防电梯前室上的常闭型防火门影响客流的问题的方法：防火门按照开启状态分为 2 类：常闭防火门和常开防火门。对设置在建筑内经常有人通行处的防火门优先选择使用常开防火门，其他位置的防火门全部采用常闭防火门。常开防火门装有火灾时能够自动关闭门扇的装置和现场手动控制装置。

第三章 消防给水及消火栓系统案例分析

第一节 消防给水

一、消防用水量计算

《消防给水及消火栓系统技术规范》（GB 50974—2014）第 3.1.2 条规定，一起火灾灭火所需消防用水的设计流量应由建筑的室外消火栓系统、室内消火栓系统、自动喷水灭火系统、泡沫灭火系统、水喷雾灭火系统、固定消防炮灭火系统、固定冷却水系统等需要同时作用的各种水灭火系统的设计流量组成，并应符合下列规定：

（1）应按需要同时作用的各种水灭火系统最大设计流量之和确定；

（2）两座及以上建筑合用消防给水系统时，应按其中一座设计流量最大者确定；

（3）当消防给水与生活、生产给水合用时，合用系统的给水设计流量应为消防给水设计流量与生活、生产用水最大小时流量之和。计算生活用水最大小时流量时，淋浴用水量宜按15%计，浇洒及洗刷等火灾时能停用的用水量可不计。

消防用水量计算步骤见表 3−1。

表 3−1 消防用水量计算步骤

	第一步 确定同一时间火灾起数		
《消防给水及消火栓系统技术规范》（GB 50974—2014）第 3.1.1 条	工厂、仓库、堆场、储罐区或民用建筑的室外消防用水量，应按同一时间内的火灾起数和一起火灾灭火所需室外消防用水量确定		
	工厂、堆场和储罐区等，当占地面积小于等于 100hm²，且附有居住区人数小于或等于 1.5 万人时		同一时间内的火灾起数应按 1 起确定
	当占地面积小于或等于 100hm²，且附有居住区人数大于 1.5 万人时		同一时间内的火灾起数应按 2 起确定，居住区应计 1 起，工厂、堆场或储罐区应计 1 起
	工厂、堆场或储罐区等，当占地面积大于100hm²时		同一时间内的火灾起数应按 2 起确定，工厂、堆场和储罐区应按需水量最大的两座建筑（或堆场、储罐）各计 1 起
	仓库和民用建筑		同一时间内的火灾起数应按 1 起确定
	第二步 确定火灾延续时间		
《消防给水及消火栓系统技术规范》（GB 50974—2014）第 3.6.2 条	不同场所消火栓系统和固定冷却水系统的火灾延续时间不应小于表 3−2 的规定		

续表

《自动喷水灭火系统设计规范》（GB 50084—2017）第 5.0.16 条	除另有规定外，自动喷水灭火系统的持续喷水时间应按火灾延续时间不小于 1h 确定
第三步　计算一起火灾所需消防用水量	
V＝室外消火栓＋室内消火栓＋自动灭火系统（取一个最大值）＋水幕或固定冷却分隔	
《消防给水及消火栓系统技术规范》（GB 50974—2014）第 3.6.1 条及条文说明、第 3.6.4 条	消防给水一起火灾灭火用水量应按需要同时作用的室内外消防给水用水量之和计算，两座及以上建筑合用时，应取最大者。 自动灭火系统包括自动喷水灭火、水喷雾灭火、自动消防水炮灭火等系统，一个防护对象或防护区的自动灭火系统的用水量按其中用水量最大的一个系统确定。 建筑内用于防火分隔的防火分隔水幕和防护冷却水幕的火灾延续时间，不应小于防火分隔水幕或防护冷却火幕设置部位墙体的耐火极限

表 3-2　　　　　　　　　　　　　不同场所的火灾延续时间

建筑			场所与火灾危险性	火灾延续时间（h）
建筑物	工业建筑	仓库	甲、乙、丙类仓库	3.0
			丁、戊类仓库	2.0
		厂房	甲、乙、丙类厂房	3.0
			丁、戊类厂房	2.0
	民用建筑	公共建筑	高层建筑中的商业楼、展览楼、综合楼，建筑高度大于 50m 的财贸金融楼、图书馆、书库、重要的档案楼、科研楼和高级宾馆等	3.0
			其他公共建筑	2.0
			住宅	
	人防工程		建筑面积小于 3000m²	1.0
			建筑面积大于或等于 3000m²	2.0
			地下建筑、地铁车站	

这里说明一下消防用水量计算注意事项：

（1）建筑物室外消火栓设计流量：建筑物室外消火栓设计流量不应小于表 3-3 的规定。

表 3-3　　　　　　　　　　建筑物室外消火栓设计流量　　　　　　　　　　（L/s）

耐火等级	建筑物名称及类别			建筑体积（m³）					
				$V \leqslant 1500$	$1500 < V \leqslant 3000$	$3000 < V \leqslant 5000$	$5000 < V \leqslant 20\,000$	$20\,000 < V \leqslant 50\,000$	$V > 50\,000$
一、二级	工业建筑	厂房	甲、乙	15		20	25	30	35
			丙	15		20	25	30	40
			丁、戊	15					20
		仓库	甲、乙	15		25		—	
			丙	15		25	35	45	
			丁、戊	15					20

续表

耐火等级	建筑物名称及类别			建筑体积（m³）					
				$V{\leqslant}1500$	$1500<$ $V{\leqslant}3000$	$3000<$ $V{\leqslant}5000$	$5000<$ $V{\leqslant}20\,000$	$20\,000<$ $V{\leqslant}50\,000$	$V>$ $50\,000$
一、二级	民用建筑	住宅		15					
		公共建筑	单层及多层	15			25	30	40
			高层	—			25	30	40
	地下建筑（包括地铁）、平战结合的人防工程			15			20	25	30
三级	工业建筑	乙、丙		15	20	30	40	45	—
		丁、戊		15			20	25	35
	单层及多层民用建筑			15	20	25	30	—	
四级	丁、戊类工业建筑			15	20	25			
	单层及多层民用建筑			15	20	25	—		

注：1. 成组布置的建筑物应按消火栓设计流量较大的相邻两座建筑物的体积之和确定。

　　2. 火车站、码头和机场的中转库房，其室外消火栓设计流量应按相应耐火等级的丙类物品库房确定。

　　3. 国家级文物保护单位的重点砖木、木结构的建筑物室外消火栓设计流量，按三级耐火等级民用建筑物消火栓设计流量确定。

　　4. 当单座建筑的总建筑面积大于 500 000m² 时，建筑物室外消火栓设计流量应按表 3-3 规定的最大值增加一倍。

（2）建筑物室内消火栓设计流量：建筑物室内消火栓设计流量不应小于表 3-4 的规定。

表 3-4　　　　　　　　　建筑物室内消火栓设计流量

建筑物名称		高度 h（m）、层数、体积 V（m³）、座位数 n（个）、火灾危险性		消火栓设计流量（L/s）	同时使用消防水枪数（支）	每根竖管最小流量（L/s）
工业建筑	厂房	$h{\leqslant}24$	甲、乙、丁、戊	10	2	10
			丙 $V{\leqslant}5000$	10	2	10
			丙 $V>5000$	20	4	15
		$24<h{\leqslant}50$	乙、丁、戊	25	5	15
			丙	30	6	15
		$h>50$	乙、丁、戊	30	6	15
			丙	40	8	15
	仓库	$h{\leqslant}24$	甲、乙、丁、戊	10	2	10
			丙 $V{\leqslant}5000$	15	3	15
			丙 $V>5000$	25	5	15
		$h>24$	丁、戊	30	6	15
			丙	40	8	15

		建筑物名称	高度 h（m）、层数、体积 V（m³）、座位数 n（个）、火灾危险性	消火栓设计流量（L/s）	同时使用消防水枪数（支）	每根竖管最小流量（L/s）
民用建筑	单层及多层	科研楼、试验楼	V≤10 000	10	2	10
			V>10 000	15	3	10
		车站、码头、机场的候车（船、机）楼和展览建筑（包括博物馆）等	5000<V≤25 000	10	2	10
			25 000<V≤50 000	15	3	10
			V>50 000	20	4	15
		剧场、电影院、会堂、礼堂、体育馆等	800<n≤1200	10	2	10
			1200<n≤5000	15	3	10
			5000<n≤10 000	20	4	15
			n≥10 000	30	6	15
		旅馆	5000<V≤10 000	10	2	10
			10 000<V≤25 000	15	3	10
			V>25 000	20	4	15
		商店、图书馆、档案馆等	5000<V≤10 000	15	3	10
			10 000<V≤25 000	25	5	15
			V>25 000	40	8	15
		病房楼、门诊楼等	5000<V≤25 000	10	2	10
			V>25 000	15	3	10
		办公楼、教学楼、公寓、宿舍等其他建筑	高度超过15m或V>10 000	15	3	10
		住宅	21<h≤27	5	2	5
	高层	住宅	27<h≤54	10	2	10
			h>54	20	4	10
		二类公共建筑	h≤50	20	4	10
		一类公共建筑	h≤50	30	6	15
			h>50	40	8	15
国家级文物保护单位的重点砖木或木结构的古建筑			V≤10 000	20	4	10
			V>10 000	25	5	15
地下建筑			V≤5000	10	2	10
			5000<V≤10 000	20	4	15
			10 000<V≤25 000	30	6	15
			V>25 000	40	8	20
人防工程		展览厅、影院、剧场、礼堂、健身体育场所等	V≤1000	5	1	5
			1000<V≤2500	10	2	10
			V>2500	15	3	10

续表

建筑物名称		高度 h（m）、层数、体积 V（m³）、座位数 n（个）、火灾危险性	消火栓设计流量（L/s）	同时使用消防水枪数（支）	每根竖管最小流量（L/s）
人防工程	商场、餐厅、旅馆、医院等	V≤5000	5	1	5
		5000＜V≤10 000	10	2	10
		10 000＜V≤25 000	15	3	10
		V＞25 000	20	4	10
	丙、丁、戊类生产车间、自行车库	V≤25 000	5	1	5
		V＞2500	10	2	10
	丙、丁、戊类物品库房、图书资料档案库	V≤3000	5	1	5
		V＞3000	10	2	10

（3）宿舍、公寓等非住宅类居住建筑：

① 室外消火栓设计流量：应按表 3-3 中的公共建筑确定。

② 室内消火栓设计流量：当为多层建筑时，应按表 3-4 中的宿舍、公寓确定；当为高层建筑时，应按表 3-4 中的公共建筑确定。

（4）当建筑物室内设有自动喷水灭火系统、水喷雾灭火系统、泡沫灭火系统或固定消防炮灭火系统等一种或两种以上自动水灭火系统全保护时，高层建筑当高度不超过 50m 且室内消火栓系统设计流量超过 20L/s 时，其室内消火栓设计流量可按表 3-4 减少 5L/s；多层建筑室内消火栓设计流量可减少 50%，但不应小于 10L/s。

（5）火灾延续时间内的连续补水流量应按消防水池最不利进水管供水量计算。

二、消防水池

（一）设置场所

根据《消防给水及消火栓系统技术规范》（GB 50974—2014）第 4.3.1 条规定，符合下列规定之一时，应设置消防水池：

（1）当生产、生活用水量达到最大时，市政给水管网或入户引入管不能满足室内、室外消防给水设计流量。

（2）当采用一路消防供水或只有一条入户引入管，且室外消火栓设计流量大于 20L/s 或建筑高度大于 50m 时。

（3）市政消防给水设计流量小于建筑室内外消防给水设计流量。

（二）设置要求

（1）根据《消防给水及消火栓系统技术规范》（GB 50974—2014）第 4.3.3 条规定，消防水池的给水管应根据其有效容积和补水时间确定，补水时间不宜大于 48h，但当消防水池有效总容积大于 2000m³ 时，不应大于 96h。消防水池进水管管径应计算确定，且不应小于 DN100。

（2）根据《消防给水及消火栓系统技术规范》（GB 50974—2014）第 4.3.6 条规定，

消防水池的总蓄水有效容积大于 500m³ 时，宜设两格能独立使用的消防水池；当大于 1000m³ 时，应设置能独立使用的两座消防水池。每格（或座）消防水池应设置独立的出水管，并应设置满足最低有效水位的连通管，且其管径应能满足消防给水设计流量的要求。

（3）根据《消防给水及消火栓系统技术规范》（GB 50974—2014）第 4.3.7 条规定，储存室外消防用水的消防水池或供消防车取水的消防水池，应符合下列规定：

① 消防水池应设置取水口（井），且吸水高度不应大于 6.0m。

② 取水口（井）与建筑物（水泵房除外）的距离不宜小于 15m。

③ 取水口（井）与甲、乙、丙类液体储罐等构筑物的距离不宜小于 40m。

④ 取水口（井）与液化石油气储罐的距离不宜小于 60m，当采取防止辐射热保护措施时，可为 40m。

（4）根据《消防给水及消火栓系统技术规范》（GB 50974—2014）第 4.3.8 条规定，消防用水与其他用水共用的水池，应采取确保消防用水量不作他用的技术措施。

（5）根据《消防给水及消火栓系统技术规范》（GB 50974—2014）第 4.3.9 条规定，消防水池的出水、排水和水位应符合下列规定：

① 消防水池的出水管应保证消防水池的有效容积能被全部利用。

② 消防水池应设置就地水位显示装置，并应在消防控制中心或值班室等地点设置显示消防水池水位的装置，同时应有最高和最低报警水位。

③ 消防水池应设置溢流水管和排水设施，并应采用间接排水。

（三）消防水池的有效容积计算

1. 计算原则

《消防给水及消火栓系统技术规范》（GB 50974—2014）第 4.3.2 条规定，消防水池有效容积的计算应符合下列规定：

（1）当市政给水管网能保证室外消防给水设计流量时，消防水池的有效容积应满足在火灾延续时间内室内消防用水量的要求；

（2）当市政给水管网不能保证室外消防给水设计流量时，消防水池的有效容积应满足火灾延续时间内室内消防用水量和室外消防用水量不足部分之和的要求。

2. 计算步骤

消防水池有效容积计算步骤见表 3-5。

表 3-5 　　　　　　　　　　　　　　　　消防水池有效容积计算步骤

	消防水池的容积=火灾延续时间内的用水量－火灾延续时间内的补水量
第一步　需要计算火灾延续时间内的用水量	火灾延续时间内的用水量计算公式： （1）总用水量=室外消防给水量+室内消防给水量 （2）室外消防给水量=室外消火栓用水量（3.6qt） （3）室内消防用水量=室内消火栓用水量（3.6qt）+自动灭火系统用水量（3.6qt）+水幕冷却或分隔用水量（3.6qt） 用上述公式分别计算各系统的用水量后相加，就是火灾延续时间内的用水量。 　　需要注意的是，自动喷水灭火系统设计流量应选择该建筑中用水流量最大的一个自喷系统进行计算

第二步 要考虑如果灭火过程中有补水措施,这时就要计算补充水量	补水量（m³）＝补水流量（L/s）×火灾延续时间×3.6 补水量（m³）＝补水流量（m³/h）×火灾延续时间（h） 当题目中有补水流量时,此时只要告知了火灾延续时间,就可以得到在火灾延续时间内的补充量,那么这部分水量就是可以不用存储在水池当中（若无补水措施时就不需要计算） 计算注意事项: （1）补水量的取值: ① 当补水管路为一路补水时,此时认为补水不可靠,则不考虑补水情况（即不减去该部分水量）。 ② 当补水管路为两路补水时,此时才可以将补水量减去,而补水设计流量应采用两路补水中相对流量较小值。例如:两路补水分别为15L/s和10L/s,计算补水量时应取10L/s进行计算（要保证可靠）。 （2）在计算补水量时火灾延续时间应取计算过程中的最大值。 （3）当消防水池采用两路消防供水且在火灾情况下连续补水能满足消防要求时,消防水池的有效容积应根据计算确定,但不应小于100m³,当仅设有消火栓系统时不应小于50m³
第三步 消防水池存储水量	总用水量－补水量,最后得到的就是消防水池存储水量

计算消防水池有效容积还需注意以下几种折减情况:

（1）室内消火栓流量折减:《消防给水及消火栓系统技术规范》（GB 50974—2014）第3.5.3 条规定,当建筑物室内设有自动喷水灭火系统、水喷雾灭火系统、泡沫灭火系统或固定消防炮灭火系统等一种或两种以上自动水灭火系统全保护时,高层建筑当高度不超过 50m 且室内消火栓系统设计流量超过 20L/s 时,其室内消火栓设计流量可按表 3-4 减少 5L/s；多层建筑室内消火栓设计流量可减少 50%,但不应小于 10L/s。

（2）室外消火栓设计流量折减:《消防给水及消火栓系统技术规范》（GB 50974—2014）第 6.1.5 条规定,市政消火栓或消防车从消防水池吸水向建筑供应室外消防给水时,应符合下列规定:

① 供消防车吸水的室外消防水池的每个取水口宜按一个室外消火栓计算,且其保护半径不应大于 150m。

② 距建筑外缘 5～150m 的市政消火栓可计入建筑室外消火栓的数量,但当为消防水泵接合器供水时,距建筑外缘 5～40m 的市政消火栓可计入建筑室外消火栓的数量。

③ 当市政给水管网为环状时,符合本条上述内容的室外消火栓出流量宜计入建筑室外消火栓设计流量；但当市政给水管网为枝状时,计入建筑的室外消火栓设计流量不宜超过一个市政消火栓的出流量。

注意:市政给水只能抵消室外用水量,若市政大于室外用水量,则视为相等（一个市政消火栓的流量为15L/s）。

（3）自动喷水灭火系统:当存在 2 种及以上时,取最大值（如一民用建筑,有办公、商场、机械车库,其自动喷水的设计流量应根据办公、商场和机械车库 3 个不同消防对象分别计算,取其中的最大值作为消防给水设计流量的自动喷水子项的设计流量）。

（4）消防软管卷盘和轻便水龙的用水量:《消防给水及消火栓系统技术规范》（GB 50974—2014）第 7.4.11 条规定,消防软管卷盘和轻便水龙的用水量可不计入消防用水总量。

（四）高位消防水池

根据《消防给水及消火栓系统技术规范》（GB 50974—2014）第 4.3.11 条规定,高位消防水池的最低有效水位应能满足其所服务的水灭火设施所需的工作压力和流量,且其有效容积应满足火灾延续时间内所需消防用水量,并应符合下列规定:

(1)除可一路消防供水的建筑物外,向高位消防水池供水的给水管不应少于 2 条。

(2)当高层民用建筑采用高位消防水池供水的高压消防给水系统时,高位消防水池储存室内消防用水量确有困难,但火灾时补水可靠,其总有效容积不应小于室内消防用水量的 50%。

(3)高层民用建筑高压消防给水系统的高位消防水池总有效容积大于 200m³ 时,宜设置蓄水有效容积相等且可独立使用的两格;当建筑高度大于 100m 时应设置独立的两座。每格或座应有一条独立的出水管向消防给水系统供水。

(4)高位消防水池设置在建筑物内时,应采用耐火极限不低于 2.00h 的隔墙和 1.50h 的楼板与其他部位隔开,并应设甲级防火门;且消防水池及其支承框架与建筑构件应连接牢固。

三、消防水泵

(一)设置场所

《消防给水及消火栓系统技术规范》(GB 50974—2014)第 5.1.10 条规定,消防水泵应设置备用泵,其性能应与工作泵性能一致,但下列建筑除外:

(1)建筑高度小于 54m 的住宅和室外消防给水设计流量小于等于 25L/s 的建筑。

(2)室内消防给水设计流量小于等于 10L/s 的建筑。

(二)选用

《消防给水及消火栓系统技术规范》(GB 50974—2014)第 5.1.6 条规定,消防水泵的选择和应用应符合下列规定:

(1)消防水泵的性能应满足消防给水系统所需流量和压力的要求;

(2)消防水泵所配驱动器的功率应满足所选水泵流量扬程性能曲线上任何一点运行所需功率的要求;

(3)当采用电动机驱动的消防水泵时,应选择电动机干式安装的消防水泵;

(4)流量扬程性能曲线应为无驼峰、无拐点的光滑曲线,零流量时的压力不应大于设计工作压力的 140%,且宜大于设计工作压力的 120%;

(5)当出流量为设计流量的 150% 时,其出口压力不应低于设计工作压力的 65%;

(6)泵轴的密封方式和材料应满足消防水泵在低流量时运转的要求;

(7)消防给水同一泵组的消防水泵型号宜一致,且工作泵不宜超过 3 台;

(8)多台消防水泵并联时,应校核流量叠加对消防水泵出口压力的影响。

(三)串联和并联

(1)消防水泵并联:① 流量增加,扬程不变。② 宜采用相同型号、相同规格的水泵。消防水泵并联示意图(只保留消防水泵以及管路)如图 3-1 所示,水泵是并联的。

(2)消防水泵串联:① 流量不变,扬程增加;② 宜采用相同型号、相同规范的水泵;③ 当消防给水分区供水采用串联消防水泵时,上区消防水泵宜在下区消防水泵启动后再启动。消防水泵串联示意图(只保留消防水泵以及管路)如图 3-2 所示,水泵是串联的。

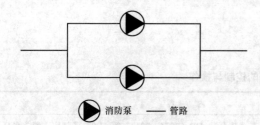
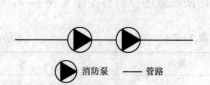

图 3-1　消防水泵并联示意图
（只保留消防水泵以及管路）

图 3-2　消防水泵串联示意图
（只保留消防水泵以及管路）

（四）设置要求

消防水泵的设置要求见表 3-6。

表 3-6　　　　　　　　　　消防水泵的设置要求

项目	内　容
消防水泵吸水	《消防给水及消火栓系统技术规范》（GB 50974—2014）第 5.1.12 条规定，消防水泵吸水应符合下列规定： （1）消防水泵应采取自灌式吸水。 （2）消防水泵从市政管网直接抽水时，应在消防水泵出水管上设置有空气隔断的倒流防止器。 （3）当吸水口处无吸水井时，吸水口处应设置旋流防止器
消防水泵吸水管、出水管设置［《消防给水及消火栓系统技术规范》（GB 50974—2014）第 5.1.13、5.1.15、12.3.2 条］	吸水管的布置： （1）一组消防水泵，吸水管不应少于两条，当其中一条损坏或检修时，其余吸水管应仍能通过全部消防给水设计流量。 （2）消防水泵吸水管布置应避免形成气囊。 （3）消防水泵吸水口的淹没深度应满足消防水泵在最低水位运行安全的要求，吸水管喇叭口在消防水池最低有效水位下的淹没深度应根据吸水管喇叭口的水流速度和水力条件确定，但不应小于 600mm，当采用旋流防止器时，淹没深度不应小于 200mm。 （4）消防水泵的吸水管上应设置明杆闸阀或带自锁装置的蝶阀，但当设置暗杆阀门时应设有开启刻度和标志；当管径超过 DN300 时，宜设置电动阀门。 （5）消防水泵吸水管可设置管道过滤器，管道过滤器的过水面积应大于管道过水面积的 4 倍，且孔径不宜小于 3mm。 （6）消防水泵的吸水管穿越消防水池时，应采用柔性套管；采用刚性防水套管时应在水泵吸水管上设置柔性接头，且管径不应大于 DN150。 （7）吸水管水平管段上不应有气囊和漏气现象。变径连接时，应采用偏心异径管件并应采用管顶平接。 （8）消防水泵吸水管的直径小于 DN250 时，其流速宜为 1.0～1.2m/s；直径大于 DN250 时，宜为 1.2～1.6m/s
	出水管的布置： （1）一组消防水泵应设不少于两条的输水干管与消防给水环状管网连接，当其中一条输水管检修时，其余输水管应仍能供应全部消防给水设计流量。 （2）消防水泵的出水管上应设止回阀、明杆闸阀；当采用蝶阀时，应带有自锁装置；当管径大于 DN300 时，宜设置电动阀门。 （3）消防水泵出水管的直径小于 DN250 时，其流速宜为 1.5～2.0m/s；直径大于 DN250 时，宜为 2.0～2.5m/s。 （4）消防水泵出水管上应安装消声止回阀、控制阀和压力表；系统的总出水管上还应安装压力表和压力开关；安装压力表时应加设缓冲装置。压力表和缓冲装置之间应安装旋塞；压力表量程在没有设计要求时，应为系统工作压力的 2～2.5 倍
流量和压力测试装置	《消防给水及消火栓系统技术规范》（GB 50974—2014）第 5.1.11 条规定，一组消防水泵应在消防水泵房内设置流量和压力测试装置，并应符合下列规定： （1）单台消防给水泵的流量不大于 20L/s、设计工作压力不大于 0.50MPa 时，泵组应预留测量用流量计和压力计接口，其他泵组宜设置泵组流量和压力测试装置。 （2）消防水泵流量检测装置的计量精度应为 0.4 级，最大量程的 75% 应大于最大一台消防水泵设计流量值的 175%。 （3）消防水泵压力检测装置的计量精度应为 0.5 级，最大量程的 75% 应大于最大一台消防水泵设计压力值的 165%。 （4）每台消防水泵出水管上应设置 DN65 的试水管，并应采取排水措施

87

（五）控制与操作

消防水泵的控制与操作见表 3-7。

表 3-7 消防水泵的控制与操作

项目	内　容
消防水的控制	（1）《消防给水及消火栓系统技术规范》（GB 50974—2014）第 11.0.2 条规定，消防水泵不应设置自动停泵的控制功能，停泵应由具有管理权限的工作人员根据火灾扑救情况确定。 （2）《消防给水及消火栓系统技术规范》（GB 50974—2014）第 11.0.3 条规定，消防水泵应确保从接到启泵信号到水泵正常运转的自动启动时间不应大于 2min。 （3）《消防给水及消火栓系统技术规范》（GB 50974—2014）第 11.0.4 条规定，消防水泵应由消防水泵出水干管上设置的压力开关、高位消防水箱出水管上的流量开关，或报警阀压力开关等开关信号应能直接自动启动消防水泵。消防水泵房内的压力开关宜引入消防水泵控制柜内。 （4）《消防给水及消火栓系统技术规范》（GB 50974—2014）第 11.0.5 条规定，消防水泵应能手动启停和自动启动。 （5）《消防给水及消火栓系统技术规范》（GB 50974—2014）第 11.0.19 条规定，消火栓按钮不宜作为直接启动消防水泵的开关，但可作为发出报警信号的开关或启动干式消火栓系统的快速启闭装置等
消防水泵控制柜操作	（1）《消防给水及消火栓系统技术规范》（GB 50974—2014）第 11.0.1 条规定，消防水泵控制柜应设置在消防水泵房或专用消防水泵控制室内，消防水泵控制柜在平时应使消防水泵处于自动启泵状态。 （2）《消防给水及消火栓系统技术规范》（GB 50974—2014）第 11.0.9 条规定，消防水泵控制柜设置在专用消防水泵控制室时，其防护等级不应低于 IP30；与消防水泵设置在同一空间时，其防护等级不应低于 IP55。 （3）《消防给水及消火栓系统技术规范》（GB 50974—2014）第 11.0.12 条规定，消防水泵控制柜应设置机械应急启泵功能，并应保证在控制柜内的控制线路发生故障时由有管理权限的人员在紧急时启动消防水泵。机械应急启动时，应确保消防水泵在报警 5.0min 内正常工作。 （4）《消防给水及消火栓系统技术规范》（GB 50974—2014）第 11.0.18 条规定，消防水泵控制柜应有显示消防水泵工作状态和故障状态的输出端子及远程控制消防水泵启动的输入端子。控制柜具有自动巡检可调、显示巡检状态和信号等功能，且对话界面应有汉语语言，图标应便于识别和操作

（六）调试要求

《消防给水及消火栓系统技术规范》（GB 50974—2014）第 13.1.4 条规定，消防水泵调试应符合下列要求：

（1）以自动直接启动或手动直接启动消防水泵时，消防水泵应在 55s 内投入正常运行，且应无不良噪声和振动。

（2）以备用电源切换方式或备用泵切换启动消防水泵时，消防水泵应分别在 1min 或 2min 内投入正常运行。

（3）消防水泵安装后应进行现场性能测试，其性能应与生产厂商提供的数据相符，并应满足消防给水设计流量和压力的要求。

（4）消防水泵零流量时的压力不应超过设计工作压力的 140%；当出流量为设计工作流量的 150%时，其出口压力不应低于设计工作压力的 65%。

（七）维护管理

《消防给水及消火栓系统技术规范》（GB 50974—2014）规定，消防水泵的维护管理应符合下列规定：

（1）每月应手动启动消防水泵运转一次，并应检查供电电源的情况。

（2）每周应模拟消防水泵自动控制的条件自动启动消防水泵运转一次，且应自动记录自动巡检情况，每月应检测记录。

（3）每日应对柴油机消防水泵的启动电池的电量进行检测，每周应检查储油箱的储油量，每月应手动启动柴油机消防水泵运行一次。

（4）每季度应对消防水泵的出流量和压力进行一次试验。

四、高位消防水箱

（一）设置场所

《消防给水及消火栓系统技术规范》（GB 50974—2014）第 6.1.9 条规定，室内采用临时高压消防给水系统时，高位消防水箱的设置应符合下列规定：

（1）高层民用建筑、总建筑面积大于 10 000m² 且层数超过 2 层的公共建筑和其他重要建筑，必须设置高位消防水箱。

（2）其他建筑应设置高位消防水箱，但当设置高位消防水箱确有困难，且采用安全可靠的消防给水形式时，可不设高位消防水箱，但应设稳压泵。

（3）当市政供水管网的供水能力在满足生产、生活最大小时用水量后，仍能满足初期火灾所需的消防流量和压力时，市政直接供水可替代高位消防水箱。

（二）设置要求

（1）《消防给水及消火栓系统技术规范》（GB 50974—2014）第 5.2.3 条规定，高位消防水箱可采用热浸锌镀锌钢板、钢筋混凝土、不锈钢板等建造。

（2）《消防给水及消火栓系统技术规范》（GB 50974—2014）第 5.2.4 条规定，高位消防水箱的设置应符合下列规定：

① 当高位消防水箱在屋顶露天设置时，水箱的人孔以及进出水管的阀门等应采取锁具或阀门箱等保护措施。

② 严寒、寒冷等冬季冰冻地区的消防水箱应设置在消防水箱间内，其他地区宜设置在室内，当必须在屋顶露天设置时，应采取防冻隔热等安全措施。

③ 高位消防水箱与基础应牢固连接。

（3）《消防给水及消火栓系统技术规范》（GB 50974—2014）第 5.2.5 条规定，高位消防水箱间应通风良好，不应结冰，当必须设置在严寒、寒冷等冬季结冰地区的非采暖房间时，应采取防冻措施，环境温度或水温不应低于 5℃。

（4）《消防给水及消火栓系统技术规范》（GB 50974—2014）第 5.2.6 条规定，高位消防水箱应符合下列规定：

① 进水管的管径应满足消防水箱 8h 充满水的要求，但管径不应小于 DN32，进水管宜设置液位阀或浮球阀。

② 高位消防水箱出水管管径应满足消防给水设计流量的出水要求，且不应小于 DN100。

③ 溢流管的直径不应小于进水管直径的 2 倍，且不应小于 DN100，溢流管的喇叭口直径不应小于溢流管直径的 1.5～2.5 倍。

④ 高位消防水箱出水管应位于高位消防水箱最低水位以下，并应设置防止消防用水进入高位消防水箱的止回阀。

⑤ 高位消防水箱的进、出水管应设置带有指示启闭装置的阀门。

（三）容积要求

《消防给水及消火栓系统技术规范》（GB 50974—2014）第 5.2.1 条规定，临时高压消防给水系统的高位消防水箱的有效容积应满足初期火灾消防用水量的要求，并应符合下列规定：

（1）一类高层公共建筑，不应小于 36m³，但当建筑高度大于 100m 时，不应小于 50m³，当建筑高度大于 150m 时，不应小于 100m³。

（2）多层公共建筑、二类高层公共建筑和一类高层住宅，不应小于 18m³，当一类高层住宅建筑高度超过 100m 时，不应小于 36m³。

（3）二类高层住宅，不应小于 12m³。

（4）建筑高度大于 21m 的多层住宅，不应小于 6m³。

（5）工业建筑室内消防给水设计流量当小于或等于 25L/s 时，不应小于 12m³，大于 25L/s 时不应小于 18m³。

（6）总建筑面积大于 10 000m² 且小于 30 000m² 的商店建筑，不应小于 36m³，总建筑面积大于 30 000m² 的商店，不应小于 50m³，当第（1）项规定不一致时应取其较大值。

（四）压力要求

《消防给水及消火栓系统技术规范》（GB 50974—2014）第 5.2.2 条规定，高位消防水箱的设置位置应高于其所服务的水灭火设施，且最低有效水位应满足水灭火设施最不利点处的静水压力，并应按下列规定确定：

（1）一类高层公共建筑，不应低于 0.10MPa，但当建筑高度超过 100m 时，不应低于 0.15MPa。

（2）高层住宅、二类高层公共建筑、多层公共建筑，不应低于 0.07MPa，多层住宅不宜低于 0.07MPa。

（3）工业建筑不应低于 0.10MPa，当建筑体积小于 20 000m³ 时，不宜低于 0.07MPa。

（4）自动喷水灭火系统等自动水灭火系统应根据喷头灭火需求压力确定，但最小不应小于 0.10MPa。

（5）当高位消防水箱不能满足的静压要求时，应设稳压泵。

五、稳压泵

稳压泵的相关要点见表 3-8。

表 3-8　　　　　　　　　　稳 压 泵 的 相 关 要 点

项目	内　容
设计流量	《消防给水及消火栓系统技术规范》（GB 50974—2014）第 5.3.2 条规定，稳压泵的设计流量应符合下列规定： （1）稳压泵的设计流量不应小于消防给水系统管网的正常泄漏量和系统自动启动流量。 （2）消防给水系统管网的正常泄漏量应根据管道材质、接口形式等确定，当没有管网泄漏量数据时，稳压泵的设计流量宜按消防给水设计流量的 1%～3% 计，且不应小于 1L/s。 （3）消防给水系统所采用报警阀压力开关等自动启动流量应根据产品确定

项　目	内　　容
设计压力	《消防给水及消火栓系统技术规范》（GB 50974—2014）第5.3.3条规定，稳压泵的设计压力应符合下列要求： （1）稳压泵的设计压力应满足系统自动启动和管网充满水的要求。 （2）稳压泵的设计压力应保持系统自动启泵压力设置点处的压力在准工作状态时大于系统设置自动启泵压力值，且增加值宜为0.07～0.10MPa。 （3）稳压泵的设计压力应保持系统最不利点处水灭火设施在准工作状态时的静水压力应大于0.15MPa
设置稳压泵的临时高压消防给水系统	《消防给水及消火栓系统技术规范》（GB 50974—2014）第5.3.4条规定，设置稳压泵的临时高压消防给水系统应设置防止稳压泵频繁启停的技术措施，当采用气压水罐时，其调节容积应根据稳压泵启泵次数不大于15次/h计算确定，但有效储水容积不宜小于150L
吸水管、出水管设置	《消防给水及消火栓系统技术规范》（GB 50974—2014）第5.3.5条规定，稳压泵吸水管应设置明杆闸阀，稳压泵出水管应设置消声止回阀和明杆闸阀
调试要求	《消防给水及消火栓系统技术规范》（GB 50974—2014）第13.1.5条规定，稳压泵应按设计要求进行调试，并应符合下列规定： （1）当达到设计启动压力时，稳压泵应立即启动；当达到系统停泵压力时，稳压泵应自动停止运行；稳压泵启停应达到设计压力要求。 （2）能满足系统自动启动要求，且当消防主泵启动时，稳压泵应停止运行。 （3）稳压泵在正常工作时每小时的启停次数应符合设计要求，且不应大于15次/h。 （4）稳压泵启停时系统压力应平稳，且稳压泵不应频繁启停
验收要求	《消防给水及消火栓系统技术规范》（GB 50974—2014）第13.2.7条规定，稳压泵验收应符合下列要求： （1）稳压泵的型号性能等应符合设计要求。 （2）稳压泵的控制应符合设计要求，并应有防止稳压泵频繁启动的技术措施。 （3）稳压泵在1h内的启停次数应符合设计要求，并不宜大于15次/h。 （4）稳压泵供电应正常，自动手动启停应正常；关掉主电源，主、备电源应能正常切换。 （5）气压水罐的有效容积以及调节容积应符合设计要求，并应满足稳压泵的启停要求
维护管理	《消防给水及消火栓系统技术规范》（GB 50974—2014）第14.0.4条规定，稳压泵的维护管理应符合下列规定： （1）每日应对稳压泵的停泵启泵压力和启泵次数等进行检查和记录运行情况。 （2）每月应对气压水罐的压力和有效容积等进行一次检测

六、消防水泵接合器

消防水泵接合器的相关要点见表3-9。

表3-9　　　　　　　　　　　消防水泵接合器的相关要点

项　目	内　　容
设置场所	（1）《消防给水及消火栓系统技术规范》（GB 50974—2014）第5.4.1条规定，下列场所的室内消火栓给水系统应设置消防水泵接合器： ① 高层民用建筑； ② 设有消防给水的住宅、超过五层的其他多层民用建筑； ③ 超过2层或建筑面积大于10 000m² 的地下或半地下建筑（室）、室内消火栓设计流量大于10L/s平战结合的人防工程； ④ 高层工业建筑和超过四层的多层工业建筑； ⑤ 城市交通隧道。 （2）《消防给水及消火栓系统技术规范》（GB 50974—2014）第5.4.2条规定，自动喷水灭火系统、水喷雾灭火系统、泡沫灭火系统和固定消防炮灭火系统等水灭火系统，均应设置消防水泵接合器。 （3）《消防给水及消火栓系统技术规范》（GB 50974—2014）第5.4.4条规定，临时高压消防给水系统向多栋建筑供水时，消防水泵接合器应在每座建筑附近就近设置

续表

项目	内　容
设置要求	（1）《消防给水及消火栓系统技术规范》（GB 50974—2014）第 5.4.3 条规定，消防水泵接合器的给水流量宜按每个 10～15L/s 计算。每种水灭火系统的消防水泵接合器设置的数量应按系统设计流量经计算确定，但当计算数量超过 3 个时，可根据供水可靠性适当减少。 （2）《消防给水及消火栓系统技术规范》（GB 50974—2014）第 5.4.6 条规定，消防给水为竖向分区供水时，在消防车供水压力范围内的分区，应分别设置水泵接合器；当建筑高度超过消防车供水高度时，消防给水应在设备层等方便操作的地点设置手抬泵或移动泵接力供水的吸水和加压接口。 （3）《消防给水及消火栓系统技术规范》（GB 50974—2014）第 5.4.7 条规定，水泵接合器应设在室外便于消防车使用的地点，且距室外消火栓或消防水池的距离不宜小于 15m，并不宜大于40m。 （4）《消防给水及消火栓系统技术规范》（GB 50974—2014）第 5.4.8 条规定及《消防给水及消火栓系统技术规范》（图示 15S909，2018 修正版），墙壁消防水泵接合器（如图 3－3 所示）的安装高度距地面宜为 0.7m；与墙面上的门、窗、孔、洞的净距离不应小于 2.0m，且不应安装在玻璃幕墙下方；地下消防水泵接合器（如图 3－4 所示）的安装，应使进水口与井盖底面的距离不大于 0.4m，且不应小于井盖的半径 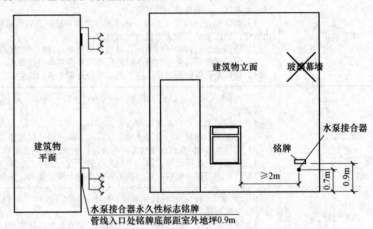 图 3－3　墙壁消防水泵接合器 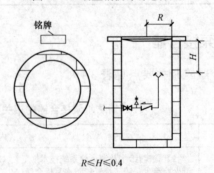 $R \leqslant H \leqslant 0.4$ 图 3－4　地下消防水泵接合器的安装
安装要求	《消防给水及消火栓系统技术规范》（GB 50974—2014）第 12.3.6 条规定，消防水泵接合器的安装应符合下列规定： （1）消防水泵接合器的安装，应按接口、本体、连接管、止回阀、安全阀、放空管、控制阀的顺序进行，止回阀的安装方向应使消防用水能从消防水泵接合器进入系统，整体式消防水泵接合器的安装，应按其使用安装说明书进行。 （2）消防水泵接合器的设置位置应符合设计要求。 （3）消防水泵接合器永久性固定标志应能识别其所对应的消防给水系统或水灭火系统，当有分区时应有分区标识。

续表

项目	内 容
安装要求	（4）地下消防水泵接合器应采用铸有"消防水泵接合器"标志的铸铁井盖，并应在其附近设置指示其位置的永久性固定标志。 （5）墙壁消防水泵接合器的安装应符合设计要求。设计无要求时，其安装高度距地面宜为0.7m；与墙面上的门、窗、孔、洞的净距离不应小于2.0m，且不应安装在玻璃幕墙下方。 （6）地下消防水泵接合器的安装，应使进水口与井盖底面的距离不大于0.4m，且不应小于井盖的半径。 （7）消火栓水泵接合器与消防通道之间不应设有妨碍消防车加压供水的障碍物。 （8）地下消防水泵接合器井的砌筑应有防水和排水措施

七、消防供水管道

（一）室外消防供水管道

布置要求如下：

（1）《消防给水及消火栓系统技术规范》（GB 50974—2014）第8.1.3条规定，向室外、室内环状消防给水管网供水的输水干管不应少于两条，当其中一条发生故障时，其余的输水干管应仍能满足消防给水设计流量。

（2）《消防给水及消火栓系统技术规范》（GB 50974—2014）第8.1.4条规定，室外消防给水管网应符合下列规定：

① 室外消防给水采用两路消防供水时应采用环状管网，但当采用一路消防供水时可采用枝状管网。

② 管道的直径应根据流量、流速和压力要求经计算确定，但不应小于DN100。

③ 消防给水管道应采用阀门分成若干独立段，每段内室外消火栓的数量不宜超过5个。

（二）室内消防供水管道

室内消防供水管道的相关要点见表3-10。

表3-10　　　　　　　　　　室内消防供水管道的相关要点

项目	内 容
布置要求	《消防给水及消火栓系统技术规范》（GB 50974—2014）第8.1.5条规定，室内消防给水管网应符合下列规定： （1）室内消火栓系统管网应布置成环状，当室外消火栓设计流量不大于20L/s，且室内消火栓不超过10个时，除本规范第8.1.2外，可布置成枝状。 （2）当由室外生产生活消防合用系统直接供水时，合用系统除应满足室外消防给水设计流量以及生产和生活最大小时设计流量的要求外，还应满足室内消防给水系统的设计流量和压力要求。 （3）室内消防管道管径应根据系统设计流量、流速和压力要求经计算确定；室内消火栓竖管管径应根据竖管最低流量经计算确定，但不应小于DN100
室内消火栓环状给水管道检修	《消防给水及消火栓系统技术规范》（GB 50974—2014）第8.1.6条规定，室内消火栓环状给水管道检修时应符合下列规定： （1）室内消火栓竖管应保证检修管道时关闭停用的竖管不超过1根，当竖管超过4根时，可关闭不相邻的2根。 （2）每根竖管与供水横干管相接处应设置阀门
与自动喷水等其他水灭火系统的管网的设置	《消防给水及消火栓系统技术规范》（GB 50974—2014）第8.1.7条规定，室内消火栓给水管网宜与自动喷水等其他水灭火系统的管网分开设置；当合用消防泵时，供水管路沿水流方向应在报警阀前分开设置

项　目	内　　容
消防给水管道的设计流速	《消防给水及消火栓系统技术规范》（GB 50974—2014）第 8.1.8 条规定，消防给水管道的设计流速不宜大于 2.5m/s，自动水灭火系统管道设计流速，应符合有关规定，但任何消防管道的给水流速不应大于 7m/s

（三）管材与阀门

1. 管材的规定

根据《消防给水及消火栓系统技术规范》（GB 50974—2014）第 8.2.5、8.2.8 条规定，不同系统工作压力下消防给水系统埋地、架空管道的管材选择要求，见表 3-11。

表 3-11　不同系统工作压力下消防给水系统埋地、架空管道的管材和连接方式选择要求

管道架设方式	系统工作压力	采用的给水管道材质
埋地	工作压力不大于 1.20MPa	球墨铸铁管或钢丝网骨架塑料复合管给水管道
	工作压力大于 1.20MPa 小于 1.60MPa	钢丝网骨架塑料复合管、加厚钢管和无缝钢管
	工作压力大于 1.60MPa	无缝钢管
架空	工作压力小于等于 1.20MPa	热浸锌镀锌钢管
	工作压力大于 1.20MPa 小于 1.60MPa	热浸镀锌加厚钢管或热浸镀锌无缝钢管
	工作压力大于 1.60MPa	热浸镀锌无缝钢管

2. 阀门的规定

根据《消防给水及消火栓系统技术规范》（GB 50974—2014）第 8.3.1 条规定，消防给水系统的阀门选择应符合下列规定：

（1）埋地管道的阀门宜采用带启闭刻度的暗杆闸阀，当设置在阀门井内时可采用耐腐蚀的明杆闸阀。

（2）室内架空管道的阀门宜采用蝶阀、明杆闸阀或带启闭刻度的暗杆闸阀等。

（3）室外架空管道宜采用带启闭刻度的暗杆闸阀或耐腐蚀的明杆闸阀。

（4）埋地管道的阀门应采用球墨铸铁阀门，室内架空管道的阀门应采用球墨铸铁或不锈钢阀门，室外架空管道的阀门应采用球墨铸铁阀门或不锈钢阀门。

3. 其他规定

《消防给水及消火栓系统技术规范》（GB 50974—2014）第 8.2.6 条规定，埋地金属管道的管顶覆土应符合下列规定：

（1）管道最小管顶覆土应按地面荷载、埋深荷载和冰冻线对管道的综合影响确定。

（2）管道最小管顶覆土不应小于 0.70m；但当在机动车道下时管道最小管顶覆土应经计算确定，并不宜小于 0.90m。

（3）管道最小管顶覆土应至少在冰冻线以下 0.30m。

《消防给水及消火栓系统技术规范》（GB 50974—2014）第 8.3.2 条规定，消防给水系统管道的最高点处宜设置自动排气阀。

《消防给水及消火栓系统技术规范》（GB 50974—2014）第 8.3.3 条规定，消防水泵出水管上的止回阀宜采用水锤消除止回阀，当消防水泵供水高度超过 24m 时，应采用水锤消除器。当消防水泵出水管上设有囊式气压水罐时，可不设水锤消除设施。

（四）减压阀

《消防给水及消火栓系统技术规范》（GB 50974—2014）第 8.3.4 条规定，减压阀的设置应符合下列规定：

（1）减压阀应设置在报警阀组入口前，当连接两个及以上报警阀组时，应设置备用减压阀。

（2）减压阀的进口处应设置过滤器，过滤器的孔网直径不宜小于 4～5 目/cm^2，过流面积不应小于管道截面积的 4 倍。

（3）过滤器和减压阀前后应设压力表，压力表的表盘直径不应小于 100mm，最大量程宜为设计压力的 2 倍。

（4）过滤器前和减压阀后应设置控制阀门。

（5）减压阀后应设置压力试验排水阀。

（6）减压阀应设置流量检测测试接口或流量计。

（7）垂直安装的减压阀，水流方向宜向下。

（8）比例式减压阀宜垂直安装，可调式减压阀宜水平安装。

（9）减压阀和控制阀门宜有保护或锁定调节配件的装置。

（10）接减压阀的管段不应有气堵、气阻。

八、供水设施设备与给水管网的维护管理

（一）供水设施设备的维护管理

《消防给水及消火栓系统技术规范》（GB 50974—2014）第 14.0.4 条规定，消防水泵和稳压泵等供水设施的维护管理应符合下列规定：

（1）每月应手动启动消防水泵运转一次，并应检查供电电源的情况。

（2）每周应模拟消防水泵自动控制的条件自动启动消防水泵运转一次，且应自动记录自动巡检情况，每月应检测记录。

（3）每日应对稳压泵的停泵启泵压力和启泵次数等进行检查和记录运行情况。

（4）每日应对柴油机消防水泵的启动电池的电量进行检测，每周应检查储油箱的储油量，每月应手动启动柴油机消防水泵运行一次。

（5）每季度应对消防水泵的出流量和压力进行一次试验。

（6）每月应对气压水罐的压力和有效容积等进行一次检测。

（二）给水管网的维护管理

根据《消防给水及消火栓系统技术规范》（GB 50974—2014）规定，给水管网的维护管理应符合下列规定：

（1）系统上所有的控制阀门均应采用铅封或锁链固定在开启或规定的状态，每月应对铅封、锁链进行一次检查，当有破坏或损坏时应及时修理更换。

（2）每月应对电动阀和电磁阀的供电和启闭性能进行检测。

（3）每季度应对室外阀门井中，进水管上的控制阀门进行一次检查，并应核实其处于全开启状态。

（4）每天应对水源控制阀进行外观检查，并应保证系统处于无故障状态。

（5）每季度应对系统所有的末端试水阀和报警阀的放水试验阀进行一次放水试验，并应检查系统启动、报警功能以及出水情况是否正常。

第二节 消 火 栓 系 统

一、室外消火栓系统

（一）设置场所

《建筑设计防火规范》（GB 50016—2014，2018 年版）第 8.1.2 条规定，城镇（包括居住区、商业区、开发区、工业区等）应沿可通行消防车的街道设置市政消火栓系统。

民用建筑、厂房、仓库、储罐（区）和堆场周围应设置室外消火栓系统。

用于消防救援和消防车停靠的屋面上，应设置室外消火栓系统。

注：耐火等级不低于二级且建筑体积不大于 3000m³ 的戊类厂房，居住区人数不超过 500 人且建筑层数不超过两层的居住区，可不设置室外消火栓系统。

（二）设置要求

1. 市政消火栓

《消防给水及消火栓系统技术规范》（GB 50974—2014）第 7.2.1～7.2.6、7.2.8～7.2.11 条规定：

（1）市政消火栓宜采用地上式室外消火栓；在严寒、寒冷等冬季结冰地区宜采用干式地上式室外消火栓，严寒地区宜增置消防水鹤。当采用地下式室外消火栓，地下消火栓井的直径不宜小于 1.5m，且当地下式室外消火栓的取水口在冰冻线以上时，应采取保温措施。

（2）市政消火栓宜采用直径 DN150 的室外消火栓，并应符合下列要求。

① 室外地上式消火栓应有一个直径为 150mm 或 100mm 和两个直径为 65mm 的栓口。

② 室外地下式消火栓应有直径为 100mm 和 65mm 的栓口各一个。

（3）市政消火栓宜在道路的一侧设置，并宜靠近十字路口，但当市政道路宽度超过 60m 时，应在道路的两侧交叉错落设置市政消火栓。

（4）市政桥桥头和城市交通隧道出入口等市政公用设施处，应设置市政消火栓。

（5）市政消火栓的保护半径不应超过 150m，间距不应大于 120m。

（6）市政消火栓应布置在消防车易于接近的人行道和绿地等地点，且不应妨碍交通，并应符合下列规定：

① 市政消火栓距路边不宜小于 0.5m，并不应大于 2.0m。

② 市政消火栓距建筑外墙或外墙边缘不宜小于 5.0m。

③ 市政消火栓应避免设置在机械易撞击的地点，确有困难时，应采取防撞措施。

（7）当市政给水管网设有市政消火栓时，其平时运行工作压力不应小于 0.14MPa，火灾时水力最不利市政消火栓的出流量不应小于 15L/s，且供水压力从地面算起不应小于 0.10MPa。

（8）严寒地区在城市主要干道上设置消防水鹤的布置间距宜为1000m,连接消防水鹤的市政给水管的管径不宜小于 *DN*200。

（9）火灾时消防水鹤的出流量不宜低于 30L/s，且供水压力从地面算起不应小于0.10MPa。

（10）地下式市政消火栓应有明显的永久性标志。

2. 室外消火栓

根据《消防给水及消火栓系统技术规范》（GB 50974—2014）第 7.3.2～7.3.7、7.3.10 条规定：

（1）建筑室外消火栓的数量应根据室外消火栓设计流量和保护半径经计算确定,保护半径不应大于 150.0m,每个室外消火栓的出流量宜按 10～15L/s 计算。

（2）室外消火栓宜沿建筑周围均匀布置,且不宜集中布置在建筑一侧；建筑消防扑救面一侧的室外消火栓数量不宜少于 2 个。

（3）人防工程、地下工程等建筑应在出入口附近设置室外消火栓,且距出入口的距离不宜小于 5m,并不宜大于 40m。

（4）停车场的室外消火栓宜沿停车场周边设置,且与最近一排汽车的距离不宜小于 7m,距加油站或油库不宜小于 15m。

（5）甲、乙、丙类液体储罐区和液化烃罐罐区等构筑物的室外消火栓,应设在防火堤或防护墙外, 数量应根据每个罐的设计流量经计算确定,但距罐壁 15m 范围内的消火栓,不应计算在该罐可使用的数量内。

（6）工艺装置区等采用高压或临时高压消防给水系统的场所,其周围应设置室外消火栓,数量应根据设计流量经计算确定,且间距不应大于 60.0m。当工艺装置区宽度大于 120.0m 时, 宜在该装置区内的路边设置室外消火栓。

（7）室外消防给水引入管当设有倒流防止器,且火灾时因其水头损失导致室外消火栓不能满足规范要求时,应在该倒流防止器前设置一个室外消火栓。

（三）安装要求

《消防给水及消火栓系统技术规范》（GB 50974—2014）第 12.3.7 条规定, 市政和室外消火栓的安装应符合下列规定：

（1）市政和室外消火栓的选型、规格应符合设计要求。

（2）地下式消火栓顶部进水口或顶部出水口应正对井口。顶部进水口或顶部出水口与消防井盖底面的距离不应大于 0.4m,井内应有足够的操作空间,并应做好防水措施。

（3）地下式室外消火栓应设置永久性固定标志。

（4）当室外消火栓安装部位火灾时存在可能落物危险时,上方应采取防坠落物撞击的措施。

（5）市政和室外消火栓安装位置应符合设计要求,且不应妨碍交通,在易碰撞的地点应设置防撞设施。

（四）维护管理

《消防给水及消火栓系统技术规范》（GB 50974—2014）第 14.0.7 条规定,每季度应对消火栓进行一次外观和漏水检查,发现有不正常的消火栓应及时更换。

二、室内消火栓系统

（一）应设置室内消火栓系统的建筑或场所

《建筑设计防火规范》（GB 50016—2014，2018 年版）第 8.2.1 条规定，下列建筑或场所应设置室内消火栓系统：

（1）建筑占地面积大于 $300m^2$ 的厂房和仓库。

（2）高层公共建筑和建筑高度大于 21m 的住宅建筑。

注：建筑高度不大于 27m 的住宅建筑，设置室内消火栓系统确有困难时，可只设置干式消防竖管和不带消火栓箱的 DN65 的室内消火栓。

（3）体积大于 $5000m^3$ 的车站、码头、机场的候车（船、机）建筑、展览建筑、商店建筑、旅馆建筑、医疗建筑、老年人照料设施和图书馆建筑等单、多层建筑。

（4）特等、甲等剧场，超过 800 个座位的其他等级的剧场和电影院等以及超过 1200 个座位的礼堂、体育馆等单、多层建筑。

（5）建筑高度大于 15m 或体积大于 10 000m³ 的办公建筑、教学建筑和其他单、多层民用建筑。

（二）可不设置室内消火栓系统的建筑或场所

《建筑设计防火规范》（GB 50016—2014，2018 年版）第 8.2.2 条规定，下列建筑或场所，可不设置室内消火栓系统，但宜设置消防软管卷盘或轻便消防水龙：

（1）耐火等级为一、二级且可燃物较少的单、多层丁、戊类厂房（仓库）。

（2）耐火等级为三、四级且建筑体积不大于 $3000m^3$ 的丁类厂房；耐火等级为三、四级且建筑体积不大于 $5000m^3$ 的戊类厂房（仓库）。

（3）粮食仓库、金库、远离城镇且无人值班的独立建筑。

（4）存有与水接触能引起燃烧爆炸的物品的建筑。

（5）室内无生产、生活给水管道，室外消防用水取自储水池且建筑体积不大于 $5000m^3$ 的其他建筑。

《建筑设计防火规范》（GB 50016—2014，2018 年版）第 8.2.3 条规定，国家级文物保护单位的重点砖木或木结构的古建筑，宜设置室内消火栓系统。

《建筑设计防火规范》（GB 50016—2014，2018 年版）第 8.2.4 条规定，人员密集的公共建筑、建筑高度大于 100m 的建筑和建筑面积大于 $200m^2$ 的商业服务网点内应设置消防软管卷盘或轻便消防水龙。高层住宅建筑的户内宜配置轻便消防水龙。老年人照料设施内应设置与室内供水系统直接连接的消防软管卷盘，消防软管卷盘的设置间距不应大于 30.0m。

（三）分区供水

分区供水的规定见表 3-12。

表 3-12　　　　　　　　　　　分 区 供 水 的 规 定

项目	具体规定
设置条件	《消防给水及消火栓系统技术规范》（GB 50974—2014）第 6.2.1 条规定，符合下列条件时，消防给水系统应分区供水：

续表

项目	具体规定
设置条件	（1）系统工作压力大于 2.40MPa。 （2）消火栓栓口处静压大于 1.0MPa。 （3）自动水灭火系统报警阀处的工作压力大于 1.60MPa 或喷头处的工作压力大于 1.20MPa
分区供水形式	《消防给水及消火栓系统技术规范》（GB 50974—2014）第 6.2.2 条规定，分区供水形式应根据系统压力、建筑特征，经技术经济和安全可靠性等综合因素确定，可采用消防水泵并行或串联、减压水箱和减压阀减压的形式，但当系统的工作压力大于 2.40MPa 时，应采用消防水泵串联或减压水箱分区供水形式
消防水泵串联分区供水	《消防给水及消火栓系统技术规范》（GB 50974—2014）第 6.2.3 条规定，采用消防水泵串联分区供水时，宜采用消防水泵转输水箱串联供水方式，并应符合下列规定： （1）当采用消防水泵转输水箱串联时，转输水箱的有效储水容积不应小于 60m³，转输水箱可作为高位消防水箱。 （2）串联转输水箱的溢流管宜连接到消防水池。 （3）当采用消防水泵直接串联时，应采取确保供水可靠性的措施，且消防水泵从低区到高区应能依次顺序启动。 （4）当采用消防水泵直接串联时，应校核系统供水压力，并应在串联消防水泵出水管上设置减压型倒流防止器
减压阀减压分区供水	《消防给水及消火栓系统技术规范》（GB 50974—2014）第 6.2.4 条规定，采用减压阀减压分区供水时应符合下列规定： （1）消防给水所采用的减压阀性能应安全可靠，并应满足消防给水的要求。 （2）减压阀应根据消防给水设计流量和压力选择，且设计流量应在减压阀流量压力特性曲线的有效段内，并校核在 150%设计流量时，减压阀的出口动压不应小于设计值的 65%。 （3）每一供水分区应设不少于两组减压阀组，每组减压阀组宜设置备用减压阀。 （4）减压阀仅应设置在单向流动的供水管上，不应设置在有双向流动的输水干管上。 （5）减压阀宜采用比例式减压阀，当超过 1.20MPa 时，宜采用先导式减压阀。 （6）减压阀的阀前阀后压力比值不宜大于 3∶1；当一级减压阀减压不能满足要求时，可采用减压阀串联减压，但串联减压不应大于两级，第二级减压阀宜采用先导式减压阀，阀前后压力差不宜超过 0.40MPa。 （7）减压阀后应设置安全阀，安全阀的开启压力应能满足系统安全，且不应影响系统的供水安全性
减压水箱减压分区供水	《消防给水及消火栓系统技术规范》（GB 50974—2014）第 6.2.5 条规定，采用减压水箱减压分区供水时应符合下列规定： （1）减压水箱的有效容积不应小于 18m³，且宜分为两格。 （2）减压水箱应有两条进、出水管，且每条进、出水管应满足消防给水系统所需消防用水量的要求。 （3）减压水箱进水管的水位控制应可靠，宜采用水位控制阀。 （4）减压水箱进水管应设置防冲击和溢水的技术措施，并宜在进水管上设置紧急关闭阀门，溢流水宜回流到消防水池

（四）设置要求

《消防给水及消火栓系统技术规范》（GB 50974—2014）第 7.4.2～7.4.8、7.4.10、7.4.12 条规定：

（1）室内消火栓的配置应符合下列要求：

① 应采用 DN65 室内消火栓，并可与消防软管卷盘或轻便水龙设置在同一箱体内。

② 应配置公称直径 65 有内衬里的消防水带，长度不宜超过 25.0m；消防软管卷盘应配置内径不小于 ϕ19 的消防软管，其长度宜为 30.0m；轻便水龙应配置公称直径 25 有内衬里的消防水带，长度宜为 30.0m。

（2）设置室内消火栓的建筑，包括设备层在内的各层均应设置消火栓。

（3）屋顶设有直升机停机坪的建筑,应在停机坪出入口处或非电器设备机房处设置消火栓，且距停机坪机位边缘的距离不应小于 5.0m。

（4）消防电梯前室应设置室内消火栓，并应计入消火栓使用数量。

（5）室内消火栓的布置应满足同一平面有 2 支消防水枪的 2 股充实水柱同时达到任何部位的要求，但建筑高度小于或等于 24.0m 且体积小于或等于 5000m³ 的多层仓库、建筑高度小于或等于 54.0m 且每单元设置一部疏散楼梯的住宅，以及表 3-4 中规定可采用 1 支消防水枪的场所，可采用 1 支消防水枪的 1 股充实水柱到达室内任何部位。

（6）建筑室内消火栓的设置位置应满足火灾扑救要求，并应符合下列规定：

① 室内消火栓应设置在楼梯间及其休息平台和前室、走道等明显易于取用，以及便于火灾扑救的位置。

② 住宅的室内消火栓宜设置在楼梯间及其休息平台。

③ 汽车库内消火栓的设置不应影响汽车的通行和车位的设置，并应确保消火栓的开启。

④ 同一楼梯间及其附近不同层设置的消火栓，其平面位置宜相同。

⑤ 冷库的室内消火栓应设置在常温穿堂或楼梯间内。

（7）建筑室内消火栓栓口的安装高度应便于消防水龙带的连接和使用，其距地面高度宜为 1.1m；其出水方向应便于消防水带的敷设，并宜与设置消火栓的墙面成 90° 角或向下。

（8）室内消火栓宜按直线距离计算其布置间距，并应符合下列规定：

① 消火栓按 2 支消防水枪的 2 股充实水柱布置的建筑物，消火栓的布置间距不应大于 30.0m。

② 消火栓按 1 支消防水枪的 1 股充实水柱布置的建筑物，消火栓的布置间距不应大于 50.0m。

（9）室内消火栓栓口压力和消防水枪充实水柱，应符合下列规定：

① 消火栓栓口动压力不应大于 0.50MPa，当大于 0.70MPa 时必须设置减压装置；

② 高层建筑、厂房、库房和室内净空高度超过 8m 的民用建筑等场所，消火栓栓口动压不应小于 0.35MPa，且消防水枪充实水柱应按 13m 计算；其他场所，消火栓栓口动压不应小于 0.25MPa，且消防水枪充实水柱应按 10m 计算。

（五）室内消火栓系统的检测验收

1. 室内消火栓检测

根据《消防给水及消火栓系统技术规范》（GB 50974—2014），室内消火栓检测应符合下列规定：

（1）室内消火栓的选型、规格应符合设计要求。

（2）同一建筑物内设置的消火栓应采用统一规格的栓口、水枪和水带及配件。

（3）试验用消火栓栓口处应设置压力表。

（4）室内消火栓按钮不宜作为直接启动消防水泵的开关，但可作为发出警报信号的开关或启动干式消火栓系统的快速启闭装置等。

（5）当消火栓设置减压装置时，减压装置应符合设计要求。

（6）室内消火栓应设置明显的永久性固定标志。

2. 消火栓箱检测验收

根据《消火栓箱》（GB/T 14561—2019）第 5.5.3 条，《消防给水及消火栓系统技术规范》

（GB 50974—2014）第 12.3.9、12.3.10 条，消火栓箱检测验收应符合下列规定：

（1）消火栓栓口出水方向宜向下或与设置消火栓的墙面成 90°角，栓口不应安装在门轴侧。

（2）消火栓栓口中心距地面应为 1.1m，特殊地点的高度可特殊对待，允许偏差±20mm。

（3）消火栓的启闭阀门设置位置应便于操作使用，阀门的中心距箱侧面应为 140mm，距箱后内表面应为 100mm，允许偏差±5mm。

（4）室内消火栓箱的安装应平正、牢固，暗装的消火栓箱不应破坏隔墙的耐火性能。

（5）消火栓箱体安装的垂直度允许偏差为±3mm。

（6）消火栓箱门的开启角度不应小于 160°。

章 节 练 习

 ## 案例一　某公共建筑消防给水及消火栓系统案例分析

某寒冷地区公共建筑，地下 3 层，地上 37 层，建筑高度 160m，总建筑面积 121 000m²，按照国家标准设置相应的消防设施。

该建筑室内消火栓系统采用消防水泵串联分区供水形式，分高、低两个分区。消防水泵房和消防水池位于地下一层，设置低区消火栓泵 2 台（1 用 1 备）和高区消火栓转输泵 2 台（1 用 1 备）。中间消防水泵房和转输水箱位于地上 17 层，设置高区消火栓加压泵 2 台（1 用 1 备），高区消火栓加压泵控制柜与消防水泵布置在同一房间。屋顶设置高位消防水箱和稳压泵等稳压装置。低区消火栓由中间转输水箱和低区消火栓泵供水，高区消火栓由屋顶消防水箱和高区消火栓转输泵、高区消火栓加压泵连锁启动供水。

室外消防用水由市政给水管网供水，室内消火栓和自动喷水灭火系统用水由消防水池保证。室内消火栓系统的设计流量为 40L/s，自动喷水灭火系统的设计流量为 40L/s。

维保单位对该建筑室内消火栓系统进行检查，情况如下：

（1）在地下消防水泵房对消防水池有效容积、水位、供水管等情况进行了检查。

（2）在地下消防水泵房打开低区消火栓泵试验阀，低区消火栓泵没有启动。

（3）屋顶室内消火栓系统稳压装置气压水罐有效容积为 120L，无法直接识别出稳压泵出水管阀门的开闭情况，深入细查发现阀门处于关闭状态，稳压泵控制柜电源未接通，当场排除故障。

（4）检查屋顶消防水箱，发现水箱内的表面有结冰；水箱进水管管径 DN25，出水管管径为 DN75；询问消防控制室消防水箱水位情况，控制室值班人员回答无法查看。

（5）在屋顶打开试验消火栓，放水 3min 后测量栓口动压，测量值为 0.21MPa，消防水枪充实水柱测量值为 12m；询问消防控制室有关消防水泵和稳压泵的启动情况，控制室值班人员回答不清楚。

根据以上材料，回答下列问题：

1. 关于该建筑消防水池，下列说法正确的有（　　　）。

A. 不考虑补水时，消防水池的有效容积不应小于 432m³

B. 消防控制室应能显示消防水池正常水位

C. 消防水池玻璃水位计两端的角阀应常开

D. 应设置就地水位显示装置

E. 消防控制室应能显示消防水池高水位、低水位报警信号

2. 低区消火栓泵没有启动的原因主要有（　　　）。

A. 消防水泵控制柜处于手动启泵状态　　　B. 消防联动控制器处于自动启泵状态

C. 消防联动控制器处于手动启泵状态　　　D. 消防水泵的控制线路故障

E. 消防水泵的电源处于关闭状态

3. 关于该建筑屋顶消火栓稳压装置，下列说法正确的有（　　　）。

A. 气压水罐有效储水容积符合规范要求

B. 出水管阀门应常开并锁定

C. 气压水罐有效储水容积不符合规范要求

D. 出水管应设置明杆闸阀

E. 稳压泵控制柜平时应处于停止启泵状态

4. 关于该建筑屋顶消防水箱，下列说法正确的有（　　　）。

A. 应采取防冻措施

B. 进水管管径符合规范要求

C. 出水管管径符合规范要求

D. 消防控制室应能显示消防水箱高水位、低水位报警信号

E. 消防控制室应能显示消防水箱正常水位

5. 关于屋顶试验消火栓检测，下列说法正确的有（　　　）。

A. 栓口动压符合规范要求

B. 消防控制室应能显示高区消火栓加压泵的运行状态

C. 检查人员应到消防水泵房确认高区消火栓加压泵的启动情况

D. 消防控制室应能显示屋顶消火栓稳压泵的运行状态

E. 消防水枪充实水柱符合规范要求

6. 关于该建筑中间转输水箱及屋顶消防水箱的有效储水容积，下列说法正确的有（　　　）。

A. 中间转输水箱有效储水容积不应小于 36m³

B. 屋顶消防水箱有效储水容积不应小于 50m³

C. 中间转输水箱有效储水容积不应小于 60m³

D. 屋顶消防水箱有效储水容积不应小于 36m³

E. 屋顶消防水箱有效储水容积不应小于 100m³

7. 关于该建筑高区消火栓加压泵，下列说法正确的是（　　　）。

A. 应有自动停泵的控制功能

B. 消防控制室应能手动远程启动系统

C. 流量不应小于 40L/s

D. 从接到启泵信号到水泵正常运转的自动启动时间不应大于 5min

E. 应能机械应急启动

8. 关于该建筑高区消火栓加压泵控制柜，下列说法错误的是（　　）。

A. 机械应急启动时，应确保消防水泵在报警后 5min 内正常工作

B. 应采取防止被水淹的措施

C. 防护等级不应低于 IP30

D. 应具有自动巡检可调、显示巡检状态和信号功能

E. 控制柜对话界面英语汉语双语语音

9. 关于该建筑室内消火栓系统维护管理，下列说法正确的有（　　）。

A. 每季度应对消防水池、消防水箱的水位进行一次检查

B. 每月应手动启动消防水泵运转一次

C. 每月应模拟消防水泵自动控制的条件自动启动消防水泵运转一次

D. 每月应对控制阀门铅封、锁链进行一次检查

E. 每周应对稳压泵的停泵启泵压力和启泵次数等进行检查，并记录运行情况

参 考 答 案

1. BDE　　　2. ADE　　　3. BCD　　　4. ADE　　　5. BCD

6. CE　　　7. BCE　　　8. CE　　　9. BD

案例二　某居住小区消防给水及消火栓系统检测与验收案例分析

某居住小区由 4 座建筑高度为 69.0m 的 23 层单元式住宅楼和 4 座建筑高度为 54.0m 的 18 层单元式住宅楼组成。设备机房设地下一层（标高 −5.0m）。小区南北侧市政道路上各有一条 DN300 的市政给水管，供水压力为 0.25MPa，小区所在地区冰冻线深度为 0.85m。

住宅楼的室外消火栓设计流量为 15L/s，23 层住宅楼和 18 层住宅楼的室内消火栓设计流量分别为 20L/s、10L/s；火灾延续时间为 2h。小区消防给水与生活用水共用，采用两路进水环状管网供水，在管网上设置了室外消火栓。室内采用湿式临时高压消防给水系统，其消防水池、消防水泵房设置在一座住宅楼的地下一层，高位消防水箱设置在其中一座 23 层高的住宅楼屋顶。消防水池两路进水，火灾时考虑补水，每条进水管的补水量为 50m³/h。消防水泵控制柜与消防水泵设置在同一房间。系统管网泄漏量测试结果为 0.75L/s，高位消防水箱出水管上设置流量开关，动作流量设定值为 1.75L/s。

消防水泵性能和控制柜性能合格，室内外消火栓系统验收合格。

竣工验收一年后，在对系统进行季度检查时，打开试水阀，高位消防水箱出水管上的流量开关动作，消防水泵无法自动启动；消防控制中心值班人员按下手动专用线路按钮后，消防水泵仍不启动。值班人员到消防水泵房操作机械应急开关后，消防水泵启动。经维修消防

控制柜后，恢复正常。

在竣工验收三年后的日常运行中，消防水泵经常发生误动作。勘查原因后发现，高位消防水箱的补水量与竣工验收时相比，增加了 1 倍。

根据以上材料，回答下列问题：

1. 两路补水时，下列消防水池符合现行国家标准的有（　　　）。

A. 有效容积为 4m³ 的消防水池　　　　　　B. 有效容积为 24m³ 的消防水池

C. 有效容积为 44m³ 的消防水池　　　　　　D. 有效容积为 55m³ 的消防水池

E. 有效容积为 60m³ 的消防水池

2. 下列室外埋地消防给水管道的设计管顶覆土深度中，符合国家标准的有（　　　）。

A. 0.70m　　　　　　B. 1.00m　　　　　　C. 1.05m　　　　　　D. 1.15m

E. 1.25m

3. 下列室外消火栓的设置中，符合现行国家标准的有（　　　）。

A. 保护半径 150m　　　　　　　　　　　B. 间距 120m

C. 扑救面一侧不宜小于 2 个　　　　　　D. 距离路边 0.5m

E. 距离建筑物外墙 2m

4. 根据现行国家标准，室内消火栓系统竣工验收时，应检查的内容有（　　　）。

A. 消火栓设置位置　　　　　　　　　　B. 栓口压力

C. 消防水带长度　　　　　　　　　　　D. 消火栓安装高度

E. 消火栓试验强度

5. 下列消火水泵控制柜的 IP 等级中，符合现行国家标准的有（　　　）。

A. IP25　　　　　　B. IP35　　　　　　C. IP45　　　　　　D. IP55

E. IP65

6. 工程竣工验收时应测试的消防水泵性能有（　　　）。

A. 电击功率全覆盖性能曲线　　　　　　B. 设计流量和扬程

C. 零流量的压力　　　　　　　　　　　D. 1.5 倍设计流量的压力

E. 水泵控制功能

7. 对系统进行季度检查时发现，消防水泵的自动和远程手动功能均失效，机械应急启动功能有效，消防水泵控制柜产生故障的可能原因有（　　　）。

A. 控制回路继电器故障　　　　　　　　B. 控制回路电气线路故障

C. 主电源故障　　　　　　　　　　　　D. 交流接触电磁系统故障

E. 信号输出模块故障

8. 针对消防水泵经常误动作，下列整改措施中，可行的有（　　　）

A. 检测管道漏水点并补漏　　　　　　　B. 更换流量开关

C. 关闭消防水箱的出水管　　　　　　　D. 调整流量开关启动流量至 2.5L/s

E. 更换控制柜

参 考 答 案

1. DE   2. DE   3. ABCD   4. AD   5. DE
6. BCDE   7. ABE   8. AD

 案例三 某高层公共建筑消防给水及消火栓系统案例分析

华北地区的某高层公共建筑，地上 7 层、地下 3 层，建筑高度 35m，总建筑面积 70 345m²，建筑外墙采用玻璃幕墙。其中地下总建筑面积 28 934m²，地下一层层高 6m，为仓储式超市（货品高度 3.5m）和消防控制室及设备用房；地下二、三层层高均为 3.9m，为汽车库及设备用房，设计停车位 324 个；地上总建筑面积 41 411m²，每层层高为 5m，一至五层为商场，六、七层为餐饮、健身、休闲场所。屋顶设消防水箱间和稳压泵，水箱间地面高出屋面 0.45m。该建筑消防给水由市政枝状供水管引入 1 条 DN150 的管道供给，并在该地块内形成环状管网，建筑物四周外缘 5～150m 内，设有 3 个市政消火栓，市政供水压力为 0.25MPa，每个市政消火栓的流量按 10L/s 设计，消防储水量不考虑火灾期间的市政补水。地下一层设消防水池和消防泵房，室内外消防栓系统分别设置消防水池，并用 DN300 的管道连通，水池有效水深 3m，室内消火栓水泵扬程 84m，室内外消火栓系统均采用环状管网。根据该建筑物业管理的记录，稳压泵启动次数 20 次/h。

根据以上材料，回答下列问题：

1. 该建筑消防给水及消火栓系统的下列设计方案中，符合规范的有（   ）。
A. 室内外消火栓系统合用消防水池
B. 室内消火栓系统采用由高水位水箱稳压的临时高压消防给水系统
C. 室内外消火栓系统分别设置独立的消防给水管网系统
D. 室内消火栓系统设置气压罐，不设水锤消除设施
E. 室内消火栓系统采用由稳压泵稳压的临时高压消防给水系统

2. 该建筑室内消火栓的下列设计方案中，正确的有（   ）。
A. 室内消火栓栓口动压不小于 0.35MPa，消防水枪充实水柱按 13m 计算
B. 消防电梯前室未设置室内消火栓
C. 室内消火栓的最小保护半径为 29.23m，消火栓的间距不大于 30m
D. 室内消火栓均采用减压稳压消火栓
E. 屋顶试验消火栓设在水箱间

3. 该建筑室内消火栓系统的下列设计方案中，不符合相关规范的有（   ）。
A. 室内消火栓系统采用一个供水分区
B. 室内消火栓水泵出水管设置低压压力开关
C. 消防水泵采用离心式水泵

D. 每台消防水泵在消防泵房内设置一套流量和压力测试装置

E. 消防水泵接合器沿幕墙设置

4. 该建筑供水设施的下列设计方案中，正确的有（   ）。

A. 高位消防水箱间采用采暖防冻措施，室内温度设计为10℃

B. 高位消防水箱材质采用钢筋混凝土材料

C. 高位消防水箱的设计有效容量为50m³

D. 高位消防水箱的进、出水管道上的阀门采用信号阀阀门

E. 屋顶水箱间设置高位水箱和稳压泵，稳压泵流量为0.5L/s

5. 该建筑消火栓水泵控制的下列设计方案中，不符合相关规范的有（   ）。

A. 消防水泵由高位水箱出水管上的流量开关信号直接自动启停控制

B. 火灾时消防水泵工频直接启动，并保持工频运行消防水泵

C. 消防水泵由报警阀压力开关信号直接自动启停控制

D. 消防水泵就地设置有保护装置的启停控制按钮

E. 消火栓按钮信号直接启动消防水泵

6. 确定该建筑消防水泵主要技术参数时，应考虑的因素有（   ）。

A. 室内消火栓设计流量   B. 室内消火栓管道管径

C. 消防水泵的抗震技术措施   D. 消防水泵控制模式

E. 试验用消火栓标高和消防水池水位标高

7. 该建筑室内消火栓系统稳压泵出现频繁启停的原因有（   ）。

A. 管网漏水量超过设计值

B. 稳压泵配套气压水罐有效储水容积200L

C. 压力开关或控制柜失灵

D. 稳压泵设在屋顶

E. 稳压泵选型不当

8. 建筑消火栓系统施工的做法，正确的有（   ）。

A. 消火栓控制阀采用沟槽式阀门或法兰式阀门

B. 钢丝网骨架塑料复合管的钢塑过渡接头钢管端与钢管采用焊接连接

C. 室内消火栓管道的热浸镀锌钢管采用法兰连接时二次镀锌

D. 室内消火栓架空管道采用钢丝网骨架塑料复合管

E. 吸水管水平管段变径连接时，采用偏心异径管件并采用管顶平接

9. 该建筑消防供水的下列设计方案中，不符合规范的有（   ）。

A. 距该建筑18m处，设置消防水池取水口

B. 消防水池水泵房设在地下一层

C. 消防水池地面与室外地面高差8m

D. 将距建筑物外缘5～150m范围内的3个市政消火栓计入建筑的室外消火栓数量

E. 室外消火栓采用湿式地上式消火栓

参 考 答 案

扫一扫

第三章

案例三

1. ACE　　　2. ACE　　　3. DE　　　4. ABCD　　　5. ACE
6. AE　　　7. ACE　　　8. AE　　　9. CDE

 案例四　某工厂消防给水及消火栓系统案例分析

华南滨海城市某占地面积 10hm² 的工厂，从北向南依次布置 10 栋建筑，均为钢筋混凝土结构，一级耐火等级。各建筑及其水灭火系统的工程设计参数见表 3-13。

表 3-13　　　　　　　　　　各建筑及其水灭火系统的工程设计参数

建筑序号	建筑使用性质	层数	每座建筑总面积（万 m²）	建筑高度（m）	室外消火栓设计流量（L/s）	室内消火栓设计流量（L/s）	自动喷水设计流量（L/s）
①②	服装车间	2	2	15	40	20	28
③④	服装车间	4	2.4	30	40	30	28
⑤	布料仓库（堆垛高度 6m）	1	0.9	9	45	25	70
⑥	成品仓库（多排货架 4.5m）	1	0.6	9	45	25	78
⑦	办公楼	3	1.2	12.6	40	10	14
⑧	宿舍	2	0.9	6	35	10	14
⑨	餐厅	2	0.5	8	25	10	14
⑩	车库	3	1.4	12	20	10	28

厂区南侧和北侧各有一条 DN300 的市政给水干管，供水压力为 0.25MPa，直接供给室外消火栓和生产生活用水。生产生活用水最大设计流量 25L/s，火灾时可以忽略生产生活用水量。

厂区采用临时高压合用室内消防给水系统，高位消防水箱设置在③车间屋顶，最低有效水位高于自动喷水灭火系统最不利点喷头 8m。该合用系统设置一座消防水池和消防水泵房，室内消火栓系统和自动喷水灭火系统合用消防水泵。三用一备，消防水泵的设计扬程为 0.85MPa。零流量时压力为 0.93MPa。消防水泵房设置稳压泵，设计流量为 4L/s，启泵压力为 0.98MPa，停泵压力为 1.05MPa，消防水泵控制柜有机械应急启动功能。屋顶消防水箱出水管流量开关的原设计动作 4L/s。每座建筑内设置独立的湿式报警阀，其中③④号车间每层控制本层的湿式报警阀。

调试和试运行时，测得临时高压消防给水系统漏水量为 1.8L/s；为检验屋顶消防水箱出水管流量开关的动作可靠性，在④号车间的一层打开自动喷水灭火系统末端试水阀，消防水泵能自动启动；在四层打开末端试水阀，消防水泵无法自动启动；在一、四层分别打开 1个消火栓时，消防水泵均能自动启动。

根据以上材料，回答下列问题：

1. 该工厂消防给水系统的下列设计参数中，正确的有（　　）。

A. 该厂区室外低压消防给水系统设计流量为 45L/s

B. 该厂区室内临时高压消防给水系统设计流量为 103L/s

C. ⑦办公楼室内消防给水系统设计流量为 24L/s

D. ⑤仓库的室内消防给水系统设计流量为 128L/s

E. ⑩汽车库室内消防给水系统设计流量为 38L/s

2. 该工厂下列室外低压消防栓水管管道直径的选取中，满足安全可靠、经济适用要求的有（　　）。

A. DN100　　　　B. DN200　　　　C. DN250　　　　D. DN350

E. DN400

3. 该工厂临时高压消防给水系统可选用的安全可靠的启泵方案有（　　）。

A. 第一台启泵压力为 0.93MPa、第二台启泵压力为 0.88MPa、第三台启泵压力为 0.86MPa

B. 第一台启泵压力为 0.93MPa、第二台启泵压力为 0.92MPa、第三台启泵压力为 0.80MPa

C. 三台消防水泵启泵压力均为 0.80MPa，消防水泵设低流量保护功能

D. 第一台启泵压力为 0.93MPa、第二台启泵压力为 0.83MPa、第三台启泵压力为 0.73MPa

E. 三台消防水泵启泵压力均为 0.93MPa，消防水泵设低流量保护功能

4. 关于该工厂不同消防对象一次火灾消防用水量的说法，正确的有（　　）。

A. 该工厂一次火灾消防用水量为 1317.6m³

B. 该工厂一次火灾室内消防用水量为 831.6m³

C. ⑦ 办公楼一次火灾室外消防用水量为 288m³

D. ① 车间一次火灾自动喷水消防用水量为 201.6m³

E. ⑧ 宿舍楼一次火灾室内消火栓消防用水量为 72m³

5. 该工厂下列建筑室内消火栓系统的消防水泵接合器设置数量中，正确的有（　　）。

A. ① 车间：0 个　　　　　　　　　　B. ② 车间：0 个

C. ③ 车间：1 个　　　　　　　　　　D. ④ 车间：3 个

E. ⑦ 办公楼：1 个

6. 对该工厂临时高压消防给水系统流量开关进行动作流量测试，动作流量选取范围不适宜的有（　　）。

A. 大于系统漏水量，小于系统漏水量与 1 个消火栓的设计流量之和

B. 大于系统漏水量与 1 个喷头的设计流量之和

C. 大于系统漏水量，小于系统漏水量与 1 个喷头的最低设计流量之和

D. 大于系统漏水量，小于系统漏水量与 1 个消火栓的最低设计流量之和

E. 小于系统漏水量与 1 个喷头的最低设计流量和 1 个消火栓的最低设计流量之和

7. 该工厂消防水泵房的下列选址方案中，经济合理的有（　　）。

A. 消防水泵房与⑤仓库贴邻建造　　　　B. 消防水泵房设置在①车间内

C. 消防水泵房设置在⑥仓库内　　　　D. 消防水泵房设置在⑦办公楼地下室

E. 消防水泵房设置在⑩车库

8. 关于该工厂消防水泵启停的说法，正确的有（　　）。

A. 消防水泵应能自动启停和手动启动

B. 消火栓按钮不宜作为直接启动消防水泵的开关

C. 机械应急启动时，应确保消防水泵在报警后 5.0min 内正常工作

D. 当功率较大时，消防水泵宜采用有源器件启动

E. 消防控制室设置专用线路连接的手动直接启动消防泵按钮后，可以不设置机械应急泵功能

9. 该工厂下列建筑自动喷水灭火系统设置场所火灾危险等级的划分中，正确的有（　　）。

A. ⑦办公楼：中危险级Ⅰ级　　　　B. ③车间：中危险级Ⅱ级

C. ⑤仓库：仓库危险级Ⅱ级　　　　D. ⑥仓库：仓库危险级Ⅱ级

E. ⑩车库：中危险级Ⅰ级

参　考　答　案

1. ABCE　　2. BC　　3. AE　　4. ABCE　　5. ABD

6. ABDE　　7. AC　　8. BC　　9. BCD

案例五　某养老社区消防给水及消火栓系统检测与验收案例分析

南方某养老社区占地面积 10hm²，设有 2hm² 的景观湖，社区内设多座养老医疗楼及配套服务建筑，建筑物配套设有空调系统，各建筑物功能及技术参数见表 3-14。

表 3-14　　　　　　　　各建筑物功能及技术参数

序号	名称	主要技术参数	主要功能	消防给水设计流量
1	综合行政楼	每层建筑面积 1800m²，地上 5 层，地下 1 层，地下 1 层层高 6m，地上其他各层层高 4m	行政办公及管理用房	室外消火栓系统设计流量40L/s；室内消火栓系统设计流量 10L/s；自动喷水灭火系统设计流量 25L/s
2	养老设施 A	每层建筑面积 5000m²，地上 4 层，层高 4m	全年住宿，24h 陪护	
3	养老设施 B	每层建筑面积 5000m²，地上 4 层，层高 4m	全年住宿，24h 陪护	
4	综合医疗楼	每层建筑面积 1500m²，地上 2 层，层高 6m	综合医疗	

社区周边的市政给水可满足项目两路消防给水及消防给水设计流量的要求。市政消火栓间距120m，其中至少一个消火栓跟社区任一建筑物最远端距离不超过 145m，市政给水管进入园区接口处供水压力为 0.30MPa，消防水泵从市政给水管网直接抽水。社区管理单位委托

消防技术服务机构进行了检测。

根据以上材料，回答下列问题：

1. 对消防水泵流量的检测结果中，符合规范要求的有（　　）。

A. 综合行政楼自动喷水灭火系统消防水泵流量为 28L/s 养老设施

B. 室内消火栓系统消防水泵流量为 12.5L/s

C. 综合行政楼室外消火栓系统消防水泵流量为 8L/s

D. 养老设施 A 室内消火栓系统消防水泵流量为 12L/s

E. 综合医疗楼自动喷水灭火系统消防水泵流量为 20L/s

2. 对室外消火栓的下列检测结果中，符合规范要求的有（　　）。

A. 养老设施 A 的每个室外消火栓流量均为 13L/s

B. 沿社区道路布置的室外消火栓间距为 180m

C. 综合医疗楼的每个室外消火栓静水压力为 0.15MPa

D. 整个养老社区的室外消火栓为地上式消火栓

E. 综合行政楼的 3 个室外消火栓距该楼的消防水泵接合器 35m

3. 对消防水泵接合器的下列检测结果中，不符合规范要求的有（　　）。

A. 综合行政楼室内消火栓系统设置 1 个消防水泵接合器

B. 养老设施 A 自动喷水灭火系统设置 2 个消防水泵接合器

C. 养老设施 B 湿式报警阀安装高度距离地面 1.0m

D. 综合医疗楼的消防水泵接合器与室外最近消火栓的距离 45m

E. 养老社区所有消防水泵接合器均为地上安装

4. 对消防水泵启动时间的下列检测结果中，不符合规范要求的有（　　）。

A. 综合行政楼湿式报警阀压力开关启动消防水泵的时间为 30s

B. 养老设施消防水泵出水管压力开关启动消防水泵的时间为 45s

C. 养老设施 B 消防水泵出水管压力开关启动消防水泵的时间为 50s

D. 综合医疗楼湿式报警阀压力开关启动消防水泵的时间为 60s

E. 屋顶消防水箱流量开关启动消防水泵的时间为 90s

5. 对消防给水管道的下列检测结果中，符合规范要求的有（　　）。

A. 综合行政楼室内消火栓竖管管径为 DN80

B. 养老设施 A 室内消火栓管道系统压力为 0.4MPa

C. 养老设施 B 自动喷水灭火系统管材为热浸镀锌钢管

D. 综合医疗楼消火栓管道采用热浸镀锌钢管并焊接连接

E. 社区机动车道下管道埋深为 0.90m

6. 对消防水泵控制柜的下列检测结果中，符合规范要求的有（　　）。

A. 位于综合行政楼消防水泵房内的消防水泵控制柜，其防护等级为 IP30

B. 消防水泵控制柜设置了机械应急启泵装置

C. 消防水泵控制柜前面板加装防误操作的锁具

D. 消防水泵控制柜内设有自动防潮除湿装置

E. 消防水泵控制与双电源切换装置组合安装

7. 对高位消防水箱的下列检查结果中，符合规范要求的是（　　）。

A. 只在综合行政楼顶设置一处高位消防水箱

B. 高位消防水箱有效容积 20m³

C. 高位消防水箱出水管直径为 DN65

D. 综合行政楼屋顶试验消火栓处的静水压力 0.075MPa

E. 高位消防水箱采用钢筋混凝土建造

8. 对消防水泵启动方式的下列检测结果中，符合规范要求的有（　　）。

A. 按下消火栓按钮，直接启动消防水泵

B. 消防水泵出水管压力开关直接启动消防水泵

C. 按下手动报警按钮，直接启动消防水泵

D. 湿式报警阀压力开关直接启动消防水泵

E. 水流指示器动作信号直接启动消防水泵

参 考 答 案

1. ABD　　　2. ACDE　　　3. CD　　　4. DE　　　5. CE

6. BCDE　　　7. ABDE　　　8. BD

案例六　某建筑消防给水及消火栓系统检测与验收案例分析

某建筑地下 2 层，地上 40 层，建筑高度 137m。总建筑面积 116 000m²，设有相应的消防设施。

地下二层设有消防水泵房和 540m³ 的室内消防水池。屋顶设置有效容积为 40m³ 的高位消防水箱，其最低有效水位为 141.00m，屋顶水箱间内分别设置消火栓系统和自动喷水灭火系统的稳压装置。

消防水泵房分别设置 2 台（1 用 1 备）消火栓给水泵和自动喷水给水泵。室内消火栓系统和自动喷水灭火系统均分为高、中、低三个分区，中、低区由减压阀减压供水。

地下二层自动喷水灭火系统报警阀室集中设置 8 个湿式报警阀组，在此 8 个报警阀组并安装了 1 个比例式减压阀组，减压阀组前无过滤器。

2015 年 6 月，维保单位对该建筑室内消火栓系统和自动喷水灭火系统进行了检测，情况如下。

（1）检查 40 层屋顶试验消火栓时，其栓口静压为 0.1MPa；打开试验消火栓放水，消火栓给水泵自动启动，栓口压力为 0.65MPa。

（2）检查发现，地下室 8 个湿式报警阀组前的减压阀不定期出现超压现象。

（3）检查自动喷水灭火系统，打开 40 层末端试水装置，水流指示器报警，报警阀组的水力警铃未报警，消防控制室未收到压力开关动作信号、5 min 内未接收到自动喷水给水泵

启动信号。

根据以上材料,回答问题:

1. 简析高位消防水箱有效容积是否符合消防规范的规定。

2. 屋顶试验消火栓静压和动压是否符合要求?如不符合要求,应如何解决?

3. 简述针对该消火栓系统的检测方案。

4. 简述地下室湿式报警阀组前安装的减压阀组存在的问题及解决方法。

5. 指出 40 层末端试水装置放水时,报警阀组的水力警铃、压力开关未工作的原因。

参 考 答 案

扫一扫
第三章
案例六

1. 高位消防水箱有效容积不符合规定。

原因:高于 100m 建筑高位水箱容积应不小于 50m³,高于 150m 建筑高位水箱容积应不小于 100m³。本案例建筑高度为 137m,水箱有效容积为 40m³,所以不符合规定。

2. 屋顶试验消火栓静压不符合要求。

原因及改正方法:当建筑高度超过 100 m 时,高层建筑最不利点消火栓静水压力不应低于 0.15MPa。当不能满足上述静压要求时,应设增压设施。

屋顶试验消火栓动压不符合要求。

原因及改正方法:消火栓栓口处的出水压力大于 0.5MPa 时,应设置减压设施。

3. 消火栓系统的检测方案:

(1)室内消火栓的选型、规格应符合设计要求;

(2)同一建筑物内设置的消火栓应采用统一规格的栓口、水枪和水带及配件;

(3)试验用消火栓栓口处应设置压力表;

(4)室内消火栓处应设置直接启动消防水泵的按钮,并设按钮保护设施,与按钮相连接的控制线应穿管保护;

(5)当消火栓设置减压装置时,应检查减压装置应符合设计要求;

(6)室内消火栓应设置明显的永久性固定标志。

4. 地下室湿式报警阀组前安装的减压阀组存在的问题及解决方法:

(1)存在的问题:在 8 个报警阀组处安装了 1 个比例式减压阀组。

解决方法:减压阀组应该安装在报警阀组入口前,连接两个及以上报警阀组时,应安装备用减压阀。

(2)存在的问题:减压阀组前无过滤器。

解决方法:在减压阀的入口处应设置过滤器。

5. 水力警铃未工作的原因:

(1)产品质量问题或者安装调试不符合要求;

(2)控制口阻塞或者铃锤机构被卡住。

压力开关未工作的原因:

(1)高压球阀渗漏。

（2）高压球阀未关闭到位。

（3）压力开关未复位。

（4）压力开关损坏。

 案例七　某高层公共建筑消防给水及消火栓系统案例分析

　　某高层公共建筑，设有室外消火栓系统和室内湿式消火栓系统，在室内每层设室内消火栓，消火栓间距为 45m，水枪喷嘴直径为 19mm，水带长度为 30m，水带公称直径为 DN60，室内消火栓系统管网布置成枝状，共有 4 根竖管，竖管管径为 DN65。根据《消防给水及消火栓系统技术规范》（GB 50974—2014），该建筑的室内消火栓设计流量为 40L/s，该建筑的室外消火栓设计流量为 40L/s。该建筑在外墙上设置了 2 个墙壁式室外消火栓和 2 个墙壁式水泵接合器，室外消火栓间距 40m，距水泵接合器 50m。

　　根据以上材料，回答问题：

1. 指出室内消火栓设置方面存在的问题及改正措施。

2. 指出室外消火栓和水泵接合器设置方面存在的问题及理由。

3. 根据《消防给水及消火栓系统技术规范》（GB 50974—2014）的规定，哪项场所的室内消火栓给水系统应设置消防水泵接合器？

参 考 答 案

1. 室内消火栓设置方面存在的问题及改正措施如下：

（1）存在的问题：消火栓间距为 45m 不符合要求。

改正措施：增设消火栓，使消火栓间距不大于 30m。

（2）存在的问题：水带长度为 30m，水带公称直径为 DN60 不符合要求。

改正措施：更换为长度不超过 25m，公称直径为 DN65 的消防水带。

（3）存在的问题：室内消火栓系统管网布置成枝状，竖管管径为 DN65 不符合要求。

改正措施：室内消火栓系统管网布置成环状，室内消火栓竖管管径应根据竖管最低流量经计算确定，但不应小于 DN100。

2. 室外消火栓和水泵接合器设置方面存在的问题及理由：

（1）存在的问题：在建筑外墙设置了 2 个墙壁式室外消火栓不符合要求。

理由：室外消火栓设计流量为 40L/s，每个室外消火栓的出流量宜按 10～15L/s 计算，40/15≈3 个，该建筑应至少设置 3 个室外消火栓，且室外消火栓距外墙不宜小于 5m。

（2）存在的问题：设置了 2 个墙壁式水泵接合器，室外消火栓距水泵接合器 50m 不符合要求。

理由：消防水泵接合器的给水流量宜按每个 10～15L/s 计算。室内消火栓设计流量为 40L/s，40/15≈3 个。该建筑应至少设置 3 个水泵接合器。水泵接合器且距室外消火栓距离不宜小于 15m，并不宜大于 40m。

3.《消防给水及消火栓系统技术规范》（GB 50974—2014）第 5.4.1 条规定，下列场所的室内消火栓给水系统应设置消防水泵接合器：

（1）高层民用建筑。

（2）设有消防给水的住宅、超过五层的其他多层民用建筑。

（3）超过 2 层或建筑面积大于 10 000m² 的地下或半地下建筑（室）、室内消火栓设计流量大于 10L/s 平战结合的人防工程。

（4）高层工业建筑和超过四层的多层工业建筑。

（5）城市交通隧道。

第四章 火灾自动报警系统及其他消防设施案例分析

第一节 火灾自动报警系统

一、火灾自动报警系统的设置场所

（1）根据《建筑设计防火规范》（GB 50016—2014，2018 年版）第 8.4.1 条规定，下列建筑或场所应设置火灾自动报警系统：

① 任一层建筑面积大于 1500m² 或总建筑面积大于 3000m² 的制鞋、制衣、玩具、电子等类似用途的厂房。

② 每座占地面积大于 1000m² 的棉、毛、丝、麻、化纤及其制品的仓库，占地面积大于 500m² 或总建筑面积大于 1000m² 的卷烟仓库。

③ 任一层建筑面积大于 1500m² 或总建筑面积大于 3000m² 的商店、展览、财贸金融、客运和货运等类似用途的建筑，总建筑面积大于 500m² 的地下或半地下商店。

④ 图书或文物的珍藏库，每座藏书超过 50 万册的图书馆，重要的档案馆。

⑤ 地市级及以上广播电视建筑、邮政建筑、电信建筑，城市或区域性电力、交通和防灾等指挥调度建筑。

⑥ 特等、甲等剧场，座位数超过 1500 个的其他等级的剧场或电影院，座位数超过 2000 个的会堂或礼堂，座位数超过 3000 个的体育馆。

⑦ 大、中型幼儿园的儿童用房等场所，老年人照料设施，任一层建筑面积大于 1500m² 或总建筑面积大于 3000m² 的疗养院的病房楼、旅馆建筑和其他儿童活动场所，不少于 200 床位的医院门诊楼、病房楼和手术部等。

⑧ 歌舞娱乐放映游艺场所。

⑨ 净高大于 2.6m 且可燃物较多的技术夹层，净高大于 0.8m 且有可燃物的闷顶或吊顶内。

⑩ 电子信息系统的主机房及其控制室、记录介质库，特殊贵重或火灾危险性大的机器、仪表、仪器设备室、贵重物品库房。

⑪ 二类高层公共建筑内建筑面积大于 50m² 的可燃物品库房和建筑面积大于 500m² 的营业厅。

⑫ 其他一类高层公共建筑。

⑬ 设置机械排烟、防烟系统、雨淋或预作用自动喷水灭火系统、固定消防水炮灭火系统、气体灭火系统等需与火灾自动报警系统连锁动作的场所或部位。

注：老年人照料设施中的老年人用房及其公共走道，均应设置火灾探测器和声警报装置或消防广播。

（2）根据《建筑设计防火规范》（GB 50016—2014，2018 年版）第 8.4.2 条规定，建筑高度大于 100m 的住宅建筑，应设置火灾自动报警系统。建筑高度大于 54m 但不大于 100m 的住宅建筑，其公共部位应设置火灾自动报警系统，套内宜设置火灾探测器。建筑高度不大于 54m 的高层住宅建筑，其公共部位宜设置火灾自动报警系统。当设置需联动控制的消防设施时，公共部位应设置火灾自动报警系统。高层住宅建筑的公共部位应设置具有语音功能的火灾声警报装置或应急广播。

（3）根据《建筑设计防火规范》（GB 50016—2014，2018 年版）第 8.4.3 条规定，建筑内可能散发可燃气体、可燃蒸气的场所应设置可燃气体报警装置。

二、火灾自动报警系统一般规定

（一）火灾报警控制器和消防联动控制器的设计容量

《火灾自动报警系统设计规范》（GB 50116—2013）第 3.1.5 条规定，任一台火灾报警控制器所连接的火灾探测器、手动火灾报警按钮和模块等设备总数和地址总数，均不应超过 3200 点，其中每一总线回路连接设备的总数不宜超过 200 点，且应留有不少于额定容量 10% 的余量；任一台消防联动控制器地址总数或火灾报警控制器（联动型）所控制的各类模块总数不应超过 1600 点，每一联动总线回路连接设备的总数不宜超过 100 点，且应留有不少于额定容量 10%的余量。

（二）总线短路隔离器的设计参数

《火灾自动报警系统设计规范》（GB 50116—2013）第 3.1.6 条规定，系统总线上应设置总线短路隔离器，每只总线短路隔离器保护的火灾探测器、手动火灾报警按钮和模块等消防设备的总数不应超过 32 点；总线穿越防火分区时，应在穿越处设置总线短路隔离器。

三、火灾自动报警系统形式的选择和设计要求

（一）火灾自动报警系统形式的选择

根据《火灾自动报警系统设计规范》（GB 50116—2013）第 3.2.1 条，火灾自动报警系统形式的选择，应符合下列规定：

（1）仅需要报警，不需要联动自动消防设备的保护对象宜采用区域报警系统。

（2）不仅需要报警，同时需要联动自动消防设备，且只设置一台具有集中控制功能的火灾报警控制器和消防联动控制器的保护对象，应采用集中报警系统，并应设置一个消防控制室。

（3）设置两个及以上消防控制室的保护对象，或已设置两个及以上集中报警系统的保护对象，应采用控制中心报警系统。

（二）火灾自动报警系统的设计要求

火灾自动报警系统的设计要求，见表 4-1。

表 4-1 　　　　　　　　　火灾自动报警系统的设计要求

类别	具体规定
区域报警系统的设计	根据《火灾自动报警系统设计规范》（GB 50116—2013）第 3.2.2 条，区域报警系统的设计，应符合下列规定： （1）系统应由火灾探测器、手动火灾报警按钮、火灾声光警报器及火灾报警控制器等组成，系统中可包括消防控制室图形显示装置和指示楼层的区域显示器。 （2）火灾报警控制器应设置在有人值班的场所。 （3）系统设置消防控制室图形显示装置时，该装置应具有传输本规范附录 A 和附录 B 规定的有关信息的功能；系统未设置消防控制室图形显示装置时，应设置火警传输设备
集中报警系统的设计	根据《火灾自动报警系统设计规范》（GB 50116—2013）第 3.2.3 条，集中报警系统的设计，应符合下列规定： （1）系统应由火灾探测器、手动火灾报警按钮、火灾声光警报器、消防应急广播、消防专用电话、消防控制室图形显示装置、火灾报警控制器、消防联动控制器等组成。 （2）系统中的火灾报警控制器、消防联动控制器和消防控制室图形显示装置、消防应急广播的控制装置、消防专用电话总机等起集中控制作用的消防设备，应设置在消防控制室内。 （3）系统设置的消防控制室图形显示装置应具有传输本规范附录 A 和附录 B 规定的有关信息的功能
控制中心报警系统的设计	根据《火灾自动报警系统设计规范》（GB 50116—2013）第 3.2.4 条，控制中心报警系统的设计，应符合下列规定： （1）有两个及以上消防控制室时，应确定一个主消防控制室。 （2）主消防控制室应能显示所有火灾报警信号和联动控制状态信号，并应能控制重要的消防设备；各分消防控制室内消防设备之间可互相传输、显示状态信息，但不应互相控制。 （3）系统设置的消防控制室图形显示装置应具有传输本规范附录 A 和附录 B 规定的有关信息的功能

四、火灾自动报警系统报警区域和探测区域的划分

报警区域和探测区域的划分，见表 4-2。

表 4-2 　　　　　　　　　报警区域和探测区域的划分

项目	具体规定
报警区域的划分	根据《火灾自动报警系统设计规范》（GB 50116—2013）第 3.3.1 条，报警区域的划分应符合下列规定： （1）报警区域应根据防火分区或楼层划分；可将一个防火分区或一个楼层划分为一个报警区域，也可将发生火灾时需要同时联动消防设备的相邻几个防火分区或楼层划分为一个报警区域。 （2）电缆隧道的一个报警区域宜由一个封闭长度区间组成，一个封闭长度区间不应超过相连的 3 个封闭长度区间；道路隧道的报警区域应根据排烟系统或灭火系统的联动需要确定，且不宜超过 150m。 （3）甲、乙、丙类液体储罐区的报警区域应由一个储罐区组成，每个 50 000m³ 及以上的外浮顶储罐应单独划分为一个报警区域。 （4）列车的报警区域应按车厢划分，每节车厢应划分为一个报警区域
探测区域的划分	根据《火灾自动报警系统设计规范》（GB 50116—2013）第 3.3.2 条，探测区域的划分应符合下列规定： （1）探测区域应按独立房（套）间划分。一个探测区域的面积不宜超过 500m²；从主要入口能看清其内部，且面积不超过 1000m² 的房间，也可划为一个探测区域。 （2）红外光束感烟火灾探测器和缆式线型感温火灾探测器的探测区域的长度，不宜超过 100m；空气管差温火灾探测器的探测区域长度宜为 20~100m
单独划分探测区域	根据《火灾自动报警系统设计规范》（GB 50116—2013）第 3.3.3 条规定，下列场所应单独划分探测区域： （1）敞开或封闭楼梯间、防烟楼梯间。 （2）防烟楼梯间前室、消防电梯前室、消防电梯与防烟楼梯间合用的前室、走道、坡道。 （3）电气管道井、通信管道井、电缆隧道。 （4）建筑物闷顶、夹层

五、消防控制室

（一）消防控制室的一般要求

《消防控制室通用技术要求》（GB 25506—2010）第 3.1 条规定，消防控制室内设置的消防设备应包括火灾报警控制器、消防联动控制器、消防控制室图形显示装置、消防电话总机、消防应急广播控制装置、消防应急照明和疏散指示系统控制装置、消防电源监控器等设备，或具有相应功能的组合设备。

第 3.4 条规定，具有两个或两个以上消防控制室时，应确定主消防控制室和分消防控制室。主消防控制室的消防设备应对系统内共用的消防设备进行控制，并显示其状态信息；主消防控制室内的消防设备应能显示各分消防控制室内消防设备的状态信息，并可对分消防控制室内的消防设备及其控制的消防系统和设备进行控制；各分消防控制室之间的消防设备之间可以互相传输、显示状态信息，但不应互相控制。

（二）消防控制室管理及应急程序

消防控制室管理及应急程序，见表 4-3。

表 4-3　　　　　　　　　　　　　　消防控制室管理及应急程序

项目	具体规定
消防控制室管理	《消防控制室通用技术要求》（GB 25506—2010）第 4.2.1 条规定，消防控制室管理应符合下列要求： （1）应实行每日 24h 专人值班制度，每班不应少于 2 人，值班人员应持有消防控制室操作职业资格证书。 （2）消防设施日常维护管理应符合《建筑消防设施的维护管理》（GB 25201）的要求。 （3）应确保火灾自动报警系统、灭火系统和其他联动控制设备处于正常工作状态，不得将应处于自动状态的设在手动状态。 （4）应确保高位消防水箱、消防水池、气压水罐等消防储水设施水量充足，确保消防泵出水管阀门、自动喷水灭火系统管道上的阀门常开；确保消防水泵、防排烟风机、防火卷帘等消防用电设备的配电柜启动开关处于自动位置（通电状态）
消防控制室的值班应急程序	《消防控制室通用技术要求》（GB 25506—2010）中第 4.2.2 条规定，消防控制室的值班应急程序应符合下列要求： （1）接到火灾警报后，值班人员应立即以最快方式确认。 （2）火灾确认后，值班人员应立即确认火灾报警联动控制开关处于自动状态，同时拨打"119"报警，报警时应说明着火单位地点、起火部位、着火物种类、火势大小、报警人姓名和联系电话。 （3）值班人员应立即启动单位内部应急疏散和灭火预案，并同时报告单位负责人

（三）消防控制室的设备布置

《火灾自动报警系统设计规范》（GB 50116—2013）第 3.4.8 条，消防控制室内设备的布置应符合下列规定：

（1）设备面盘前的操作距离，单列布置时不应小于 1.5m；双列布置时不应小于 2m。

（2）在值班人员经常工作的一面，设备面盘至墙的距离不应小于 3m。

（3）设备面盘后的维修距离不宜小于 1m。

（4）设备面盘的排列长度大于 4m 时，其两端应设置宽度不小于 1m 的通道。

（5）与建筑其他弱电系统合用的消防控制室内，消防设备应集中设置，并应与其他设备间有明显间隔。

六、消防联动控制设计

（一）自动喷水灭火系统的联动控制设计

自动喷水灭火系统的联动控制设计，见表4-4。

表4-4　　　　　　　　　　　自动喷水灭火系统的联动控制设计

项目	具体规定
湿式系统和干式系统的联动控制设计	根据《火灾自动报警系统设计规范》（GB 50116—2013）第4.2.1条，湿式系统和干式系统的联动控制设计，应符合下列规定： （1）联动控制方式，应由湿式报警阀压力开关的动作信号作为触发信号，直接控制启动喷淋消防泵，联动控制不应受消防联动控制器处于自动或手动状态影响。 （2）手动控制方式，应将喷淋消防泵控制箱（柜）的启动、停止按钮用专用线路直接连接至设置在消防控制室内的消防联动控制器的手动控制盘，直接手动控制喷淋消防泵的启动、停止。 （3）水流指示器、信号阀、压力开关、喷淋消防泵的启动和停止的动作信号应反馈至消防联动控制器
预作用系统的联动控制设计	根据《火灾自动报警系统设计规范》（GB 50116—2013）第4.2.2条，预作用系统的联动控制设计，应符合下列规定： （1）联动控制方式，应由同一报警区域内两只及以上独立的感烟火灾探测器或一只感烟火灾探测器与一只手动火灾报警按钮的报警信号，作为预作用阀组开启的联动触发信号。由消防联动控制器控制预作用阀组的开启，使系统转变为湿式系统；当系统设有快速排气装置时，应联动控制排气阀前的电动阀的开启。湿式系统的联动控制设计应符合本规范第4.2.1条的规定。 （2）手动控制方式，应将喷淋消防泵控制箱（柜）的启动和停止按钮、预作用阀组和快速排气阀入口前的电动阀的启动和停止按钮，用专用线路直接连接至设置在消防控制室内的消防联动控制器的手动控制盘，直接手动控制喷淋消防泵的启动、停止及预作用阀组和电动阀的开启。 （3）水流指示器、信号阀、压力开关、喷淋消防泵的启动和停止的动作信号，有压气体管道气压状态信号和快速排气阀入口前电动阀的动作信号应反馈至消防联动控制器

（二）防烟排烟系统的联动控制设计

防烟排烟系统的联动控制设计，见表4-5。

表4-5　　　　　　　　　　　防烟排烟系统的联动控制设计

项目	具体规定
防烟系统的联动控制方式	根据《火灾自动报警系统设计规范》（GB 50116—2013）第4.5.1条，防烟系统的联动控制方式应符合下列规定： （1）应由加压送风口所在防火分区内的两只独立的火灾探测器或一只火灾探测器与一只手动火灾报警按钮的报警信号，作为送风口开启和加压送风机启动的联动触发信号，并应由消防联动控制器联动控制相关层前室等需要加压送风场所的加压送风口开启和加压送风机启动。 （2）应由同一防烟分区内且位于电动挡烟垂壁附近的两只独立的感烟火灾探测器的报警信号，作为电动挡烟垂壁降落的联动触发信号，并应由消防联动控制器联动控制电动挡烟垂壁的降落
排烟系统的联动控制方式	根据《火灾自动报警系统设计规范》（GB 50116—2013）第4.5.2条，排烟系统的联动控制方式应符合下列规定： （1）应由同一防烟分区内的两只独立的火灾探测器的报警信号，作为排烟口、排烟窗或排烟阀开启的联动触发信号，并应由消防联动控制器联动控制排烟口、排烟窗或排烟阀的开启，同时停止该防烟分区的空气调节系统。 （2）应由排烟口、排烟窗或排烟阀开启的动作信号，作为排烟风机启动的联动触发信号，并应由消防联动控制器联动控制排烟风机的启动
防烟系统、排烟系统的手动控制方式	《火灾自动报警系统设计规范》（GB 50116—2013）第4.5.3条规定，防烟系统、排烟系统的手动控制方式，应能在消防控制室内的消防联动控制器上手动控制送风口、电动挡烟垂壁、排烟口、排烟窗、排烟阀的开启或关闭及防烟风机、排烟风机等设备的启动或停止，防烟、排烟风机的启动、停止按钮应采用专用线路直接连接至设置在消防控制室内的消防联动控制器的手动控制盘，并应直接手动控制防烟、排烟风机的启动、停止

续表

项目	具体规定
排烟口、排烟阀和排烟风机入口处的排烟防火阀的开启和关闭的联动反馈信号要求	《火灾自动报警系统设计规范》（GB 50116—2013）第 4.5.4 条规定，送风口、排烟口、排烟窗或排烟阀开启和关闭的动作信号，防烟、排烟风机启动和停止及电动防火阀关闭的动作信号，均应反馈至消防联动控制器。 第 4.5.5 条规定，排烟风机入口处的总管上设置的 280℃排烟防火阀在关闭后应直接联动控制风机停止，排烟防火阀及风机的动作信号应反馈至消防联动控制器

（三）防火卷帘系统的联动控制设计

防火卷帘系统的联动控制设计，见表 4-6。

表 4-6 防火卷帘系统的联动控制设计

项目	具体规定
防火卷帘控制器的设置要求	《火灾自动报警系统设计规范》（GB 50116—2013）第 4.6.2 条规定，防火卷帘的升降应由防火卷帘控制器控制
疏散通道上设置的防火卷帘的联动控制设计要求	根据《火灾自动报警系统设计规范》（GB 50116—2013）第 4.6.3 条，疏散通道上设置的防火卷帘的联动控制设计，应符合下列规定： （1）联动控制方式，防火分区内任两只独立的感烟火灾探测器或任一只专门用于联动防火卷帘的感烟火灾探测器的报警信号应联动控制防火卷帘下降至距楼板面 1.8m 处；任一只专门用于联动防火卷帘的感温火灾探测器的报警信号应联动控制防火卷帘下降到楼板面；在卷帘的任一侧距卷帘纵深 0.5～5m 内应设置不少于 2 只专门用于联动防火卷帘的感温火灾探测器。 （2）手动控制方式，应由防火卷帘两侧设置的手动控制按钮控制防火卷帘的升降
非疏散通道上设置的防火卷帘的联动控制设计要求	根据《火灾自动报警系统设计规范》（GB 50116—2013）第 4.6.4 条，非疏散通道上设置的防火卷帘的联动控制设计，应符合下列规定： （1）联动控制方式，应由防火卷帘所在防火分区内任两只独立的火灾探测器的报警信号，作为防火卷帘下降的联动触发信号，并应联动控制防火卷帘直接下降到楼板面。 （2）手动控制方式，应由防火卷帘两侧设置的手动控制按钮控制防火卷帘的升降，并应能在消防控制室内的消防联动控制器上手动控制防火卷帘的降落
防火卷帘系统的联动反馈信号要求	《火灾自动报警系统设计规范》（GB 50116—2013）第 4.6.5 条规定，防火卷帘下降至距楼板面 1.8m 处、下降到楼板面的动作信号和防火卷帘控制器直接连接的感烟、感温火灾探测器的报警信号，应反馈至消防联动控制器

（四）火灾警报和消防应急广播系统的联动控制设计

根据《火灾自动报警系统设计规范》（GB 50116—2013）第 4.8.1、4.8.2、4.8.4～4.8.9 条规定：

（1）火灾自动报警系统应设置火灾声光警报器，并应在确认火灾后启动建筑内的所有火灾声光警报器。

（2）未设置消防联动控制器的火灾自动报警系统，火灾声光警报器应由火灾报警控制器控制；设置消防联动控制器的火灾自动报警系统，火灾声光警报器应由火灾报警控制器或消防联动控制器控制。

（3）火灾声警报器设置带有语音提示功能时，应同时设置语音同步器。

（4）同一建筑内设置多个火灾声警报器时，火灾自动报警系统应能同时启动和停止所有火灾声警报器工作。

（5）火灾声警报器单次发出火灾警报时间宜为 8～20s，同时设有消防应急广播时，火灾声警报应与消防应急广播交替循环播放。

（6）集中报警系统和控制中心报警系统应设置消防应急广播。

（7）消防应急广播系统的联动控制信号应由消防联动控制器发出。当确认火灾后，应同时向全楼进行广播。

（8）消防应急广播的单次语音播放时间宜为10～30s，应与火灾声警报器分时交替工作，可采取1次火灾声警报器播放、1次或2次消防应急广播播放的交替工作方式循环播放。

七、火灾探测器的选择

（一）点型火灾探测器的选择

（1）《火灾自动报警系统设计规范》（GB 50116—2013）第5.2.1条规定，对不同高度的房间，可按表4-7选择点型火灾探测器。

表4-7　　　　　　　　　对不同高度的房间点型火灾探测器的选择

房间高度 h（m）	点型感烟火灾探测器	点型感温火灾探测器			火焰探测器
		A1、A2	B	C、D、E、F、G	
12<h≤20	不适合	不适合	不适合	不适合	适合
8<h≤12	适合	不适合	不适合	不适合	适合
6<h≤8	适合	适合	不适合	不适合	适合
4<h≤6	适合	适合	适合	不适合	适合
h≤4	适合	适合	适合	适合	适合

（2）《火灾自动报警系统设计规范》（GB 50116—2013）第5.2.2条规定，下列场所宜选择点型感烟火灾探测器：

① 饭店、旅馆、教学楼、办公楼的厅堂、卧室、办公室、商场、列车载客车厢等。

② 计算机房、通信机房、电影或电视放映室等。

③ 楼梯、走道、电梯机房、车库等。

④ 书库、档案库等。

（3）《火灾自动报警系统设计规范》（GB 50116—2013）第5.2.9条规定，探测区域内正常情况下有高温物体的场所，不宜选择单波段红外火焰探测器。

（4）《火灾自动报警系统设计规范》（GB 50116—2013）第5.2.10条规定，正常情况下有明火作业，探测器易受X射线、弧光和闪电等影响的场所，不宜选择紫外火焰探测器。

（5）《火灾自动报警系统设计规范》（GB 50116—2013）第5.2.11条规定，下列场所宜选择可燃气体探测器：使用可燃气体的场所；燃气站和燃气表房以及存储液化石油气罐的场所；其他散发可燃气体和可燃蒸气的场所。

（二）线型火灾探测器的选择

（1）《火灾自动报警系统设计规范》（GB 50116—2013）第5.3.1条规定，无遮挡的大空间或有特殊要求的房间，宜选择线型光束感烟火灾探测器。

（2）《火灾自动报警系统设计规范》（GB 50116—2013）第5.3.4条规定，下列场所或部位，宜选择线型光纤感温火灾探测器：除液化石油气外的石油储罐；需要设置线型感温火灾探测器的易燃易爆场所；需要监测环境温度的地下空间等场所宜设置具有实时温度监测功能的线型光纤感温火灾探测器；公路隧道、敷设动力电缆的铁路隧道和城市地铁隧道等。

（三）线型火灾探测器的选择

《火灾自动报警系统设计规范》（GB 50116—2013）第 5.4.1 条规定，下列场所宜选择吸气式感烟火灾探测器：

（1）具有高速气流的场所。

（2）点型感烟、感温火灾探测器不适宜的大空间、舞台上方、建筑高度超过 12m 或有特殊要求的场所。

（3）低温场所。

（4）需要进行隐蔽探测的场所。

（5）需要进行火灾早期探测的重要场所。

（6）人员不宜进入的场所。

八、火灾自动报警系统设备的设置

（一）火灾报警控制器和消防联动控制器的设置

根据《火灾自动报警系统设计规范》（GB 50116—2013）第 6.1.3、6.1.4 条规定：

（1）火灾报警控制器和消防联动控制器安装在墙上时，其主显示屏高度宜为 1.5～1.8m，其靠近门轴的侧面距墙不应小于 0.5m，正面操作距离不应小于 1.2m。

（2）集中报警系统和控制中心报警系统中的区域火灾报警控制器在满足下列条件时，可设置在无人值班的场所：

① 本区域内无需要手动控制的消防联动设备。

② 本火灾报警控制器的所有信息在集中火灾报警控制器上均有显示，且能接收起集中控制功能的火灾报警控制器的联动控制信号，并自动启动相应的消防设备。

③ 设置的场所只有值班人员可以进入。

（二）火灾探测器的设置

根据《火灾自动报警系统设计规范》（GB 50116—2013）第 6.2.2、6.2.4～6.2.6、6.2.8 条规定：

（1）点型火灾探测器的设置应符合下列规定：

① 探测区域的每个房间应至少设置一只火灾探测器。

② 感烟火灾探测器和 A1、A2、B 型感温火灾探测器的保护面积和保护半径，应按表 6.2.2 确定；C、D、E、F、G 型感温火灾探测器的保护面积和保护半径，应根据生产企业设计说明书确定，但不应超过表 4-8 的规定。

表 4-8　感烟火灾探测器和 A1、A2、B 型感温火灾探测器的保护面积和保护半径

火灾探测器的种类	地面面积 S（m²）	房间高度 h（m）	一只探测器的保护面积 A 和保护半径 R					
			屋顶坡度 θ					
			$\theta \leqslant 15°$		$15° < \theta \leqslant 30°$		$\theta \geqslant 30°$	
			A（m²）	R（m）	A（m²）	R（m）	A（m²）	R（m）
感烟火灾探测器	$S \leqslant 80$	$h \leqslant 12$	80	6.7	80	7.2	80	8.0

火灾探测器的种类	地面面积 S（m²）	房间高度 h（m）	一只探测器的保护面积 A 和保护半径 R					
			屋顶坡度 θ					
			$\theta \leqslant 15°$		$15° < \theta \leqslant 30°$		$\theta \geqslant 30°$	
			A（m²）	R（m）	A（m²）	R（m）	A（m²）	R（m）
感烟火灾探测器	$S > 80$	$6 < h \leqslant 12$	80	6.7	100	8.0	120	9.9
		$h \leqslant 6$	60	5.8	80	7.2	100	9.0
感温火灾探测器	$S \leqslant 30$	$h \leqslant 8$	30	4.4	30	4.9	30	5.5
	$S > 30$	$h \leqslant 8$	20	3.6	30	4.9	40	6.3

注：建筑高度不超过 14m 的封闭探测空间，且火灾初期会产生大量的烟时，可设置点型感烟火灾探测器。

③ 感烟火灾探测器、感温火灾探测器的安装间距，应根据探测器的保护面积 A 和保护半径 R 确定，并不应超过本规范附录 E 探测器安装间距的极限曲线 $D_1 \sim D_{11}$（含 D_9'）规定的范围。

④ 一只探测区域内所需设置的探测器数量，不应小于下列公式的计算值：

$$N = \frac{S}{K \cdot A}$$

式中　N——探测器数量（只），N 应取整数；

S——该探测区域面积（m²）；

K——修正系数，容纳人数超过 10 000 人的公共场所宜取 0.7～0.8；容纳人数为 2000～10 000 人的公共场所宜取 0.8～0.9，容纳人数为 500～2000 人的公共场所宜取 0.9～1.0，其他场所可取 1.0；

A——探测器的保护面积（m²）。

（2）在宽度小于 3m 的内走道顶棚上设置点型探测器时，宜居中布置。感温火灾探测器的安装间距不应超过 10m；感烟火灾探测器的安装间距不应超过 15m；探测器至端墙的距离，不应大于探测器安装间距的 1/2。

（3）点型探测器至墙壁、梁边的水平距离，不应小于 0.5m。

（4）点型探测器周围 0.5m 内，不应有遮挡物。

（5）点型探测器至空调送风口边的水平距离不应小于 1.5m，并宜接近回风口安装。探测器至多孔送风顶棚孔口的水平距离不应小于 0.5m。

（三）手动火灾报警按钮的设置

根据《火灾自动报警系统设计规范》（GB 50116—2013）第 6.3.1 条规定，每个防火分区应至少设置一只手动火灾报警按钮。从一个防火分区内的任何位置到最邻近的手动火灾报警按钮的步行距离不应大于 30m。手动火灾报警按钮宜设置在疏散通道或出入口处。列车上设置的手动火灾报警按钮，应设置在每节车厢的出入口和中间部位。

根据《火灾自动报警系统设计规范》（GB 50116—2013）第 6.3.2 条规定，手动火灾报警按钮应设置在明显和便于操作的部位。当采用壁挂方式安装时，其底边距地高度宜为 1.3～1.5m，且应有明显的标志。

九、可燃气体探测报警系统

（一）可燃气体探测器的设置

根据《火灾自动报警系统设计规范》（GB 50116—2013）第 8.2.1 条规定，探测气体密度小于空气密度的可燃气体探测器应设置在被保护空间的顶部，探测气体密度大于空气密度的可燃气体探测器应设置在被保护空间的下部，探测气体密度与空气密度相当时，可燃气体探测器可设置在被保护空间的中间部位或顶部。

根据《火灾自动报警系统设计规范》（GB 50116—2013）第 8.2.2 条规定，可燃气体探测器宜设置在可能产生可燃气体部位附近。

（二）可燃气体报警控制器的设置

根据《火灾自动报警系统设计规范》（GB 50116—2013）第 8.3.1 条规定，当有消防控制室时，可燃气体报警控制器可设置在保护区域附近；当无消防控制室时，可燃气体报警控制器应设置在有人值班的场所。

十、火灾自动报警系统施工

（一）布线

根据《火灾自动报警系统施工及验收标准》（GB 50166—2019）第 3.2.1、3.2.2、3.2.13、3.2.14 条规定：

（1）各类管路明敷时，应采用单独的卡具吊装或支撑物固定，吊杆直径不应小于 6mm。

（2）各类管路暗敷时，应敷设在不燃结构内，且保护层厚度不应小于 30mm。

（3）线缆在管内或槽盒内不应有接头或扭结。导线应在接线盒内采用焊接、压接、接线端子可靠连接。

（4）从接线盒、槽盒等处引到探测器底座、控制设备、扬声器的线路，当采用可弯曲金属电气导管保护时，其长度不应大于 2m。可弯曲金属电气导管应入盒，盒外侧应套锁母，内侧应装护口。

（二）系统部件的安装

1. 探测器安装

（1）根据《火灾自动报警系统施工及验收标准》（GB 50166—2019）第 3.3.6 条，点型感烟火灾探测器、点型感温火灾探测器、一氧化碳火灾探测器、点型家用火灾探测器、独立式火灾探测报警器的安装，应符合下列规定：

① 探测器至墙壁、梁边的水平距离不应小于 0.5m。

② 探测器周围水平距离 0.5m 内不应有遮挡物。

③ 探测器至空调送风口最近边的水平距离不应小于 1.5m，至多孔送风顶棚孔口的水平距离不应小于 0.5m。

④ 在宽度小于 3m 的内走道顶棚上安装探测器时，宜居中安装，点型感温火灾探测器的安装间距不应超过 10m，点型感烟火灾探测器的安装间距不应超过 15m，探测器至端墙的距离不应大于安装间距的一半。

⑤ 探测器宜水平安装，当确需倾斜安装时，倾斜角不应大于 45°。

（2）根据《火灾自动报警系统施工及验收标准》（GB 50166—2019）第3.3.11条，可燃气体探测器的安装应符合下列规定：

① 安装位置应根据探测气体密度确定，若其密度小于空气密度，探测器应位于可能出现泄漏点的上方或探测气体的最高可能聚集点上方，若其密度大于或等于空气密度，探测器应位于可能出现泄漏点的下方。

② 在探测器周围应适当留出更换和标定的空间。

③ 线型可燃气体探测器在安装时，应使发射器和接收器的窗口避免日光直射，且在发射器与接收器之间不应有遮挡物，发射器和接收器的距离不宜大于60m，两组探测器之间的轴线距离不应大于14m。

（3）根据《火灾自动报警系统施工及验收标准》（GB 50166—2019）第3.3.13条，探测器底座的安装应符合下列规定：

① 应安装牢固，与导线连接应可靠压接或焊接，当采用焊接时，不应使用带腐蚀性的助焊剂。

② 连接导线应留有不小于150mm的余量，且在其端部应设置明显的永久性标识。

③ 穿线孔宜封堵，安装完毕的探测器底座应采取保护措施。

2. 系统其他部件安装

（1）根据《火灾自动报警系统施工及验收标准》（GB 50166—2019）第3.3.16条，手动火灾报警按钮、消火栓按钮、防火卷帘手动控制装置、气体灭火系统手动与自动控制转换装置、气体灭火系统现场启动和停止按钮的安装，应符合下列规定：

① 手动火灾报警按钮、防火卷帘手动控制装置、气体灭火系统手动与自动控制转换装置、气体灭火系统现场启动和停止按钮应设置在明显和便于操作的部位，其底边距地（楼）面的高度宜为1.3～1.5m，且应设置明显的永久性标识，消火栓按钮应设置在消火栓箱内，疏散通道上设置的防火卷帘两侧均应设置手动控制装置。

② 应安装牢固，不应倾斜。

③ 连接导线应留有不小于150mm的余量，且在其端部应设置明显的永久性标识。

（2）根据《火灾自动报警系统施工及验收标准》（GB 50166—2019）第3.3.19条规定，消防应急广播扬声器、火灾警报器、喷洒光警报器、气体灭火系统手动与自动控制状态显示装置的安装，应符合下列规定：

① 扬声器和火灾声警报装置宜在报警区域内均匀安装，扬声器在走道内安装时，距走道末端的距离不应大于12.5m。

② 火灾光警报装置应安装在楼梯口、消防电梯前室、建筑内部拐角等处的明显部位，且不宜与消防应急疏散指示标志灯具安装在同一面墙上，确需安装在同一面墙上时，距离不应小于1m。

③ 气体灭火系统手动与自动控制状态显示装置应安装在防护区域内的明显部位，喷洒光警报器应安装在防护区域外，且应安装在出口门的上方。

④ 采用壁挂方式安装时，底边距地面高度应大于2.2m。

⑤ 应安装牢固，表面不应有破损。

十一、火灾自动报警系统调试

（一）火灾报警控制器调试

《火灾自动报警系统施工及验收标准》（GB 50166—2019）第4.3.1、4.3.2条规定：

（1）应切断火灾报警控制器的所有外部控制连线，并将任意一个总线回路的火灾探测器、手动火灾报警按钮等部件相连接后接通电源，使控制器处于正常监视状态。

（2）应对火灾报警控制器下列主要功能进行检查并记录,控制器的功能应符合现行国家标准《火灾报警控制器》（GB 4717）的规定：自检功能；操作级别；屏蔽功能；主、备电源的自动转换功能；故障报警功能（备用电源连线故障报警功能、配接部件连线故障报警功能）；短路隔离保护功能；火警优先功能；消音功能；二次报警功能；负载功能；复位功能。

（二）消防联动控制器调试

根据《火灾自动报警系统施工及验收标准》（GB 50166—2019）第4.5.2条，应对消防联动控制器下列主要功能进行检查并记录,控制器的功能应符合现行国家标准《消防联动控制系统》（GB 16806）的规定：自检功能；操作级别；屏蔽功能；主、备电源的自动转换功能；故障报警功能（备用电源连线故障报警功能、配接部件连线故障报警功能）；总线隔离器的隔离保护功能；消音功能；控制器的负载功能；复位功能；控制器自动和手动工作状态转换显示功能。

十二、火灾自动报警系统常见故障及处理方法

1. 常见故障及处理方法

常见故障及处理方法，见表4-9。

表4-9 常见故障及处理方法

故障类型	内　　容
火灾探测器故障	（1）故障现象：火灾报警控制器发出故障报警，故障指示灯亮，打印机打印探测器故障类型、时间、部位等。 （2）故障原因：探测器与底座脱落，接触不良；报警总线与底座接触不良；报警总线开路或接地性能不良造成短路；探测器本身损坏；探测器接口板故障。 （3）排除方法：重新拧紧探测器或增大底座与探测器卡簧的接触面积；重新压接总线，使之与底座有良好接触；查出有故障的总线位置，予以更换；更换探测器；维修或更换接口板
主用电源故障	（1）故障现象：火灾报警控制器发出故障报警，主用电源故障灯亮，打印机打印主电故障、时间。 （2）故障原因：市电停电，电源线接触不良，主电熔丝熔断等。 （3）排除方法：连续停电8h时应关机，主电正常后再开机；重新接主用电源线，或使用烙铁焊接牢固；更换熔丝或熔丝管
通信故障	（1）故障现象：火灾报警控制器发出故障报警，通信故障灯亮，打印机打印通信故障、时间。 （2）故障原因：区域报警控制器损坏或未通电、开机，通信接口板损坏，通信线路短路、开路或接地性能不良造成短路。 （3）排除方法：更换设备，使设备供电正常，开启报警控制器；检查区域报警控制器与集中报警控制器的通信线路，若存在开路、短路、接地接触不良等故障，则更换线路；检查区域报警控制器与集中报警控制器的通信板，若存在故障，则维修或更换通信板；若因为探测器或模块等设备造成通信故障，则更换或维修相应设备

2. 火灾自动报警系统误报的原因

（1）产品质量。

（2）设备选择和布置不当：探测器选型不合理、使用场所性质变化后未及时更换相适应的探测器。

（3）环境因素：电磁环境干扰；气流；感温探测器布置得距高温光源过近；光电感烟探测器安装在可能产生黑烟和大量粉尘、水蒸气和油雾等的场所。

（4）其他原因：系统接地被忽略或达不到标准要求；元件老化；灰尘和昆虫；探测器损坏。

第二节　其 他 消 防 设 施

一、气体灭火系统

（一）气体灭火系统的设计

1. 气体灭火系统的设计的一般规定

（1）根据《气体灭火系统设计规范》（GB 50370—2005）第 3.1.4 和 3.1.5 条规定，两个或两个以上的防护区采用组合分配系统时，一个组合分配系统所保护的防护区不应超过 8 个。组合分配系统的灭火剂储存量，应按储存量最大的防护区确定。

（2）根据《气体灭火系统设计规范》（GB 50370—2005）第 3.1.9~3.1.11 条，气体灭火系统的设计应符合的规定如下：

① 同一集流管上的储存容器，其规格、充压压力和充装量应相同。

② 同一防护区，当设计两套或三套管网时，集流管可分别设置，系统启动装置必须共用。各管网上喷头流量均应按同一灭火设计浓度、同一喷放时间进行设计。

③ 管网上不应采用四通管件进行分流。

（3）根据《气体灭火系统设计规范》（GB 50370—2005）第 3.1.12 条，喷头的保护高度和保护半径，应符合下列规定：

① 最大保护高度不宜大于 6.5m。

② 最小保护高度不应小于 0.3m。

③ 喷头安装高度小于 1.5m 时，保护半径不宜大于 4.5m。

④ 喷头安装高度不小于 1.5m 时，保护半径不应大于 7.5m。

（4）根据《气体灭火系统设计规范》（GB 50370—2005）第 3.1.14~3.1.16 条规定，一个防护区设置的预制灭火系统，其装置数量不宜超过 10 台。同一防护区内的预制灭火系统装置多于 1 台时，必须能同时启动，其动作响应时差不得大于 2s。单台热气溶胶预制灭火系统装置的保护容积不应大于 160m³；设置多台装置时，其相互间的距离不得大于 10m。

2. 气体灭火系统的适用范围

（1）根据《气体灭火系统设计规范》（GB 50370—2005）第 3.2.1 条规定，气体灭火系统适用于扑救下列火灾：

① 电气火灾。

② 固体表面火灾。

③ 液体火灾。

④ 灭火前能切断气源的气体火灾。

注：除电缆隧道（夹层、井）及自备发电机房外，K 型和其他型热气溶胶预制灭火系统不得用于其他电气火灾。

（2）根据《气体灭火系统设计规范》（GB 50370—2005）第 3.2.2 条规定，气体灭火系统不适用于扑救下列火灾：

① 硝化纤维、硝酸钠等氧化剂或含氧化剂的化学制品火灾。

② 钾、镁、钠、钛、锆、铀等活泼金属火灾。

③ 氢化钾、氢化钠等金属氢化物火灾。

④ 过氧化氢、联胺等能自行分解的化学物质火灾。

⑤ 可燃固体物质的深位火灾。

3. 气体灭火系统设置的其他规定

（1）根据《气体灭火系统设计规范》（GB 50370—2005）第 3.2.4 条，防护区划分应符合下列规定：

① 防护区宜以单个封闭空间划分；同一区间的吊顶层和地板下需同时保护时，可合为一个防护区。

② 采用管网灭火系统时，一个防护区的面积不宜大于 800m²，且容积不宜大于 3600m³。

③ 采用预制灭火系统时，一个防护区的面积不宜大于 500m²，且容积不宜大于 1600m³。

（2）根据《气体灭火系统设计规范》（GB 50370—2005）第 3.2.5～3.2.10 条规定，防护区的其他相关设置要求如下：

① 防护区围护结构及门窗的耐火极限均不宜低于 0.5h；吊顶的耐火极限不宜低于 0.25h。

② 防护区围护结构承受内压的允许压强，不宜低于 1200Pa。

③ 防护区应设置泄压口，七氟丙烷灭火系统的泄压口应位于防护区净高的 2/3 以上。

④ 防护区设置的泄压口，宜设在外墙上。泄压口面积按相应气体灭火系统设计规定计算。

⑤ 喷放灭火剂前，防护区内除泄压口外的开口应能自行关闭。

⑥ 防护区的最低环境温度不应低于 $-10℃$。

4. 七氟丙烷灭火系统的设计要求

根据《气体灭火系统设计规范》（GB 50370—2005）第 3.3.1～3.3.12 条的规定，七氟丙烷灭火系统应符合的主要设计要求如下：

（1）七氟丙烷灭火系统的灭火设计浓度不应小于灭火浓度的 1.3 倍，惰化设计浓度不应小于惰化浓度的 1.1 倍。

（2）固体表面火灾的灭火浓度为 5.8%，其他灭火浓度可按表 4-10 的规定取值，惰化浓度可按表 4-11 的规定取值。

表 4-10   七 氟 丙 烷 灭 火 浓 度

可燃物	灭火浓度（%）	可燃物	灭火浓度（%）
甲烷	6.2	异丙醇	7.3
乙烷	7.5	丁醇	7.1
丙烷	6.3	甲乙酮	6.7
庚烷	5.8	甲基异丁酮	6.6
正庚烷	6.5	丙酮	6.5
硝基甲烷	10.1	环戊酮	6.7
甲苯	5.1	四氢呋喃	7.2
二甲苯	5.3	吗啉	7.3
乙腈	3.7	汽油（无铅，7.8%乙醇）	6.5
乙基醋酸酯	5.6	航空燃料汽油	6.7
丁基醋酸酯	6.6	2 号柴油	6.7
甲醇	9.9	喷气式发动机燃料（-4）	6.6
乙醇	7.6	喷气式发动机燃料（-5）	6.6
乙二醇	7.8	变压器油	6.9

表 4-11   七 氟 丙 烷 惰 化 浓 度

可燃物	惰化浓度（%）	可燃物	惰化浓度（%）
甲烷	8.0	丙烷	11.6
二氯甲烷	3.5	1-丁烷	11.3
1.1-二氟乙烷	8.6	戊烷	11.6
1-氯-1.1-二氟乙烷	2.6	乙烯氧化物	13.6

（3）图书、档案、票据和文物资料库等防护区，灭火设计浓度宜采用 10%。

（4）油浸变压器室、带油开关的配电室和自备发电机房等防护区，灭火设计浓度宜采用 9%。

（5）通信机房和电子计算机房等防护区，灭火设计浓度宜采用 8%。

（6）防护区实际应用的浓度不应大于灭火设计浓度的 1.1 倍。

（7）在通信机房和电子计算机房等防护区，设计喷放时间不应大于 8s；在其他防护区，设计喷放时间不应大于 10s。

（8）灭火浸渍时间应符合下列规定：

① 木材、纸张、织物等固体表面火灾，宜采用 20min。

② 通信机房、电子计算机房内的电气设备火灾，应采用 5min。

③ 其他固体表面火灾，宜采用 10min。

④ 气体和液体火灾，不应小于 1min。

（9）七氟丙烷灭火系统应采用氮气增压输送。氮气的含水量不应大于 0.006%。储存容器的增压压力宜分为三级，并应符合下列规定：

① 一级：2.5+0.1MPa（表压）。

② 二级：4.2+0.1MPa（表压）。

③ 三级：5.6+0.1MPa（表压）。

（10）七氟丙烷单位容积的充装量应符合下列规定：

① 一级增压储存容器，不应大于 1120kg/m³。

② 二级增压焊接结构储存容器，不应大于 950kg/m³。

③ 二级增压无缝结构储存容器，不应大于 1120kg/m³。

④ 三级增压储存容器，不应大于 1080kg/m³。

（11）管网的管道内容积，不应大于流经该管网的七氟丙烷储存量体积的 80%。

（12）管网布置宜设计为均衡系统，并应符合下列规定：

① 喷头设计流量应相等。

② 管网的第 1 分流点至各喷头的管道阻力损失，其相互间的最大差值不应大于 20%。

5. IG541 混合气体灭火系统的设计要求

（1）根据《气体灭火系统设计规范》（GB 50370—2005）第 3.4.1 条规定，IG541 混合气体灭火系统的灭火设计浓度不应小于灭火浓度的 1.3 倍，惰化设计浓度不应小于惰化浓度的 1.1 倍。

（2）根据《气体灭火系统设计规范》（GB 50370—2005）第 3.4.2 条规定，固体表面火灾的灭火浓度为 28.1%，其他灭火浓度可按本规范附录 A 中表 A–3 的规定取值，惰化浓度可按本规范附录 A 中表 A–4 的规定取值。本规范附录 A 中未列出的，应经试验确定。

（3）根据《气体灭火系统设计规范》（GB 50370—2005）第 3.4.3 条规定，当 IG541 混合气体灭火剂喷放至设计用量的 95% 时，其喷放时间不应大于 60s，且不应小于 48s。

（4）根据《气体灭火系统设计规范》（GB 50370—2005）第 3.4.4 条，灭火浸渍时间应符合下列规定：

① 木材、纸张、织物等固体表面火灾，宜采用 20min。

② 通信机房、电子计算机房内的电气设备火灾，宜采用 10min。

③ 其他固体表面火灾，宜采用 10min。

（5）根据《气体灭火系统设计规范》（GB 50370—2005）第 3.4.5 条规定，储存容器充装量应符合下列规定：

① 一级充压（15.0MPa）系统，充装量应为 211.15kg/m³。

② 二级充压（20.0MPa）系统，充装量应为 281.06kg/m³。

（二）气体灭火系统的操作与控制

1. 气体灭火系统启动方式

根据《气体灭火系统设计规范》（GB 50370—2005）第 5.0.2～5.0.4 条与 5.0.9 条规定，灭火系统启动方式主要包括如下要点：

（1）管网灭火系统应设自动控制、手动控制和机械应急操作三种启动方式。预制灭火系统应设自动控制和手动控制两种启动方式。

（2）采用自动控制启动方式时，根据人员安全撤离防护区的需要，应有不大于 30s 的可控延迟喷射；对于平时无人工作的防护区，可设置为无延迟的喷射。

（3）灭火设计浓度或实际使用浓度大于无毒性反应浓度（NOAEL 浓度）的防护区和采用热气溶胶预制灭火系统的防护区，应设手动与自动控制的转换装置。当人员进入防护区时，应能将灭火系统转换为手动控制方式；当人员离开时，应能恢复为自动控制方式。防护区内外应设手动、自动控制状态的显示装置。

（4）组合分配系统启动时，选择阀应在容器阀开启前或同时打开。

2. 控制装置

根据《气体灭火系统设计规范》（GB 50370—2005）第 5.0.5～5.0.7 条，气体灭火系统控制装置应符合下列规定：

（1）自动控制装置应在接到两个独立的火灾信号后才能启动。手动控制装置和手动与自动转换装置应设在防护区疏散出口的门外便于操作的地方，安装高度为中心点距地面 1.5m。机械应急操作装置应设在储瓶间内或防护区疏散出口门外便于操作的地方。

（2）气体灭火系统的操作与控制，应包括对开口封闭装置、通风机械和防火阀等设备的联动操作与控制。

（3）设有消防控制室的场所，各防护区灭火控制系统的有关信息，应传送给消防控制室。

3. 电源

根据《气体灭火系统设计规范》（GB 50370—2005）第 5.0.8 条规定，气体灭火系统的电源，应符合国家现行有关消防技术标准的规定；采用气动力源时，应保证系统操作和控制需要的压力和气量。

（三）气体灭火系统的安全要求

根据《气体灭火系统设计规范》（GB 50370—2005）第 6.0.1～6.0.4、6.0.6、6.0.8 和 6.0.11 条的规定，气体灭火系统的安全要求如下：

（1）防护区应有保证人员在 30s 内疏散完毕的通道和出口。

（2）防护区内的疏散通道及出口，应设应急照明与疏散指示标志。防护区内应设火灾声报警器，必要时，可增设闪光报警器。防护区的入口处应设火灾声、光报警器和灭火剂喷放指示灯，以及防护区采用的相应气体灭火系统的永久性标志牌。灭火剂喷放指示灯信号，应保持到防护区通风换气后，以手动方式解除。

（3）防护区的门应向疏散方向开启，并能自行关闭；用于疏散的门必须能从防护区内打开。

（4）灭火后的防护区应通风换气，地下防护区和无窗或设固定窗扇的地上防护区，应设置机械排风装置，排风口宜设在防护区的下部并应直通室外。通信机房、电子计算机房等场所的通风换气次数应不少于每小时 5 次。

（5）经过有爆炸危险和变电、配电场所的管网，以及布设在以上场所的金属箱体等，应设防静电接地。

（6）防护区内设置的预制灭火系统的充压压力不应大于 2.5MPa。

（7）设有气体灭火系统的场所，宜配置空气呼吸器。

（四）气体灭火系统组件的检查

1. 外观质量检查

根据《气体灭火系统施工及验收规范》（GB 50263—2007）第 4.3.1 条，灭火剂储存容器及容器阀、单向阀、连接管、集流管、选择阀、安全泄放装置、阀驱动装置、喷嘴、信号反馈装置、检漏装置、减压装置等系统组件的外观质量应符合下列规定：

（1）系统组件无碰撞变形及其他机械性损伤。

（2）组件外露非机械加工表面保护涂层完好。

（3）组件所有外露接口均设有防护堵、盖，且封闭良好，接口螺纹和法兰密封面无损伤。

（4）铭牌清晰、牢固、方向正确。

（5）同一规格的灭火剂储存容器，其高度差不宜超过 20mm。

（6）同一规格的驱动气体储存容器，其高度差不宜超过 10mm。

2. 灭火剂储存容器等组件的检查

根据《气体灭火系统施工及验收规范》（GB 50263—2007）第 4.3.2 条，灭火剂储存容器及容器阀、单向阀、连接管、集流管、选择阀、安全泄放装置、阀驱动装置、喷嘴、信号反馈装置、检漏装置、减压装置等系统组件应符合下列规定：

（1）品种、规格、性能等应符合国家现行产品标准和设计要求。

（2）设计有复验要求或对质量有疑义时，应抽样复验，复验结果应符合国家现行产品标准和设计要求。

3. 阀驱动装置的检查

根据《气体灭火系统施工及验收规范》（GB 50263—2007）第 4.3.4 条，阀驱动装置应符合下列规定：

（1）电磁驱动器的电源电压应符合系统设计要求。通电检查电磁铁芯，其行程应能满足系统启动要求，且动作灵活，无卡阻现象。

（2）气动驱动装置储存容器内气体压力不应低于设计压力，且不得超过设计压力的 5%，气体驱动管道上的单向阀应启闭灵活，无卡阻现象。

（3）机械驱动装置应传动灵活，无卡阻现象。

（五）气体灭火系统组件的安装

1. 灭火剂储存装置的安装

根据《气体灭火系统施工及验收规范》（GB 50263—2007）第 5.2.2～5.2.10 条规定，灭火剂储存装置的安装的主要要求如下：

（1）灭火剂储存装置安装后，泄压装置的泄压方向不应朝向操作面。低压二氧化碳灭火系统的安全阀应通过专用的泄压管接到室外。

（2）储存装置上压力计、液位计、称重显示装置的安装位置应便于人员观察和操作。

（3）储存容器的支、框架应固定牢靠，并应做防腐处理。

（4）储存容器宜涂红色油漆，正面应标明设计规定的灭火剂名称和储存容器的编号。

（5）安装集流管前应检查内腔，确保清洁。

（6）集流管上的泄压装置的泄压方向不应朝向操作面。

（7）连接储存容器与集流管间的单向阀的流向指示箭头应指向介质流动方向。

（8）集流管应固定在支、框架上。支、框架应固定牢靠，并做防腐处理。

（9）集流管外表面宜涂红色油漆。

2．选择阀及信号反馈装置的安装

根据《气体灭火系统施工及验收规范》（GB 50263—2007）第 5.3.1～5.3.4 条规定，选择阀及信号反馈装置的安装要求如下：

（1）选择阀操作手柄应安装在操作面一侧，当安装高度超过 1.7m 时应采取便于操作的措施。

（2）采用螺纹连接的选择阀，其与管网连接处宜采用活接。

（3）选择阀的流向指示箭头应指向介质流动方向。

（4）选择阀上应设置标明防护区或保护对象名称或编号的永久性标志牌，并应便于观察。

3．阀驱动装置的安装

（1）拉索式机械驱动装置的安装。根据《气体灭火系统施工及验收规范》（GB 50263—2007）第 5.4.1 条，拉索式机械驱动装置的安装应符合下列规定：

① 拉索除必要外露部分外，应采用经内外防腐处理的钢管防护。

② 拉索转弯处应采用专用导向滑轮。

③ 拉索末端拉手应设在专用的保护盒内。

④ 拉索套管和保护盒应固定牢靠。

（2）气动驱动装置的安装。根据《气体灭火系统施工及验收规范》（GB 50263—2007）第 5.4.4 条，气动驱动装置的安装应符合下列规定：

① 驱动气瓶的支、框架或箱体应固定牢靠，并做防腐处理。

② 驱动气瓶上应有标明驱动介质名称、对应防护区或保护对象名称或编号的永久性标志，并应便于观察。

（3）气动驱动装置的管道安装。根据《气体灭火系统施工及验收规范》（GB 50263—2007）第 5.4.5 条，气动驱动装置的管道安装应符合下列规定：

① 管道布置应符合设计要求。

② 竖直管道应在其始端和终端设防晃支架或采用管卡固定。

③ 水平管道应采用管卡固定。管卡的间距不宜大于 0.6m。转弯处应增设 1 个管卡。

4．控制组件的安装

根据《气体灭火系统施工及验收规范》（GB 50263—2007）第 5.8.2～5.8.4 条规定，控制组件的主要安装要求如下：

（1）设置在防护区处的手动、自动转换开关应安装在防护区入口便于操作的部位，安装高度为中心点距地（楼）面 1.5m。

（2）手动启动、停止按钮应安装在防护区入口便于操作的部位，安装高度为中心点距地（楼）面 1.5m；防护区的声光报警装置安装应符合设计要求，并应安装牢固，不得倾斜。

（3）气体喷放指示灯宜安装在防护区入口的正上方。

（六）气体灭火系统调试的相关要求

1. 模拟启动试验的方法

根据《气体灭火系统施工及验收规范》（GB 50263—2007）第 6.2.1 条规定，调试时，应对所有防护区或保护对象按下述规定进行系统手动、自动模拟启动试验，并应合格。

（1）手动模拟启动试验的方法。按下手动启动按钮，观察相关动作信号及联动设备动作是否正常（如发出声、光报警，启动输出端的负载响应，关闭通风空调、防火阀等）。人工使压力信号反馈装置动作，观察相关防护区门外的气体喷放指示灯是否正常。

（2）自动模拟启动试验的方法。

① 将灭火控制器的启动输出端与灭火系统相应防护区驱动装置连接。驱动装置应与阀门的动作机构脱离。也可以用 1 个启动电压、电流与驱动装置的启动电压、电流相同的负载代替。

② 人工模拟火警使防护区内任意 1 个火灾探测器动作，观察单一火警信号输出后，相关报警设备动作是否正常（如警铃、蜂鸣器发出报警声等）。

③ 人工模拟火警使该防护区内另一个火灾探测器动作，观察复合火警信号输出后，相关动作信号及联动设备动作是否正常（如发出声、光报警，启动输出端的负载响应，关闭通风空调、防火阀等）。

（3）模拟启动试验结果应符合的规定：

① 延迟时间与设定时间相符，响应时间满足要求。

② 有关声、光报警信号正确。

③ 联动设备动作正确。

④ 驱动装置动作可靠。

2. 模拟喷气试验的方法

根据《气体灭火系统施工及验收规范》（GB 50263—2007）第 6.2.2 条规定，调试时，应对所有防护区或保护对象按下述规定进行模拟喷气试验，并应合格。柜式气体灭火装置、热气溶胶灭火装置等预制灭火系统的模拟喷气试验宜各取 1 套分别按产品标准中有关"联动试验"的规定进行试验。

（1）模拟喷气试验应符合的条件：

① IG 541 混合气体灭火系统及高压二氧化碳灭火系统应采用其充装的灭火剂进行模拟喷气试验。试验采用的储存容器数应为选定试验的防护区或保护对象设计用量所需容器总数的 5%，且不得少于一个。

② 低压二氧化碳应采用二氧化碳灭火剂进行模拟喷气试验。试验应选定输送管道最长的防护区或保护对象进行，喷放量应不小于设计用量的 10%。

③ 卤代烷灭火系统模拟喷气试验不应采用卤代烷灭火剂，宜采用氮气进行。氮气或压缩空气储存容器与被试验的防护区或保护对象用的灭火剂储存容器的结构、型号、规格应相同，连接与控制方式应一致，氮气或压缩空气的充装压力按设计要求执行。氮气或压缩空气储存容器数不应少于灭火剂储存容器数的 20%，且不得少于一个。

④ 模拟喷气试验宜采用自动启动方式。

（2）模拟喷气试验结果应符合的规定：

① 延迟时间与设定时间相符，响应时间满足要求。

② 有关声、光报警信号正确。

③ 有关控制阀门工作正常。

④ 信号反馈装置动作后，气体防护区门外的气体喷放指示灯应工作正常。

⑤ 储存容器间内的设备和对应防护区或保护对象的灭火剂输送管道无明显晃动和机械性损坏。

⑤ 试验气体能喷入被试防护区内或保护对象上，且应能从每个喷嘴喷出。

3. 模拟切换操作试验的方法

根据《气体灭火系统施工及验收规范》（GB 50263—2007）第 6.2.3 条规定，设有灭火剂备用量且储存容器连接在同一集流管上的系统应按下述规定进行模拟切换操作试验，并应合格。

（1）按使用说明书的操作方法，将系统使用状态从主用量灭火剂储存容器切换为备用量灭火剂储存容器的使用状态。

（2）按模拟喷气试验的方法进行模拟喷气试验。

（3）试验结果应符合前述模拟喷气试验结果的规定。

（七）气体灭火系统的验收

1. 气体灭火系统工程验收一般规定

根据《气体灭火系统施工及验收规范》（GB 50263—2007）第 3.0.5 条，气体灭火系统工程验收一般规定如下：

（1）系统工程验收应在施工单位自行检查评定合格的基础上，由建设单位组织施工、设计、监理等单位人员共同进行。

（2）验收检测采用的计量器具应精度适宜，经法定机构计量检定、校准合格并在有效期内。

（3）工程外观质量应由验收人员通过现场检查，并应共同确认。

（4）隐蔽工程在隐蔽前应由施工单位通知有关单位进行验收，并按本规范附录 C 进行验收记录。

（5）资料核查记录和工程质量验收记录应按本规范附录 D 的要求填写。

（6）系统工程验收合格后，建设单位应在规定时间内将系统工程验收报告和有关文件，报有关行政管理部门备案。

2. 防护区或保护对象与储存装置间验收

（1）根据《气体灭火系统施工及验收规范》（GB 50263—2007）第 7.2.1 条规定，防护区或保护对象的位置、用途、划分、几何尺寸、开口、通风、环境温度、可燃物的种类、防护区围护结构的耐压、耐火极限及门、窗可自行关闭装置应符合设计要求。

（2）根据《气体灭火系统施工及验收规范》（GB 50263—2007）第 7.2.2 条规定，防护区下列安全设施的设置应符合设计要求。

① 防护区的疏散通道、疏散指示标志和应急照明装置。

② 防护区内和入口处的声光报警装置、气体喷放指示灯、入口处的安全标志。

③ 无窗或固定窗扇的地上防护区和地下防护区的排气装置。

④ 门窗设有密封条的防护区的泄压装置。

⑤ 专用的空气呼吸器或氧气呼吸器。

（3）根据《气体灭火系统施工及验收规范》（GB 50263—2007）第 7.2.3 条规定，储存装置间的位置、通道、耐火等级、应急照明装置、火灾报警控制装置及地下储存装置间机械排风装置应符合设计要求。

3. 设备和灭火剂输送管道验收

根据《气体灭火系统施工及验收规范》（GB 50263—2007）第 7.3.1～7.3.8 条，设备和灭火剂输送管道验收的要求如下：

（1）灭火剂储存容器的数量、型号和规格，位置与固定方式，油漆和标志，以及灭火剂储存容器的安装质量应符合设计要求。

（2）储存容器内的灭火剂充装量和储存压力应符合设计要求。

（3）集流管的材料、规格、连接方式、布置及其泄压装置的泄压方向应符合设计要求和有关规范的规定。

（4）选择阀及信号反馈装置的数量、型号、规格、位置、标志及其安装质量应符合设计要求和有关规范的规定。

（5）阀驱动装置的数量、型号、规格和标志，安装位置，气动驱动装置中驱动气瓶的介质名称和充装压力，以及气动驱动装置管道的规格、布置和连接方式应符合设计要求和有关规范的规定。

（6）驱动气瓶和选择阀的机械应急手动操作处，均应有标明对应防护区或保护对象名称的永久标志。驱动气瓶的机械应急操作装置均应设安全销并加铅封，现场手动启动按钮应有防护罩。

（7）灭火剂输送管道的布置与连接方式、支架和吊架的位置及间距、穿过建筑构件及其变形缝的处理、各管段和附件的型号规格以及防腐处理和涂刷油漆颜色，应符合设计要求和有关规范的规定。

（8）喷嘴的数量、型号、规格、安装位置和方向，应符合设计要求和有关规范的规定。

4. 系统功能验收

根据《气体灭火系统施工及验收规范》（GB 50263—2007）第 7.4.1～7.4.4 条，系统功能验收的要求如下：

（1）系统功能验收时，应进行模拟启动试验，并合格。

（2）系统功能验收时，应进行模拟喷气试验，并合格。

（3）系统功能验收时，应对设有灭火剂备用量的系统进行模拟切换操作试验，并合格。

（4）系统功能验收时，应对主、备用电源进行切换试验，并合格。

（八）气体灭火系统的维护管理

1. 每日检查维护的要求

根据《气体灭火系统施工及验收规范》（GB 50263—2007）第 8.0.5 条规定，每日应对低压二氧化碳储存装置的运行情况、储存装置间的设备状态进行检查并记录。

2. 每月检查维护的要求

根据《气体灭火系统施工及验收规范》（GB 50263—2007）第 8.0.6 条规定，每月检查应符合下列要求：

（1）低压二氧化碳灭火系统储存装置的液位计检查，灭火剂损失 10%时应及时补充。

（2）高压二氧化碳灭火系统、七氟丙烷管网灭火系统及 IG541 灭火系统等系统的检查内容及要求应符合下列规定：

① 灭火剂储存容器及容器阀、单向阀、连接管、集流管、安全泄放装置、选择阀、阀驱动装置、喷嘴、信号反馈装置、检漏装置、减压装置等全部系统组件应无碰撞变形及其他机械性损伤，表面应无锈蚀，保护涂层应完好，铭牌和保护对象标志牌应清晰，手动操作装置的防护罩、铅封和安全标志应完整。

② 灭火剂和驱动气体储存容器内的压力，不得小于设计储存压力的 90%。

③ 预制灭火系统的设备状态和运行状况应正常。

3. 每季度检查维护的要求

根据《气体灭火系统施工及验收规范》（GB 50263—2007）第 8.0.7 条，每季度应对气体灭火系统进行 1 次全面检查，并应符合下列规定：

（1）可燃物的种类、分布情况，防护区的开口情况，应符合设计规定。

（2）储存装置间的设备、灭火剂输送管道和支、吊架的固定，应无松动。

（3）连接管应无变形、裂纹及老化。必要时，送法定质量检验机构进行检测或更换。

（4）各喷嘴孔口应无堵塞。

（5）对高压二氧化碳储存容器逐个进行称重检查，灭火剂净重不得小于设计储存量的 90%。

（6）灭火剂输送管道有损伤与堵塞现象时，应按相关规定进行严密性试验和吹扫。

4. 每年检查维护的要求

根据《气体灭火系统施工及验收规范》（GB 50263—2007）第 8.0.8 条规定，每年应按相关规定，对每个防护区进行 1 次模拟启动试验，并应按相关规定进行 1 次模拟喷气试验。

二、防烟排烟系统

（一）防排烟系统设计

1. 防烟系统设计

（1）根据《建筑防烟排烟系统技术标准》（GB 51251—2017）第 3.3.1 条规定，建筑高度大于 100m 的建筑，其机械加压送风系统应竖向分段独立设置，且每段高度不应超过100m。

（2）根据《建筑防烟排烟系统技术标准》（GB 51251—2017）第 3.3.6 条，加压送风口的设置应符合下列规定：

① 除直灌式加压送风方式外，楼梯间宜每隔 2～3 层设一个常开式百叶送风口。

② 前室应每层设一个常闭式加压送风口，并应设手动开启装置。

③ 送风口的风速不宜大于 7m/s。

④ 送风口不宜设置在被门挡住的部位。

（3）根据《建筑防烟排烟系统技术标准》（GB 51251—2017）第 3.3.11 条规定，设置机械加压送风系统的封闭楼梯间、防烟楼梯间，尚应在其顶部设置不小于 $1m^2$ 的固定窗。靠外墙的防烟楼梯间，尚应在其外墙上每 5 层内设置总面积不小于 $2m^2$ 的固定窗。

2. 排烟系统设计

（1）根据《建筑防烟排烟系统技术标准》（GB 51251—2017）第 4.4.2 条规定，建筑高度超过 50m 的公共建筑和建筑高度超过 100m 的住宅，其排烟系统应竖向分段独立设置，且公共建筑每段高度不应超过 50m，住宅建筑每段高度不应超过 100m。

（2）根据《建筑防烟排烟系统技术标准》（GB 51251—2017）第 4.4.5 条规定，排烟风机应设置在专用机房内，并应符合本标准第 3.3.5 条第 5 款的规定，且风机两侧应有 600mm 以上的空间。对于排烟系统与通风空气调节系统共用的系统，其排烟风机与排风风机的合用机房应符合下列规定：

① 机房内应设置自动喷水灭火系统；

② 机房内不得设置用于机械加压送风的风机与管道；

③ 排烟风机与排烟管道的连接部件应能在 280℃时连续 30min 保证其结构完整性。

（3）根据《建筑防烟排烟系统技术标准》（GB 51251—2017）第 4.4.6 条规定，排烟风机应满足 280℃时连续工作 30min 的要求，排烟风机应与风机入口处的排烟防火阀连锁，当该阀关闭时，排烟风机应能停止运转。

（4）根据《建筑防烟排烟系统技术标准》（GB 51251—2017）第 4.4.7 条规定，机械排烟系统应采用管道排烟，且不应采用土建风道。排烟管道应采用不燃材料制作且内壁应光滑。当排烟管道内壁为金属时，管道设计风速不应大于 20m/s；当排烟管道内壁为非金属时，管道设计风速不应大于 15m/s；排烟管道的厚度应按现行国家标准《通风与空调工程施工质量验收规范》（GB 50243—2016）的有关规定执行。

（二）建筑防排烟系统的检查和安装

1. 施工前的进场检验

（1）根据《建筑防烟排烟系统技术标准》（GB 51251—2017）第 6.2.1 条规定，风管应符合下列规定：

① 风管的材料品种、规格、厚度等应符合设计要求和现行国家标准的规定。当采用金属风管且设计无要求时，钢板或镀锌钢板的厚度应符合表 4-12 的规定。

表 4-12 　　　　　钢 板 风 管 板 材 厚 度　　　　　（mm）

风管直径 D 或长边尺寸 B	送风系统		排烟系统
	圆形风管	矩形风管	
D（B）≤320	0.50	0.50	0.75
320<D（B）≤450	0.60	0.60	0.75
450<D（B）≤630	0.75	0.75	1.00
630<D（B）≤1000	0.75	0.75	1.00
1000<D（B）≤1500	1.00	1.00	1.20

续表

| 风管直径 D 或长边尺寸 B | 送风系统 | | 排烟系统 |
	圆形风管	矩形风管	
1500＜D（B）≤2000	1.20	1.20	1.50
2000＜D（B）≤4000	按设计	1.20	按设计

注：1. 螺旋风管的钢板厚度可适当减小 10%～15%。
     2. 不适用于防火隔墙的预埋管。

② 有耐火极限要求的风管的本体、框架与固定材料、密封垫料等必须为不燃材料，材料品种、规格、厚度及耐火极限等应符合设计要求和国家现行标准的规定。

（2）根据《建筑防烟排烟系统技术标准》（GB 51251—2017）第 6.2.2 条规定，防烟、排烟系统中各类阀（口）应符合下列规定：

① 排烟防火阀、送风口、排烟阀或排烟口等必须符合有关消防产品标准的规定，其型号、规格、数量应符合设计要求，手动开启灵活、关闭可靠严密。

② 防火阀、送风口和排烟阀或排烟口等的驱动装置，动作应可靠，在最大工作压力下工作正常。

2. 风管安装

根据《建筑防烟排烟系统技术标准》（GB 51251—2017）第 6.3.4 条规定，风管的安装应符合下列规定：

（1）风管的规格、安装位置、标高、走向应符合设计要求，且现场风管的安装不得缩小接口的有效截面。

（2）风管接口的连接应严密、牢固，垫片厚度不应小于 3mm，不应凸入管内和法兰外；排烟风管法兰垫片应为不燃材料，薄钢板法兰风管应采用螺栓连接。

（3）风管吊、支架的安装应按现行国家标准《通风与空调工程施工质量验收规范》（GB 50243—2016）的有关规定执行。

（4）风管与风机的连接宜采用法兰连接，或采用不燃材料的柔性短管连接。当风机仅用于防烟、排烟时，不宜采用柔性连接。

（5）风管与风机连接若有转弯处宜加装导流叶片，保证气流顺畅。

（6）当风管穿越隔墙或楼板时，风管与隔墙之间的空隙应采用水泥砂浆等不燃材料严密填塞。

（7）吊顶内的排烟管道应采用不燃材料隔热，并应与可燃物保持不小于 150mm 的距离。

3. 部件的安装

根据《建筑防烟排烟系统技术标准》（GB 51251—2017）第 6.4.1～6.4.4 条规定，建筑防排烟系统部件安装的相关规定见表 4-13。

表 4-13　　　　　建筑防排烟系统部件安装的相关规定

部件	安装规定
排烟防火阀	（1）型号、规格及安装的方向、位置应符合设计要求。

部件	安装规定
排烟防火阀	（2）阀门应顺气流方向关闭，防火分区隔墙两侧的排烟防火阀距墙端面不应大于200mm。 （3）手动和电动装置应灵活、可靠，阀门关闭严密。 （4）应设独立的支、吊架，当风管采用不燃材料防火隔热时，阀门安装处应有明显标识
送风口、排烟阀或排烟口	送风口、排烟阀或排烟口的安装位置应符合标准和设计要求，并应固定牢靠，表面平整、不变形，调节灵活；排烟口距可燃物或可燃构件的距离不应小于1.5m
常闭送风口、排烟阀或排烟口	常闭送风口、排烟阀或排烟口的手动驱动装置应固定安装在明显可见、距楼地面1.3～1.5m之间便于操作的位置，预埋套管不得有死弯及瘪陷，手动驱动装置操作应灵活
挡烟垂壁	（1）型号、规格、下垂的长度和安装位置应符合设计要求。 （2）活动挡烟垂壁与建筑结构（柱或墙）面的缝隙不应大于60mm，由两块或两块以上的挡烟垂帘组成的连续性挡烟垂壁，各块之间不应有缝隙，搭接宽度不应小于100mm。 （3）活动挡烟垂壁的手动操作按钮应固定安装在距楼地面1.3～1.5m之间便于操作、明显可见处

（三）建筑防排烟系统的调试

1. 单机调试

（1）排烟防火阀。根据《建筑防烟排烟系统技术标准》（GB 51251—2017）第7.2.1条规定，排烟防火阀的调试方法及要求应符合下列规定，并应按附录D中表D-4填写记录：

① 进行手动关闭、复位试验，阀门动作应灵敏、可靠，关闭应严密；

② 模拟火灾，相应区域火灾报警后，同一防火分区内排烟管道上的其他阀门应联动关闭；

③ 阀门关闭后的状态信号应能反馈到消防控制室；

④ 阀门关闭后应能联动相应的风机停止。

（2）常闭送风口、排烟阀或排烟口。根据《建筑防烟排烟系统技术标准》（GB 51251—2017）第7.2.2条规定，常闭送风口、排烟阀或排烟口的调试方法及要求应符合下列规定：

① 进行手动开启、复位试验，阀门动作应灵敏、可靠，远距离控制机构的脱扣钢丝连接不应松弛、脱落。

② 模拟火灾，相应区域火灾报警后，同一防火分区的常闭送风口和同一防烟分区内的排烟阀或排烟口应联动开启。

③ 阀门开启后的状态信号应能反馈到消防控制室。

④ 阀门开启后应能联动相应的风机启动。

（3）活动挡烟垂壁。根据《建筑防烟排烟系统技术标准》（GB 51251—2017）第7.2.3条，活动挡烟垂壁的调试方法及要求应符合下列规定：

① 手动操作挡烟垂壁按钮进行开启、复位试验，挡烟垂壁应灵敏、可靠地启动与到位后停止，下降高度应符合设计要求。

② 模拟火灾，相应区域火灾报警后，同一防烟分区内挡烟垂壁应在60s以内联动下降到设计高度。

③ 挡烟垂壁下降到设计高度后应能将状态信号反馈到消防控制室。

（4）自动排烟窗。根据《建筑防烟排烟系统技术标准》（GB 51251—2017）第 7.2.4 条，自动排烟窗的调试方法及要求应符合下列规定：

① 手动操作排烟窗开关进行开启、关闭试验，排烟窗动作应灵敏、可靠。

② 模拟火灾，相应区域火灾报警后，同一防烟分区内排烟窗应能联动开启；完全开启时间应符合本标准第 5.2.6 条的规定。

③ 与消防控制室联动的排烟窗完全开启后，状态信号应反馈到消防控制室。

（5）送风机、排烟风机。根据《建筑防烟排烟系统技术标准》（GB 51251—2017）第 7.2.5 条，送风机、排烟风机调试方法及要求应符合下列规定：

① 手动开启风机，风机应正常运转 2.00h，叶轮旋转方向应正确、运转平稳、无异常振动与声响。

② 应核对风机的铭牌值，并应测定风机的风量、风压、电流和电压，其结果应与设计相符。

③ 应能在消防控制室手动控制风机的启动、停止，风机的启动、停止状态信号应能反馈到消防控制室。

④ 当风机进、出风管上安装单向风阀或电动风阀时，风阀的开启与关闭应与风机的启动、停止同步。

（6）机械加压送风系统风速及余压。根据《建筑防烟排烟系统技术标准》（GB 51251—2017）第 7.2.6 条，机械加压送风系统风速及余压的调试方法及要求应符合下列规定：

① 应选取送风系统末端所对应的送风最不利的三个连续楼层模拟起火层及其上下层，封闭避难层（间）仅需选取本层，调试送风系统使上述楼层的楼梯间、前室及封闭避难层（间）的风压值及疏散门的门洞断面风速值与设计值的偏差不大于 10%。

② 对楼梯间和前室的调试应单独分别进行，且互不影响。

③ 调试楼梯间和前室疏散门的门洞断面风速时，设计疏散门开启的楼层数量应符合本标准第 3.4.6 条的规定。

2. 联动调试

（1）机械加压送风系统。根据《建筑防烟排烟系统技术标准》（GB 51251—2017）第 7.3.1 条，机械加压送风系统的联动调试方法及要求应符合下列规定：

① 当任何一个常闭送风口开启时，相应的送风机均应能联动启动。

② 与火灾自动报警系统联动调试时，当火灾自动报警探测器发出火警信号后，应在 15s 内启动与设计要求一致的送风口、送风机，且其联动启动方式应符合现行国家标准《火灾自动报警系统设计规范》（GB 50116）的规定，其状态信号应反馈到消防控制室。

（2）机械排烟系统。根据《建筑防烟排烟系统技术标准》（GB 51251—2017）第 7.3.2 条，机械排烟系统的联动调试方法及要求应符合下列规定：

① 当任何一个常闭排烟阀或排烟口开启时，排烟风机均应能联动启动。

② 应与火灾自动报警系统联动调试。当火灾自动报警系统发出火警信号后，机械排烟系统应启动有关部位的排烟阀或排烟口、排烟风机；启动的排烟阀或排烟口、排烟风机应与

设计和标准要求一致，其状态信号应反馈到消防控制室。

③ 有补风要求的机械排烟场所，当火灾确认后，补风系统应启动。

④ 排烟系统与通风、空调系统合用，当火灾自动报警系统发出火警信号后，由通风、空调系统转换为排烟系统的时间应符合本标准第 5.2.3 条的规定。

（3）自动排烟窗。根据《建筑防烟排烟系统技术标准》（GB 51251—2017）第 7.3.3 条，自动排烟窗的联动调试方法及要求应符合下列规定：

① 自动排烟窗应在火灾自动报警系统发出火警信号后联动开启到符合要求的位置。

② 动作状态信号应反馈到消防控制室。

（4）活动挡烟垂壁。根据《建筑防烟排烟系统技术标准》（GB 51251—2017）第 7.3.4 条规定，活动挡烟垂壁的联动调试方法及要求应符合下列规定：

① 活动挡烟垂壁应在火灾报警后联动下降到设计高度。

② 动作状态信号应反馈到消防控制室。

（四）建筑防排烟系统的验收

1. 防烟、排烟系统观感质量的综合验收

根据《建筑防烟排烟系统技术标准》（GB 51251—2017）第 8.2.1 条规定，防烟、排烟系统观感质量的综合验收方法及要求应符合下列规定：

（1）风管表面应平整、无损坏；接管合理，风管的连接以及风管与风机的连接应无明显缺陷。

（2）风口表面应平整，颜色一致，安装位置正确，风口可调节部件应能正常动作。

（3）各类调节装置安装应正确牢固、调节灵活，操作方便。

（4）风管、部件及管道的支、吊架形式、位置及间距应符合要求。

（5）风机的安装应正确牢固。

2. 防烟、排烟系统设备手动功能的验收

根据《建筑防烟排烟系统技术标准》（GB 51251—2017）第 8.2.2 条规定，防烟、排烟系统设备手动功能的验收方法及要求应符合下列规定：

（1）送风机、排烟风机应能正常手动启动和停止，状态信号应在消防控制室显示。

（2）送风口、排烟阀或排烟口应能正常手动开启和复位，阀门关闭严密，动作信号应在消防控制室显示。

（3）活动挡烟垂壁、自动排烟窗应能正常手动开启和复位，动作信号应在消防控制室显示。

3. 自然通风及自然排烟设施验收

根据《建筑防烟排烟系统技术标准》（GB 51251—2017）第 8.2.4 条规定，自然通风及自然排烟设施验收，下列项目应达到设计和标准要求：

（1）封闭楼梯间、防烟楼梯间、前室及消防电梯前室可开启外窗的布置方式和面积；

（2）避难层（间）可开启外窗或百叶窗的布置方式和面积；

（3）设置自然排烟场所的可开启外窗、排烟窗、可熔性采光带（窗）的布置方式和面积。

4. 机械防烟系统的验收

根据《建筑防烟排烟系统技术标准》（GB 51251—2017）第 8.2.5 条规定，机械防烟系统的验收方法及要求应符合下列规定：

（1）选取送风系统末端所对应的送风最不利的三个连续楼层模拟起火层及其上下层，封闭避难层（间）仅需选取本层，测试前室及封闭避难层（间）的风压值及疏散门的门洞断面风速值，应分别符合本标准第 3.4.4 条和第 3.4.6 条的规定，且偏差不大于设计值的 10%。

（2）对楼梯间和前室的测试应单独分别进行，且互不影响。

（3）测试楼梯间和前室疏散门的门洞断面风速时，应同时开启三个楼层的疏散门。

5. 机械排烟系统的性能验收

根据《建筑防烟排烟系统技术标准》（GB 51251—2017）第 8.2.6 条，机械排烟系统的性能验收方法及要求应符合下列规定：

（1）开启任一防烟分区的全部排烟口，风机启动后测试排烟口处的风速，风速、风量应符合设计要求且偏差不大于设计值的 10%。

（2）设有补风系统的场所，应测试补风口风速，风速、风量应符合设计要求且偏差不大于设计值的 10%。

（五）建筑防排烟系统的维护管理

（1）《建筑防烟排烟系统技术标准》（GB 51251—2017）第 9.0.3 条规定，每季度应对防烟、排烟风机、活动挡烟垂壁、自动排烟窗进行一次功能检测启动试验及供电线路检查，检查方法应符合本标准第 7.2.3～7.2.5 条的规定。

（2）《建筑防烟排烟系统技术标准》（GB 51251—2017）第 9.0.4 条规定，每半年应对全部排烟防火阀、送风阀或送风口、排烟阀或排烟口进行自动和手动启动试验一次，检查方法应符合本标准第 7.2.1、7.2.2 条的规定。

（3）《建筑防烟排烟系统技术标准》（GB 51251—2017）第 9.0.5 条规定，每年应对全部防烟、排烟系统进行一次联动试验和性能检测，其联动功能和性能参数应符合原设计要求，检查方法应符合本标准第 7.3 节和第 8.2.5～8.2.7 条的规定。

三、灭火器系统

（一）灭火器的设置

1. 一般规定

（1）《建筑灭火器配置设计规范》（GB 50140—2005）第 5.1.1 条规定，灭火器应设置在位置明显和便于取用的地点，且不得影响安全疏散。

（2）《建筑灭火器配置设计规范》（GB 50140—2005）第 5.1.2 条规定，对有视线障碍的灭火器设置点，应设置指示其位置的发光标志。

（3）《建筑灭火器配置设计规范》（GB 50140—2005）第 5.1.3 条规定，灭火器的摆放应稳固，其铭牌应朝外。手提式灭火器宜设置在灭火器箱内或挂钩、托架上，其顶部离地面高度不应大于 1.50m；底部离地面高度不宜小于 0.08m。灭火器箱不得上锁。

（4）《建筑灭火器配置设计规范》（GB 50140—2005）第 5.1.4 条规定，灭火器不宜设置在潮湿或强腐蚀性的地点。当必须设置时，应有相应的保护措施。灭火器设置在室外时，应有相应的保护措施。

2. 灭火器的最大保护距离

根据《建筑灭火器配置设计规范》（GB 50140—2005）第5.2.1和5.2.2条，灭火器的最大保护距离的规定如下：

（1）设置在A类火灾场所的灭火器，其最大保护距离应符合表4-14中的规定。

表4-14　　　　　　　　　A类火灾场所的灭火器最大保护距离　　　　　　　　　（m）

危险等级	灭火器类型	
	手提式灭火器	推车式灭火器
严重危险级	15	30
中危险级	20	40
轻危险级	25	50

（2）设置在B、C类火灾场所的灭火器，其最大保护距离应符合表4-15中的规定。

表4-15　　　　　　　　B、C类火灾场所的灭火器最大保护距离　　　　　　　　（m）

危险等级	灭火器类型	
	手提式灭火器	推车式灭火器
严重危险级	9	18
中危险级	12	24
轻危险级	15	30

（二）灭火器的安装设置

1. 手提式灭火器的安装设置

根据《建筑灭火器配置验收及检查规范》（GB 50444—2008）第3.2.1~3.2.7条的规定，对手提式灭火器安装设置的要求如下：

（1）手提式灭火器宜设置在灭火器箱内或挂钩、托架上。对于环境干燥、洁净的场所，手提式灭火器可直接放置在地面上。

（2）灭火器箱不应被遮挡、上锁或拴系。

（3）灭火器箱的箱门开启应方便灵活，其箱门开启后不得阻挡人员安全疏散。除不影响灭火器取用和人员疏散的场合外，开门型灭火器箱的箱门开启角度不应小于175°，翻盖型灭火器箱的翻盖开启角度不应小于100°。

（4）挂钩、托架安装后应能承受一定的静载荷，不应出现松动、脱落、断裂和明显变形。

（5）挂钩、托架安装应符合下列要求：

① 应保证可用徒手的方式便捷地取用设置在挂钩、托架上的手提式灭火器；

② 当两具及两具以上的手提式灭火器相邻设置在挂钩、托架上时，应可任意地取用其

中一具。

（6）设有夹持带的挂钩、托架，夹持带的打开方式应从正面可以看到。当夹持带打开时，灭火器不应掉落。

（7）嵌墙式灭火器箱及挂钩、托架的安装高度应满足手提式灭火器顶部离地面距离不大于 1.50m，底部离地面距离不小于 0.08m 的规定。

2. 推车式灭火器的设置

《建筑灭火器配置验收及检查规范》（GB 50444—2008）第 3.3.1 和 3.3.2 条规定：

（1）推车式灭火器宜设置在平坦场地，不得设置在台阶上。在没有外力作用下，推车式灭火器不得自行滑动。

（2）推车式灭火器的设置和防止自行滑动的固定措施等均不得影响其操作使用和正常行驶移动。

（三）灭火器的配置验收

1. 配置验收

关于灭火器的配置验收，《建筑灭火器配置验收及检查规范》（GB 50444—2008）第 4.2.1～4.2.3 条，规定如下：

（1）灭火器的类型、规格、灭火级别和配置数量应符合建筑灭火器配置设计要求。

（2）灭火器的产品质量必须符合国家有关产品标准的要求。

（3）在同一灭火器配置单元内，采用不同类型灭火器时，其灭火剂应能相容。

2. 配置验收判定规则

《建筑灭火器配置验收及检查规范》（GB 50444—2008）第 4.3.1 和 4.3.2 条规定，灭火器配置验收应按独立建筑进行，局部验收可按申报的范围进行。灭火器配置验收的判定规则应符合下列要求：

（1）缺陷项目应按本规范附录 B 的规定划分为：严重缺陷项（A）、重缺陷项（B）和轻缺陷项（C）。

（2）合格判定条件应为：A=0，且 B≤1，且 B+C≤4，否则为不合格。

（四）建筑灭火器的检查与维护

1. 灭火器的检查

（1）《建筑灭火器配置验收及检查规范》（GB 50444—2008）第 5.2.1 条规定，灭火器的配置、外观等应按附录 C 的要求每月进行一次检查。

（2）《建筑灭火器配置验收及检查规范》（GB 50444—2008）第 5.2.2 条规定，下列场所配置的灭火器，应按附录 C 的要求每半月进行一次检查。

① 候车（机、船）室、歌舞娱乐放映游艺等人员密集的公共场所。

② 堆场、罐区、石油化工装置区、加油站、锅炉房、地下室等场所。

2. 灭火器的送修

（1）《建筑灭火器配置验收及检查规范》（GB 50444—2008）第 5.3.1 条规定，存在机械损伤、明显锈蚀、灭火剂泄漏、被开启使用过或符合其他维修条件的灭火器应及时进行维修。

（2）《建筑灭火器配置验收及检查规范》（GB 50444—2008）第 5.3.2 条规定，灭火器的维修期限应符合表4-16的规定。

表4-16   灭 火 器 的 维 修 期 限

灭火器类型		维修期限
水基型灭火器	手提式水基型灭火器	出厂期满3年；首次维修以后每满1年
	推车式水基型灭火器	
干粉灭火器	手提式（贮压式）干粉灭火器	出厂期满5年；首次维修以后每满2年
	手提式（储气瓶式）干粉灭火器	
	推车式（贮压式）干粉灭火器	
	推车式（储气瓶式）干粉灭火器	
洁净气体灭火器	手提式洁净气体灭火器	
	推车式洁净气体灭火器	
二氧化碳灭火器	手提式二氧化碳灭火器	
	推车式二氧化碳灭火器	

3. 灭火器的报废

《建筑灭火器配置验收及检查规范》（GB 50444—2008）第5.4.1条规定，下列类型的灭火器应报废：

（1）酸碱型灭火器。

（2）化学泡沫型灭火器。

（3）倒置使用型灭火器。

（4）氯溴甲烷、四氯化碳灭火器。

（5）国家政策明令淘汰的其他类型灭火器。

《建筑灭火器配置验收及检查规范》（GB 50444—2008）第5.4.2条规定，有下列情况之一的灭火器应报废：

（1）筒体严重锈蚀，锈蚀面积大于、等于筒体总面积的1/3；表面有凹坑。

（2）筒体明显变形，机械损伤严重。

（3）器头存在裂纹、无泄压机构。

（4）筒体为平底等结构不合理。

（5）没有间歇喷射机构的手提式。

（6）没有生产厂名称和出厂年月，包括铭牌脱落，或虽有铭牌，但已看不清生产厂名称，或出厂年月钢印无法识别。

（7）筒体有锡焊、铜焊或补缀等修补痕迹。

（8）被火烧过。

《建筑灭火器配置验收及检查规范》（GB 50444—2008）第5.4.3条规定，灭火器出厂时间达到或超过表4-17规定的报废期限时应报废。

表 4-17   灭 火 器 的 报 废 期 限

灭火器类型		报废期限（年）
水基型灭火器	手提式水基型灭火器	6
	推车式水基型灭火器	
干粉灭火器	手提式（贮压式）干粉灭火器	10
	手提式（储气瓶式）干粉灭火器	
	推车式（贮压式）干粉灭火器	
	推车式（储气瓶式）干粉灭火器	
洁净气体灭火器	手提式洁净气体灭火器	
	推车式洁净气体灭火器	
二氧化碳灭火器	手提式二氧化碳灭火器	12
	推车式二氧化碳灭火器	

四、泡沫灭火系统

（一）泡沫灭火系统组件及设置要求

1. 泡沫液泵

根据《泡沫灭火系统设计规范》（GB 50151—2010）第 3.3.2 条，泡沫液泵的选择与设置应符合下列规定：

（1）泡沫液泵的工作压力和流量应满足系统最大设计要求，并应与所选比例混合装置的工作压力范围和流量范围相匹配，同时应保证在设计流量范围内泡沫液供给压力大于最大水压力。

（2）泡沫液泵的结构形式、密封或填充类型应适宜输送所选的泡沫液，其材料应耐泡沫液腐蚀且不影响泡沫液的性能。

（3）应设置备用泵，备用泵的规格型号应与工作泵相同，且工作泵故障时应能自动与手动切换到备用泵。

（4）泡沫液泵应能耐受不低于 10min 的空载运转。

（5）除水力驱动型外，泡沫液泵的动力源设置应符合本规范第 8.1.4 条的规定，且宜与系统泡沫消防水泵的动力源一致。

2. 泡沫比例混合器（装置）

（1）根据《泡沫灭火系统设计规范》（GB 50151—2010）第 3.4.3 条，当采用计量注入式比例混合装置时，应符合下列规定：

① 泡沫液注入点的泡沫液流压力应大于水流压力，且其压差应满足产品的使用要求。

② 流量计进口前和出口后直管段的长度不应小于管径的 10 倍。

③ 泡沫液进口管道上应设置单向阀。

④ 泡沫液管道上应设置冲洗及放空设施。

（2）根据《泡沫灭火系统设计规范》（GB 50151—2010）第 3.4.4 条，当采用压力式比例混合装置时，应符合下列规定：

① 泡沫液储罐的单罐容积不应大于 10m³。

② 无囊式压力比例混合装置，当泡沫液储罐的单罐容积大于 5m³ 且储罐内无分隔设施时，宜设置 1 台小容积压力式比例混合装置，其容积应大于 0.5m³，并应保证系统按最大设计流量连续提供 3min 的泡沫混合液。

（3）根据《泡沫灭火系统设计规范》（GB 50151—2010）第 3.4.5 条，当采用环泵式比例混合器时，应符合下列规定：

① 出口背压宜为零或负压，当进口压力为 0.7～0.9MPa 时，其出口背压可为 0.02～0.03MPa。

② 吸液口不应高于泡沫液储罐最低液面 1m。

③ 比例混合器的出口背压大于零时，吸液管上应有防止水倒流入泡沫液储罐的措施。

④ 应设有不少于 1 个的备用量。

3. 泡沫产生装置

（1）根据《泡沫灭火系统设计规范》（GB 50151—2010）第 3.6.1 条，低倍数泡沫产生器应符合下列规定：

① 固定顶储罐、按固定顶储罐对待的内浮顶储罐，宜选用立式泡沫产生器。

② 泡沫产生器进口的工作压力应为其额定值±0.1MPa。

③ 泡沫产生器的空气吸入口及露天的泡沫喷射口，应设置防止异物进入的金属网。

④ 横式泡沫产生器的出口，应设置长度不小于 1m 的泡沫管。

⑤ 外浮顶储罐上的泡沫产生器，不应设置密封玻璃。

（2）根据《泡沫灭火系统设计规范》（GB 50151—2010）第 3.6.3 条，中倍数泡沫产生器应符合下列规定：

① 发泡网应采用不锈钢材料。

② 安装于油罐上的中倍数泡沫产生器，其进空气口应高出罐壁顶。

（3）根据《泡沫灭火系统设计规范》（GB 50151—2010）第 3.6.4 条，高倍数泡沫产生器应符合下列规定：

① 在防护区内设置并利用热烟气发泡时，应选用水力驱动型泡沫产生器。

② 在防护区内固定设置泡沫产生器时，应采用不锈钢材料的发泡网。

（二）泡沫灭火系统主要组件的安装

1. 泡沫液储罐的安装

（1）《泡沫灭火系统施工及验收规范》（GB 50281—2006）第 5.3.1 条规定，泡沫液储罐的安装位置和高度应符合设计要求。当设计无要求时，泡沫液储罐周围应留有满足检修需要的通道，其宽度不宜小于 0.7m，且操作面不宜小于 1.5m；当泡沫液储罐上的控制阀距地面高度大于 1.8m 时，应在操作面处设置操作平台或操作凳。

（2）根据《泡沫灭火系统施工及验收规范》（GB 50281—2006）第 5.3.2 条，常压泡沫液储罐的现场制作、安装和防腐应符合下列规定：

① 现场制作的常压钢质泡沫液储罐，泡沫液管道出液口不应高于泡沫液储罐最低液面 1m，泡沫液管道吸液口距泡沫液储罐底面不应小于 0.15m，且宜做成喇叭口形。

② 现场制作的常压钢质泡沫液储罐应进行严密性试验，试验压力应为储罐装满水后的静压力，试验时间不应小于 30min，目测应无渗漏。

③ 现场制作的常压钢质泡沫液储罐内、外表面应按设计要求防腐，并应在严密性试验合格后进行。

④ 常压泡沫液储罐的安装方式应符合设计要求，当设计无要求时，应根据其形状按立式或卧式安装在支架或支座上，支架应与基础固定，安装时不得损坏其储罐上的配管和附件。

⑤ 常压钢质泡沫液储罐罐体与支座接触部位的防腐，应符合设计要求，当设计无规定时，应按加强防腐层的做法施工。

2. 泡沫比例混合器（装置）的安装

（1）环泵式比例混合器的安装。《泡沫灭火系统施工及验收规范》（GB 50281—2006）第 5.4.2 条规定，环泵式比例混合器的安装应符合下列规定：

① 环泵式比例混合器安装标高的允许偏差为±10mm。

② 备用的环泵式比例混合器应并联安装在系统上，并应有明显的标志。

（2）平衡式比例混合装置的安装。根据《泡沫灭火系统施工及验收规范》（GB 50281—2006）第 5.4.4 条，平衡式比例混合装置的安装应符合下列规定：

① 整体平衡式比例混合装置应竖直安装在压力水的水平管道上，并应在水和泡沫液进口的水平管道上分别安装压力表，且与平衡式比例混合装置进口处的距离不宜大于 0.3m。

② 分体平衡式比例混合装置的平衡压力流量控制阀应竖直安装。

③ 水力驱动平衡式比例混合装置的泡沫液泵应水平安装，安装尺寸和管道的连接方式应符合设计要求。

（3）管线式比例混合器的安装。《泡沫灭火系统施工及验收规范》（GB 50281—2006）第 5.4.5 条规定，管线式比例混合器应安装在压力水的水平管道上或串接在消防水带上，并应靠近储罐或防护区，其吸液口与泡沫液储罐或泡沫液桶最低液面的高度不得大于 1.0m。

3. 泡沫产生装置的安装

（1）低倍数泡沫产生器的安装。根据《泡沫灭火系统施工及验收规范》（GB 50281—2006）第 5.6.1 条，低倍数泡沫产生器的安装应符合下列规定：

① 液上喷射的泡沫产生器应根据产生器类型安装，并应符合设计要求。

② 水溶性液体储罐内泡沫溜槽的安装应沿罐壁内侧螺旋下降到距罐底 1.0~1.5m 处，溜槽与罐底平面夹角宜为 30°~45°；泡沫降落槽应垂直安装，其垂直度允许偏差为降落槽高度的 5‰，且不得超过 30mm，坐标允许偏差为 25mm，标高允许偏差为±20mm。

③ 液下及半液下喷射的高背压泡沫产生器应水平安装在防火堤外的泡沫混合液管道上。

④ 在高背压泡沫产生器进口侧设置的压力表接口应竖直安装；其出口侧设置的压力表、背压调节阀和泡沫取样口的安装尺寸应符合设计要求，环境温度为 0℃及以下的地区，背压调节阀和泡沫取样口上的控制阀应选用钢质阀门。

⑤ 液上喷射泡沫产生器或泡沫导流罩沿罐周均匀布置时，其间距偏差不宜大于 100mm。

⑥ 外浮顶储罐泡沫喷射口设置在浮顶上时，泡沫混合液支管应固定在支架上，泡沫喷

射口 T 型管的横管应水平安装，伸入泡沫堰板后向下倾斜角度应符合设计要求。

⑦ 外浮顶储罐泡沫喷射口设置在罐壁顶部、密封或挡雨板上方或金属挡雨板的下部时，泡沫堰板的高度及与罐壁的间距应符合设计要求。

⑧ 泡沫堰板的最低部位设置排水孔的数量和尺寸应符合设计要求，并应沿泡沫堰板周长均布，其间距偏差不宜大于 20mm。

⑨ 单、双盘式内浮顶储罐泡沫堰板的高度及与罐壁的间距应符合设计要求。

⑩ 当一个储罐所需的高背压泡沫产生器并联安装时，应将其并列固定在支架上，且应符合上述③和④的有关规定。

⑪ 半液下泡沫喷射装置应整体安装在泡沫管道进入储罐处设置的钢质明杆闸阀与止回阀之间的水平管道上，并应采用扩张器（伸缩器）或金属软管与止回阀连接，安装时不应拆卸和损坏密封膜及其附件。

（2）高倍数泡沫产生器的安装。《泡沫灭火系统施工及验收规范》（GB 50281—2006）第 5.6.3 条，高倍数泡沫产生器的安装应符合下列规定：

① 高倍数泡沫产生器的安装应符合设计要求。

② 距高倍数泡沫产生器的进气端小于或等于 0.3m 处不应有遮挡物。

③ 在高倍数泡沫产生器的发泡网前小于或等于 1.0m 处，不应有影响泡沫喷放的障碍物。

④ 高倍数泡沫产生器应整体安装，不得拆卸，并应牢固固定。

（3）固定式泡沫炮的安装。根据《泡沫灭火系统施工及验收规范》（GB 50281—2006）第 5.6.5 条，固定式泡沫炮的安装应符合下列规定：

① 固定式泡沫炮的立管应垂直安装，炮口应朝向防护区，并不应有影响泡沫喷射的障碍物。

② 安装在炮塔或支架上的泡沫炮应牢固固定。

③ 电动泡沫炮的控制设备、电源线、控制线的规格、型号及设置位置、敷设方式、接线等应符合设计要求。

（三）泡沫灭火系统调试

（1）《泡沫灭火系统施工及验收规范》（GB 50281—2006）第 6.2.1 条规定，泡沫灭火系统的动力源和备用动力应进行切换试验，动力源和备用动力及电气设备运行应正常。

（2）《泡沫灭火系统施工及验收规范》（GB 50281—2006）第 6.2.2 条规定，消防泵应进行试验，并应符合下列规定：

① 消防泵应进行运行试验，其性能应符合设计和产品标准的要求。

② 消防泵与备用泵应在设计负荷下进行转换运行试验，其主要性能应符合设计要求。

（3）《泡沫灭火系统施工及验收规范》（GB 50281—2006）第 6.2.3 条规定，泡沫比例混合器（装置）调试时，应与系统喷泡沫试验同时进行，其混合比应符合设计要求。

（4）《泡沫灭火系统施工及验收规范》（GB 50281—2006）第 6.2.4 条规定，泡沫产生装置的调试应符合下列规定：

① 低倍数（含高背压）泡沫产生器、中倍数泡沫产生器应进行喷水试验，其进口压力应符合设计要求。

② 泡沫喷头应进行喷水试验，其防护区内任意四个相邻喷头组成的四边形保护面积内的平均供给强度不应小于设计值。

③ 固定式泡沫炮应进行喷水试验，其进口压力、射程、射高、仰俯角度、水平回转角度等指标应符合设计要求。

④ 泡沫枪应进行喷水试验，其进口压力和射程应符合设计要求。

⑤ 高倍数泡沫产生器应进行喷水试验，其进口压力的平均值不应小于设计值，每台高倍数泡沫产生器发泡网的喷水状态应正常。

（5）根据《泡沫灭火系统施工及验收规范》（GB 50281—2006）第 6.2.6 条，泡沫灭火系统的调试应符合下列规定：

① 当为手动灭火系统时，应以手动控制的方式进行一次喷水试验；当为自动灭火系统时，应以手动和自动控制的方式各进行一次喷水试验，其各项性能指标均应达到设计要求。

② 低、中倍数泡沫灭火系统按上述①的规定喷水试验完毕，将水放空后，进行喷泡沫试验；当为自动灭火系统时，应以自动控制的方式进行；喷射泡沫的时间不应小于 1min；实测泡沫混合液的混合比和泡沫混合液的发泡倍数及到达最不利点防护区或储罐的时间和湿式联用系统自喷水至喷泡沫的转换时间应符合设计要求。

③ 高倍数泡沫灭火系统按上述①的规定喷水试验完毕，将水放空后，应以手动或自动控制的方式对防护区进行喷泡沫试验，喷射泡沫的时间不应小于 30s，实测泡沫混合液的混合比和泡沫供给速率及自接到火灾模拟信号至开始喷泡沫的时间应符合设计要求。

（四）泡沫灭火系统的验收

1. 泡沫灭火系统的施工质量验收

《泡沫灭火系统施工及验收规范》（GB 50281—2006）第 7.2.1 条规定，泡沫灭火系统应对施工质量进行验收，并应包括下列内容：

（1）泡沫液储罐、泡沫比例混合器（装置）、泡沫产生装置、消防泵、泡沫消火栓、阀门、压力表、管道过滤器、金属软管等系统组件的规格、型号、数量、安装位置及安装质量。

（2）管道及管件的规格、型号、位置、坡向、坡度、连接方式及安装质量。

（3）固定管道的支、吊架，管墩的位置、间距及牢固程度。

（4）管道穿防火堤、楼板、防火墙及变形缝的处理。

（5）管道和系统组件的防腐。

（6）消防泵房、水源及水位指示装置。

（7）动力源、备用动力及电气设备。

2. 泡沫灭火系统的功能验收

根据《泡沫灭火系统施工及验收规范》（GB 50281—2006）第 7.2.2 条，泡沫灭火系统应对系统功能进行验收，并应符合下列规定：

（1）低、中倍数泡沫灭火系统喷泡沫试验应合格。

（2）高倍数泡沫灭火系统喷泡沫试验应合格。

（五）泡沫灭火系统的维护管理

1. 每周检查维护

《泡沫灭火系统施工及验收规范》（GB 50281—2006）第 8.2.1 条规定，每周应对消防泵和备用动力进行一次启动试验，并应按本规范表 D.0.1 记录。

2. 每月检查维护

根据《泡沫灭火系统施工及验收规范》（GB 50281—2006）第 8.2.2 条，每月应对系统进行检查，并应按本规范表 D.0.2 记录，检查内容及要求应符合下列规定：

（1）对低、中、高倍数泡沫产生器，泡沫喷头，固定式泡沫炮，泡沫比例混合器（装置），泡沫液储罐进行外观检查，应完好无损。

（2）对固定式泡沫炮的回转机构、仰俯机构或电动操作机构进行检查，性能应达到标准的要求。

（3）泡沫消火栓和阀门的开启与关闭应自如，不应锈蚀。

（4）压力表、管道过滤器、金属软管、管道及管件不应有损伤。

（5）对遥控功能或自动控制设施及操纵机构进行检查，性能应符合设计要求。

（6）对储罐上的低、中倍数泡沫混合液立管应清除锈渣。

（7）动力源和电气设备工作状况应良好。

（8）水源及水位指示装置应正常。

3. 每半年检查维护

《泡沫灭火系统施工及验收规范》（GB 50281—2006）第 8.2.3 条规定，每半年除储罐上泡沫混合液立管和液下喷射防火堤内泡沫管道及高倍数泡沫产生器进口端控制阀后的管道外，其余管道应全部冲洗，清除锈渣，并应按本规范表 D.0.2 记录。

4. 每两年检查维护

《泡沫灭火系统施工及验收规范》（GB 50281—2006）第 8.2.4 条规定，每两年应对系统进行检查和试验，并应按本规范表 D.0.2 记录；检查和试验的内容及要求应符合下列规定：

（1）对于低倍数泡沫灭火系统中的液上、液下及半液下喷射、泡沫喷淋、固定式泡沫炮和中倍数泡沫灭火系统进行喷泡沫试验，并对系统所有组件、设施、管道及管件进行全面检查。

（2）对于高倍数泡沫灭火系统，可在防护区内进行喷泡沫试验，并对系统所有组件、设施、管道及管件进行全面检查。

（3）系统检查和试验完毕，应对泡沫液泵或泡沫混合液泵、泡沫液管道、泡沫混合液管道、泡沫管道、泡沫比例混合器（装置）、泡沫消火栓、管道过滤器或喷过泡沫的泡沫产生装置等用清水冲洗后放空，复原系统。

五、消防应急照明和疏散指示系统

（一）消防应急照明和疏散指示系统组件的安装

1. 应急照明控制器、集中电源、应急照明配电箱的安装

（1）根据《消防应急照明和疏散指示系统技术标准》（GB 51309—2018）第 4.4.1 条，应急照明控制器、集中电源、应急照明配电箱的安装应符合下列规定：

① 应安装牢固，不得倾斜。

② 在轻质墙上采用壁挂方式安装时，应采取加固措施。

③ 落地安装时，其底边宜高出地（楼）面 100～200mm。

④ 设备在电气竖井内安装时，应采用下出口进线方式。

⑤ 设备接地应牢固，并应设置明显标识。

（2）根据《消防应急照明和疏散指示系统技术标准》（GB 51309—2018）第 4.4.3 条，应急照明控制器主电源应设置明显的永久性标识，并应直接与消防电源连接，严禁使用电源插头；应急照明控制器与其外接备用电源之间应直接连接。

（3）根据《消防应急照明和疏散指示系统技术标准》（GB 51309—2018）第 4.4.5 条，应急照明控制器、集中电源和应急照明配电箱的接线应符合下列规定：

① 引入设备的电缆或导线，配线应整齐，不宜交叉，并应固定牢靠。

② 线缆芯线的端部，均应标明编号，并与图纸一致，字迹应清晰且不易褪色。

③ 端子板的每个接线端，接线不得超过 2 根。

④ 线缆应留有不小于 200mm 的余量。

⑤ 导线应绑扎成束。

⑥ 线缆穿管、槽盒后，应将管口、槽口封堵。

2. 灯具的安装

（1）照明灯安装。根据《消防应急照明和疏散指示系统技术标准》（GB 51309—2018）第 4.5.6～4.5.8 条的规定，照明灯安装的要求如下：

① 照明灯宜安装在顶棚上。

② 当条件限制时，照明灯可安装在走道侧面墙上，并应符合下列规定：安装高度不应在距地面 1～2m 之间；在距地面 1m 以下侧面墙上安装时，应保证光线照射在灯具的水平线以下。

③ 照明灯不应安装在地面上。

（2）标志灯安装。标志灯的标志面宜与疏散方向垂直。根据《消防应急照明和疏散指示系统技术标准》（GB 51309—2018）第 4.5.10 条，出口标志灯的安装应符合下列规定：

① 应安装在安全出口或疏散门内侧上方居中的位置；受安装条件限制标志灯无法安装在门框上侧时，可安装在门的两侧，但门完全开启时标志灯不能被遮挡。

② 室内高度不大于 3.5m 的场所，标志灯底边离门框距离不应大于 200mm；室内高度大于 3.5m 的场所，特大型、大型、中型标志灯底边距地面高度不宜小于 3m，且不宜大于 6m。

③ 采用吸顶或吊装式安装时，标志灯距安全出口或疏散门所在墙面的距离不宜大于 50mm。

（二）消防应急照明和疏散指示系统的调试

1. 调试准备

（1）《消防应急照明和疏散指示系统技术标准》（GB 51309—2018）第 5.2.2 条规定，集中控制型系统调试前，应对灯具、集中电源或应急照明配电箱进行地址设置及地址注释，并应符合下列规定：

① 应对应急照明控制器配接的灯具、集中电源或应急照明配电箱进行地址编码，每一台灯具、集中电源或应急照明配电箱应对应一个独立的识别地址。

② 应急照明控制器应对其配接的灯具、集中电源或应急照明配电箱进行地址注册，并

录入地址注释信息。

③ 应按本标准附录 D 的规定填写系统部件设置情况记录。

（2）《消防应急照明和疏散指示系统技术标准》（GB 51309—2018）第 5.2.3 条规定，集中控制型系统调试前，应对应急照明控制器进行控制逻辑编程，并应符合下列规定：

① 应按照系统控制逻辑设计文件的规定，进行系统自动应急启动、相关标志灯改变指示状态控制逻辑编程，并录入应急照明控制器中。

② 应按本标准附录 D 的规定填写应急照明控制器控制逻辑编程记录。

2. 应急照明控制器、集中电源和应急照明配电箱的调试

（1）应急照明控制器调试。

① 《消防应急照明和疏散指示系统技术标准》（GB 51309—2018）第 5.3.1 条规定，应将应急照明控制器与配接的集中电源、应急照明配电箱、灯具相连接后，接通电源，使控制器处于正常监视状态。

② 《消防应急照明和疏散指示系统技术标准》（GB 51309—2018）第 5.3.2 条规定，应对控制器下列主要功能进行检查并记录，控制器的功能应符合现行国家标准《消防应急照明和疏散指示系统》（GB 17945—2010）的规定：① 自检功能；② 操作级别；③ 主、备电源的自动转换功能；④ 故障报警功能；⑤ 消音功能；⑥ 一键检查功能。

（2）集中电源调试。

《消防应急照明和疏散指示系统技术标准》（GB 51309—2018）第 5.3.3 和 5.3.4 条规定，应将集中电源与灯具相连接后，接通电源，集中电源应处于正常工作状态。应对集中电源下列主要功能进行检查并记录，集中电源的功能应符合现行国家标准《消防应急照明和疏散指示系统》（GB 17945—2010）的规定：操作级别；故障报警功能；消音功能；电源分配输出功能；集中控制型集中电源转换手动测试功能；集中控制型集中电源通信故障连锁控制功能；集中控制型集中电源灯具应急状态保持功能。

（3）应急照明配电箱调试。

《消防应急照明和疏散指示系统技术标准》（GB 51309—2018）第 5.3.5 和 5.3.6 条规定，应接通应急照明配电箱的电源，使应急照明配电箱处于正常工作状态。应对应急照明配电箱进行下列主要功能检查并记录，应急照明配电箱的功能应符合现行国家标准《消防应急照明和疏散指示系统》（GB 17945—2010）的规定：

① 主电源分配输出功能。

② 集中控制型应急照明配电箱主电源输出关断测试功能。

③ 集中控制型应急照明配电箱通信故障连锁控制功能。

④ 集中控制型应急照明配电箱灯具应急状态保持功能。

3. 集中控制型系统的系统功能调试

（1）非火灾状态下的系统功能调试。

① 《消防应急照明和疏散指示系统技术标准》（GB 51309—2018）第 5.4.1 条规定，系统功能调试前，集中电源的蓄电池组、灯具自带的蓄电池应连续充电 24h。

② 《消防应急照明和疏散指示系统技术标准》（GB 51309—2018）第 5.4.3 条规定，切断集中电源、应急照明配电箱的主电源，根据系统设计文件的规定，对系统的主电源断电控

制功能进行检查并记录，系统的主电源断电控制功能应符合下列规定：集中电源应转入蓄电池电源输出、应急照明配电箱应切断主电源输出；应急照明控制器应开始主电源断电持续应急时间计时；集中电源、应急照明配电箱配接的非持续型照明灯的光源应应急点亮、持续型灯具的光源应由节电点亮模式转入应急点亮模式；恢复集中电源、应急照明配电箱的主电源供电，集中电源、应急照明配电箱配接灯具的光源应恢复原工作状态；使灯具持续应急点亮时间达到设计文件规定的时间，集中电源、应急照明配电箱配接灯具的光源应熄灭。

③《消防应急照明和疏散指示系统技术标准》（GB 51309—2018）第 5.4.4 条规定，切断防火分区、楼层、隧道区间、地铁站台和站厅正常照明配电箱的电源，根据系统设计文件的规定，对系统的正常照明断电控制功能进行检查并记录，系统的正常照明断电控制功能应符合下列规定：该区域非持续型照明灯的光源应应急点亮、持续型灯具的光源应由节电点亮模式转入应急点亮模式；恢复正常照明应急照明配电箱的电源供电，该区域所有灯具的光源应恢复原工作状态。

（2）火灾状态下的系统控制功能调试。

①《消防应急照明和疏散指示系统技术标准》（GB 51309—2018）第 5.4.7 条规定，根据系统设计文件的规定，使消防联动控制器发出被借用防火分区的火灾报警区域信号，对需要借用相邻防火分区疏散的防火分区中标志灯指示状态的改变功能进行检查并记录，标志灯具的指示状态改变功能应符合下列规定：应急照明控制器应发出控制标志灯指示状态改变的启动信号，显示启动时间；该防火分区内，按不可借用相邻防火分区疏散工况条件对应的疏散指示方案，需要变换指示方向的方向标志灯应改变箭头指示方向，通向被借用防火分区入口的出口标志灯的"出口指示标志"的光源应熄灭、"禁止入内"指示标志的光源应应急点亮；灯具改变指示状态的响应时间应符合本标准第 3.2.3 条的规定；该防火分区内其他标志灯的工作状态应保持不变。

②《消防应急照明和疏散指示系统技术标准》（GB 51309—2018）第 5.4.8 条规定，根据系统设计文件的规定，使消防联动控制器发出代表相应疏散预案的消防联动控制信号，对需要采用不同疏散预案的交通隧道、地铁隧道、地铁站台和站厅等场所中标志灯指示状态的改变功能进行检查并记录，标志灯具的指示状态改变功能应符合下列规定：应急照明控制器应发出控制标志灯指示状态改变的启动信号，显示启动时间；该区域内，按照对应的疏散指示方案需要变换指示方向的方向标志灯应改变箭头指示方向，通向需要关闭的疏散出口处设置的出口标志灯"出口指示标志"的光源应熄灭、"禁止入内"指示标志的光源应应急点亮；灯具改变指示状态的响应时间应符合本标准第 3.2.3 条的规定；该区域内其他标志灯的工作状态应保持不变。

③《消防应急照明和疏散指示系统技术标准》（GB 51309—2018）第 5.4.9 条规定，手动操作应急照明控制器的一键启动按钮，对系统的手动应急启动功能进行检查并记录，系统的手动应急启动功能应符合下列规定：应急照明控制器应发出手动应急启动信号，显示启动时间；系统内所有的非持续型照明灯的光源应应急点亮、持续型灯具的光源应由节电点亮模式转入应急点亮模式；集中电源应转入蓄电池电源输出、应急照明配电箱应切断主电源的输出；照明灯设置部位地面水平最低照度应符合本标准第 3.2.5 条的规定；灯具点亮的持续工作时间应符合本标准第 3.2.4 条的规定。

（三）消防应急照明和疏散指示系统的检测与验收

（1）《消防应急照明和疏散指示系统技术标准》（GB 51309—2018）第 6.0.1 条规定，系统竣工后，建设单位应负责组织施工、设计、监理等单位进行系统验收，验收不合格不得投入使用。

（2）《消防应急照明和疏散指示系统技术标准》（GB 51309—2018）第 6.0.3 条规定，系统检测、验收时，应对施工单位提供的下列资料进行齐全性和符合性检查，并按附录 E 的规定填写记录：竣工验收申请报告、设计变更通知书、竣工图；工程质量事故处理报告；施工现场质量管理检查记录；系统安装过程质量检查记录；系统部件的现场设置情况记录；系统控制逻辑编程记录；系统调试记录；系统部件的检验报告、合格证明材料。

（3）《消防应急照明和疏散指示系统技术标准》（GB 51309—2018）第 6.0.4 条规定，根据各项目对系统工程质量影响严重程度的不同，将检测、验收的项目划分为 A、B、C 三个类别：

① A 类项目应符合下列规定：系统中的应急照明控制器、集中电源、应急照明配电箱和灯具的选型与设计文件的符合性；系统中的应急照明控制器、集中电源、应急照明配电箱和灯具消防产品准入制度的符合性；应急照明控制器的应急启动、标志灯指示状态改变控制功能；集中电源、应急照明配电箱的应急启动功能；集中电源、应急照明配电箱的连锁控制功能；灯具应急状态的保持功能；集中电源、应急照明配电箱的电源分配输出功能。

② B 类项目应符合下列规定：本标准第 6.0.3 条规定资料的齐全性、符合性；系统在蓄电池电源供电状态下的持续应急工作时间。

③ 其余项目应为 C 类项目。

（4）《消防应急照明和疏散指示系统技术标准》（GB 51309—2018）第 6.0.5 条规定，系统检测、验收结果判定准则应符合下列规定：

① A 类项目不合格数量应为 0，B 类项目不合格数量应小于或等于 2，B 类项目不合格数量加上 C 类项目不合格数量应小于或等于检查项目数量的 5% 的，系统检测、验收结果应为合格；

② 不符合合格判定准则的，系统检测、验收结果应为不合格。

（5）《消防应急照明和疏散指示系统技术标准》（GB 51309—2018）第 6.0.6 条规定，本节各项检测、验收项目中，当有不合格时，应修复或更换，并进行复验。复验时，对有抽验比例要求的，应加倍检验。

（四）消防应急照明和疏散指示系统的运行维护

（1）《消防应急照明和疏散指示系统技术标准》（GB 51309—2018）第 7.0.4 条规定，系统应按本标准附录 F 规定的巡查项目和内容进行日常巡查，巡查的部位、频次应符合现行国家标准《建筑消防设施的维护管理》（GB 25201—2010）的规定，并按本标准附录 F 的规定填写记录。巡查过程中发现设备外观破损、设备运行异常时应立即报修。

（2）《消防应急照明和疏散指示系统技术标准》（GB 51309—2018）第 7.0.5 条规定，每年应按表 4-18 规定的检查项目、数量对系统部件的功能、系统的功能进行检查，并应符合下列规定：

① 系统的年度检查可根据检查计划，按月度、季度逐步进行；

② 月度、季度的检查数量应符合表 4–18 的规定；

③ 系统部件的功能、系统的功能应符合本标准第 5 章的规定；

④ 系统在蓄电池电源供电状态下的应急工作持续时间不符合本标准第3.2.4条第1款～第 5 款规定时，应更换相应系统设备或更换其蓄电池（组）。

表 4–18　　　　　　　　　　系统月检、季检对象、项目及数量

序号	检查对象	检查项目	检查数量
1	集中控制型系统	手动应急启动功能	应保证每月、季度对系统进行一次手动应急启动功能检查
		火灾状态下自动应急启动功能	应保证每年对每一个防火分区至少进行一次火灾状态下自动应急启动功能检查
		持续应急工作时间	应保证每月对每一台灯具进行一次蓄电池电源供电状态下的应急工作持续时间检查
2	非集中控制型系统	手动应急启动功能	应保证每月、季度对系统进行一次手动应急启动功能检查
		持续应急工作时间	应保证每月对每一台灯具进行一次蓄电池电源供电状态下的应急工作持续时间检查

章 节 练 习

 ## 案例一　某电厂调度楼火灾自动报警系统的配置案例分析

某电厂调度楼共 6 层，设置了火灾自动报警系统、气体灭火系统等消费设施。火灾自动报警控制器每个总线回路最大负载能力为 256 个报警点，每层有 70 个报警点，共分两个总线回路，其中一～三层为第一回路，四～六层为第二回路。每个楼层弱电井中安装 1 只总线短路隔离器，在本楼层总线处出现短路时保护其他楼层的报警设备功能不受影响。

二层一个设备间布置了 28 台电力控制柜，顶棚安装了点型光电感烟探测器。控制柜内火灾探测采用管路式吸气感烟火灾探测器。设备间共设有 1 台单管吸气式感烟火灾探测器，其采样主管长 45m，敷设在电力控制柜上方，通过毛细采样管进入每个电力控制柜，采样孔直径均为 3mm。消防控制室能够接收管路吸气式感烟火灾探测器的报警及故障信号。

四层主控室为一个气体灭火防护区，安装了 4 台柜式预制七氟丙烷灭火装置，充压压力为 4.2MPa。自动联动模拟喷气检测时，有 2 台气体灭火装置没有启动，启动的 2 台灭火装置动作时差为 4s。经检查确认，气体灭火控制器功能正常。

使用单位拟对一层重新装修改造，走道（宽 1.5m）采用通透面积占吊顶面积 12%的格栅吊顶，在部分房间增加空调送风口，将一个房间改为吸烟室。

根据以上材料，回答问题：

1. 对该生产综合楼火灾自动报警系统设置问题进行分析，提出改进措施。

2. 简述主控室气体灭火系统充压压力和启动时间存在的问题。

3. 简述主控室 2 台气体灭火装置未启动的原因及解决措施。

4. 按使用单位的改造要求，提出探测器设置和安装时应该注意的问题。

参 考 答 案

1. 该生产综合楼火灾自动报警系统设置问题：火灾自动报警系统、气体火灾自动报警控制器每个总线回路最大负载能力为 256 个报警点，每层有 70 个报警点。

分析：根据《火灾自动报警系统设计规范》（GB 50116—2013），任一台火灾报警控制器所连接的火灾探测器、手动火灾报警按钮和模块等设备总数和地址总数，均不应超过 3200 点，其中每一总线回路连接设备的总数不宜超过 200 点，且应留有不少于额定容量 10% 的余量；系统总线上应设置总线短路隔离器，每只总线短路隔离器保护的火灾探测器、手动火灾报警按钮和模块等消防设备的总数不应超过 32 点。

整改措施：（1）该控制器分为 3 个总线回路，每 2 层一个，每个控制回路控制 140 个点。

（2）每个楼层弱电井中安装 3 个总线短路隔离器。

2. 充压压力存在的问题：充压压力为 4.2MPa。

原因：根据《气体灭火系统设计规范》（GB 50370—2005），防护区内设置的预制灭火系统的充压压力不应大于 2.5MPa。

启动时间存在的问题：启动的 2 台灭火装置动作时差为 4s。

原因：根据《气体灭火系统设计规范》（GB 50370—2005），同一防护区内的预制灭火系统装，多于 1 台时，必须能同时启动，其动作响应时差不得大于 2s。

3. 气体灭火装置未启动的原因及解决措施：

（1）瓶头阀损坏。解决方法：更换瓶头阀。

（2）驱动瓶组连接错误。解决方法：重新正确连接。

（3）连接管堵塞。解决方法：疏通连接管。

（4）储存容器内压力不足。解决方法：对储存容器充压。

4. 探测器设置和安装要求：

（1）在宽度小于 3m 的内走道顶棚上设置点型探测器时，宜居中布置。感温火灾探测器的安装间距不应超过 10m；感烟火灾探测器的安装间距不应超过 15m；探测器至端墙的距离，不应大于探测器安装间距的 1/2。

（2）点型探测器至墙壁、梁边的水平距离，不应小于 0.5m。

（3）点型探测器周围 0.5m 内，不应有遮挡物。

（4）点型探测器至空调送风口边的水平距离不应小于 1.5m，并宜接近回风口安装。探测器至多孔送风顶棚孔口的水平距离不应小于 0.5m。

（5）探测器宜水平安装，当确实需倾斜安装时，倾斜角不应大于 45°。

案例二 某银行办公综合楼火灾自动报警系统检查与维护保养案例分析

消防技术服务机构受托对某地区银行办公的综合楼进行消防设施的专项检查,该综合楼火灾自动报警系统采用双电源供电,双电源切换控制箱安装在一层低压配电室,考虑到系统供电的可靠性,在供电回路上设置剩余电流电气火灾探测器,实现电流故障动作保护和过负载保护。火灾报警控制器显示12只感烟探测器被屏蔽(洗衣房2只,其他楼层10只),1只防火阀模块故障。

对火灾自动报警系统进行调试,过程如下:切断控制器与备用电源之间的连接,控制器无异常显示;恢复控制器与备用电源之间的连接,切断火灾报警控制器主电源,控制器自动切换到备用电源工作,显示主电故障;测试8只感烟探测器,6只正常报警,2只不报警。试验过程中控制器出现重启现象,继续试验报警功能,控制器关机,无法重新启动;恢复控制器主电源,控制器启动并正常工作;使探测器底座上的总线接线端子短路,控制器上显示该探测器所在回路总线故障;触发满足防排烟系统启动条件的报警信号,消防联动控制器发出了同时启动5个排烟阀和5个送风阀的控制信号,控制器显示了3个排烟阀和5个送风阀的开启反馈信号,相对应的排烟机和送风机正常启动并在联动控制器上显示启动反馈信号。

银行数据中心机房设置IG541气体灭火系统,以组合分配方式设置A、B、C三个气体灭火防护区。断开气体灭火控制器与各防护区气体灭火驱动装置的连接线,进行联动控制功能试验,过程如下:

按下A防护区门外设置的气体灭火手动启动按钮。A防护区内声光警报器启动,然后按下气体灭火器手动停止按钮,测量气体灭火控制器启动输出端电压,一直为0V。

按下B防护区内1只火灾手动报警按钮。测量气体火灾控制器输出端电压,25s后电压为24V。

测试C防护区,按下气体灭火控制器上的启动按钮。再按下相对应的停止按钮,测量气体灭火控制器启动输出端电压,25s后电压为24V。

据了解,消防维保单位进行系统试验过程中不慎碰坏了两段驱动气体管道,维保人员直接更换了损坏的驱动气体管道并填写了维修更换记录。

根据以上材料,回答下列问题:
1. 根据检查测试情况指出消防供电及火灾报警系统中存在的问题。
2. 导致排烟阀未反馈开启信号的原因是什么?
3. 三个气体灭火防护区的气体灭火联动控制功能是否正常?为什么?
4. 维保人员对配电室气体灭火系统驱动气体管道维修的做法是否正确?为什么?

参 考 答 案

1. 根据检查测试情况指出消防供电及火灾报警系统中存在的问题如下:
(1)双电源切换控制箱安装在一层低压配电室,应设置到最末端控制箱。

（2）在供电回路上设置剩余电流电气火灾探测器，应设置剩余电流保护和过载保护。

（3）火灾报警控制器显示 12 只感烟探测器被屏蔽（洗衣房 2 只，其他楼层 10 只），1 只防火阀模块故障，不应对探测器和故障模块进行屏蔽，有故障或误报警应及时维修保养。

（4）切断控制器与备用电源之间的连接，控制器无异常显示。

（5）测试 8 只感烟探测器，6 只正常报警，2 只不报警，试验过程中控制器出现重启现象，继续试验报警功能，控制器关机。

（6）消防联动控制器发出了同时启动 5 个排烟阀和 5 个送风阀的控制信号，控制器显示了 3 个排烟阀和 5 个送风阀的开启反馈信号。

2. 本题考核的是排烟阀设置。

导致排烟阀未反馈开启信号的原因有：

（1）排烟阀控制模块故障。

（2）连接排烟阀与联动控制器之间的信号线出现故障。

（3）排烟阀出现故障。

3. 本题考核的是气体灭火系统的系统调试要求。

三个气体灭火防护区的气体灭火联动控制功能正常与否的判断及理由如下：

（1）A 气体灭火防护区的气体灭火联动控制功能正常。

（2）B 气体灭火防护区的气体灭火联动控制功能不正常。

理由：按下 B 防护区内 1 只火灾手动报警按钮，测量气体火灾控制器输出端电压，25s 后电压为 24V，说明一只手动报警按钮就能启动。触发气体灭火联动控制功能可以为两只探测器信号或一个探测器加一只手动报警按钮信号。

（3）C 气体灭火防护区的气体灭火联动控制功能不正常。

理由：因为按下相对应的停止按钮，测量气体灭火控制器启动输出端电压，25s 后电压为 24V。说明 25s 喷气，不符合要求，系统应当停止启动。

4. 本题考核的是气体灭火系统的维护管理。

维保人员对配电室气体灭火系统驱动气体管道维修的做法不正确。

理由：应由具有资质的公司更新，更换了损坏的驱动气体管道后，管道应进行强度试验和严密性试验。

 案例三　某商业大厦火灾自动报警系统检查与维护保养案例分析

某商业大厦按规范要求设置了火灾自动报警系统、自动喷水灭火系统以及气体灭火系统等建筑消防设施，消防技术服务机构受业主委托，对相关消防设施进行检测，有关情况如下：

1. 火灾自动报警设施功能性检测

消防技术服务机构人员切断火灾报警控制器电源，控制器显示电故障，选择 2 只感烟探测器加烟测试，控制器正确显示报警信息，5min 后，控制器自行关机。恢复控制器主电源供电，控制器重新开机工作正常。现场拆下一只探测器，将探测器底座上的总线信号端子短路，控制器上显示 48 条探测器故障信息。检测过程中控制器显示屏上显示 2 只感烟探测器报故障情况，据业主值班人员介绍，经常有此类故障出现，一般取下后用高压气枪吹扫几次后就可以恢复。检测人员到现场找到故障探测器，取下后用高压气枪吹扫，然后重新安装到原来位置。其中一只探测器恢复正常，另一只探测器故障依然存在，更换新的探测器后，该故障依然存在。

该商业大厦中庭 15m 高，设置了 1 台管路吸气式火灾探测器，安装在距地面 1.5m 高的墙面上，探测器采样管路长 90m，垂直管路上每隔 4m 设置一个采样孔。消防技术服务机构人员随机选择一个采样孔加烟进行报警功能测试，125s 后探测器报警；封堵末端采样孔后，120s 时探测器报气流故障。

2. 自动喷水灭火系统联动控制功能检测

消防技术服务机构人员开启末端试水装置，湿式报警阀、压力开关随之动作，但喷淋泵一直未启动，再将火灾报警控制器的联动启泵功能设置为自动方式后，喷淋泵自动启动。

3. 气体灭火联动控制功能检测

配电室设置了 5 套预制七氟丙烷气体灭火装置，消防技术服务机构人员加烟触发配电室内一只感烟探测器报警，再加温触发一只感温探测器报警，配电室内声光报警器随之启动，但气体灭火控制器一直没有输出灭火启动及联动控制信号，按下气体灭火控制器上的启动按钮，气体灭火控制器仍然一直没有输出灭火启动及联动控制信号。经检查，确认气体灭火控制连接线路及接线均无问题。

根据以上材料，回答下列问题：

1. 指出火灾自动报警系统存在的问题，并简要说明原因。

2. 指出消防技术服务机构检测人员处理探测器故障的方式是否正确并说明理由，探测器故障的原因可能有哪些？

3. 指出吸气式探测器设置功能及测试方法有哪些不符合规范之处，并说明理由。

4. 指出自动喷水系统的喷淋泵启动控制是否符合规范要求，并说明理由。

5. 指出配电室气体灭火控制功能不符合规范之处，并说明理由。

6. 气体灭火控制器没有输出灭火启动及联动控制信号的原因主要有哪些？

参 考 答 案

扫一扫

第四章

案例三

1. 火灾自动报警系统存在的问题及原因：

（1）存在的问题：消防技术服务机构人员切断火灾报警控制器电源，控制器显示电故障，选择 2 只感烟探测器加烟测试，控制器正确显示报警信息，5min 后，控制器自行关机。

原因：备用电源电量不足，控制器的备用电源至少使控制器在主电源中断后工作 3h。

（2）存在的问题：控制器上显示 48 条探测器故障信息。

原因：系统总线上应设置总线短路隔离器，每只总线短路隔离器保护的火灾探测器、手动火灾报警按钮和模块等消防设备的总数不应超过 32 点。

2. 消防技术服务机构检测人员处理探测器故障的方式不正确。

理由：检测人员应该对可能导致探测器故障的原因进行逐一排查，找到具体原因然后予以解决。

探测器故障的原因可能有：

（1）探测器与底座脱落，接触不良。

（2）报警总线与底座接触不良。

（3）报警总线开路或接地性能不良造成短路。

（4）探测器本身损坏。

（5）探测器接口板故障。

3. 吸气式探测器设置功能及测试方法的不符合规范之处及理由：

（1）不符合规范之处：随机选择一个采样孔加烟进行报警功能测试。

理由：应逐一在采样管最末端（最不利处）采样孔加入试验烟进行测试。

（2）不符合规范之处：125s 后探测器报警。

理由：探测器应在 120s 内发出火灾报警信号。

（3）不符合规范之处：封堵末端采样孔后，120s 时探测器报气流故障。

理由：探测器应在 100s 内发出故障信号。

4. 自动喷水系统的喷淋泵启动控制是否符合规范要求的判断及理由：

（1）喷淋泵一直未启动，不符合规范要求。

理由：开启末端试水试验装置，湿式报警阀、压力开关随之动作，压力开关应可以直接连锁启动喷淋泵，而与火灾报警装置器的联动启泵功能状态为"自动"或"手动"无关。

（2）联动启泵不符合规范要求。

理由：联动启泵需要两路信号，这里只有一个压力开关的反馈信号，并没有提到火灾报警器或手动火灾报警的信号。

5. 配电室气体灭火控制功能不符合规范之处及理由：

（1）不符合规范之处：两路信号后，配电室内声光报警器随之启动。

理由：应在一路信号后，配电室内声光报警器就可启动。

（2）不符合规范之处：两类不同探测器发出报警信号后，气体灭火控制器一直没有输出灭火器启动及联动控制信号。

理由：气体灭火控制器应可以输出灭火启动及联动控制信号。

（3）不符合规范之处：按下气体灭火控制器上的启动按钮，气体灭火控制器仍然一直没有输出灭火启动及联动控制信号不合理。

理由：气体灭火系统可以手动控制。

6. 气体灭火控制器没有输出灭火启动及联动控制信号的原因主要有：

（1）气体灭火控制器输入输出控制模块损坏。

（2）气体灭火控制器显示装置损坏，导致无法显示。

（3）气体灭火控制器通信控制单元损坏。

案例四　某高层公共建筑火灾自动报警系统检查与维护保养案例分析

某高层公共建筑地下 2 层，地上 30 层。地下各层均为车库及设备用房，地上一层～四层为商场，五～三十层为办公楼，商场中庭通至四层，二～四层中庭回廊按规范要求设置防火卷帘，其他部位按规范要求设置了火灾自动报警系统、防排烟系统以及消防应急照明和疏散指示系统等。某消防技术服务机构对该项目进行年度检测，情况如下：

1. 火灾报警控制器（联动型）功能检测

消防技术服务机构人员拆下安装在消防控制室顶棚上的 1 只感烟探测器，火灾报警控制器（联动型）在 50s 内显示故障信息并发出故障声音，选取另外 1 只感烟探测器加烟测试，火灾报警控制器（联动型）在 50s 内显示探测器火灾报警信息和故障报警信息，并切换为火灾报警声音。

2. 防火卷帘联动控制功能检测

消防技术服务机构人员将联动控制功能设置为自动工作方式，在一层模拟触发两只火灾探测器报警，二～四层中庭回廊防火卷帘下降到楼板面，复位后在二层模拟触发两只火灾探测器报警，二～四层中庭回廊防火卷帘下降到距楼面 1.8m 处。

3. 排烟系统联动控制功能检测

消防技术服务机构人员将联动控制功能设置为自动工作方式，在二十八层模拟触发两只感烟探测器，排烟风机联动启动，现场查看该层排烟阀没有打开，通过消防联动控制器手动启动二十八层排烟阀，该排烟阀打开。

4. 消防应急照明和疏散指示系统功能检测

系统由一台应急照明集中控制器、消防应急灯具、消防应急照明配电箱组成，应急照明控制器显示工作正常。现场发现 5 个消防应急标志灯不同程度损坏；消防控制室发出十层以上应急转换联动控制信号，十层以上，除十一层、十二层以外的消防应急灯具均转入应急工作状态。

5. 消防控制室记录

消防技术服务机构人员检查了消防控制室值班记录，发现地下车库有 2 只感烟探测器近半年来多次报警，但现场核实均没有发生火灾，确认为误报火警后，值班人员做复位处理。

根据以上材料，回答下列问题：

1. 该建筑火灾报警控制（联动型）功能检测过程中的火灾报警功能是否正常？火灾报警控制器（联动型）功能检查还应包含哪些内容？

2. 该建筑防火卷帘的联动控制功能是否正常？为什么？

3. 该建筑排烟系统的联动控制功能是否正常？为什么？

4. 对 5 个损坏的消防应急标志灯应更换为什么类型的消防应急灯具？十一层、十二层的消防应急灯具未转入应急工作状态的原因是什么？

5. 该建筑地下车库感烟探测器误报火警的可能原因有哪些？值班人员对误报火警的处理是否正确？为什么？

参 考 答 案

1. 该建筑火灾报警控制（联动型）功能检测过程中的火灾报警功能正常。

火灾报警控制器（联动型）功能检查还应包含以下内容：

（1）自检功能和操作级别。

（2）消音和复位功能。

（3）使控制器与备用电源之间的连线断路和短路，控制器应在100s内发出故障信号。

（4）屏蔽功能。

（5）使总线隔离器保护范围内的任一点短路，检查总线隔离器的隔离保护功能。

（6）使任一总线回路上不少于10只的火灾探测器同时处于火灾报警状态，检查控制器的负载功能。

（7）主、备用电源的自动转换功能，并在备电工作状态下重复上述第（6）项检查。

（8）控制器特有的其他功能。

（9）依次将其他回路与火灾报警控制器相连接，重复检查。

2. 该建筑防火卷帘的联动控制功能不正常。

理由：（1）一层的防火卷帘为疏散通道上的，在模拟触发两只火灾探测器报警后，应下降至距楼面1.8m处。

（2）二～四层中庭防火卷帘为非疏散通道上的，两只探测器触发后，防火卷帘下降到楼板面。

3. 该建筑排烟系统的联动控制功能不正常。

理由：（1）由同一防烟分区内的两只独立的火灾探测器的报警信号（"与"逻辑）作为排烟口、排烟窗或排烟阀开启的联动触发信号，消防联动控制器在接收到满足逻辑关系的联动触发信号后，联动控制排烟口、排烟窗或排烟阀的开启，而实际排烟阀没有开启，直接开启了排烟风机。

（2）由排烟口、排烟窗或排烟阀开启的动作信号作为该排烟分区内的任一只火灾探测器或手动火灾探测器按钮的报警信号作为排烟风机启动的联动触发信号，消防联动控制器在接收到满足逻辑关系的联动触发信号后，联动控制排烟风机的启动。排烟风机应在排烟阀开启后再启动。

4. 对5个损坏的消防应急标志灯应更换自带电源集中控制型的消防应急灯具。

十一层、十二层的消防应急灯具未转入应急工作状态的原因是：

（1）应急照明控制器逻辑错误。

（2）十一层、十二层配电箱安装调试或配置不到位。

（3）十一层、十二层配电箱输出、出入线路故障。

（4）集中控制器控制故障。

5. 该建筑地下车库感烟探测器误报火警的可能原因有：

（1）产品质量问题。

（2）安装调试不到位。

（3）产品选型问题。

（4）环境问题。

（5）电磁干扰问题。

（6）通风不良，并受汽车尾气等影响。

值班人员对误报火警的处理不正确。

理由：火灾探测报警产品的使用或管理单位在发现产品存在问题和故障时，应及时进行维修。维修流程应按以下程序进行：

（1）填表报告，检测人员应填写《建筑消防设施故障维修记录表》，并向该单位消防安全管理人报告。

（2）专业维修，消防安全管理人通知维修人员或有资质的消防设施维保单位进行维修，不得擅自维修。

（3）在维修期间，应采取确保消防安全的有效措施。

（4）试验确认功能正常并填表，故障排除后，消防安全管理人组织相关人员进行功能试验，检查确认，并将检查确认合格的消防设施恢复至正常工作状态，并在《建筑消防设施故障维修记录表》中全面、准确的记录。

 案例五　某高层商业综合楼火灾自动报警系统检查与维护保养案例分析

某高层商业综合楼，地下2层，地上30层，地上一层～五层为商场，按规范要求设置了火灾自动报警系统、消防应急照明和疏散指示系统、防排烟系统等建筑消防设施，业主委托某消防技术服务机构对消防设施进行了检测，检测过程及结果如下：

1. 火灾自动报警设施功能检测

现场随机抽查20只感烟探测器，加烟进行报警功能试验。其中，1只不报警，1只报警位置信息显示不正确，其余18只报警功能正常。

2. 火灾警报器及消防应急广播联动控制功能检测

将联动控制器设置为自动工作方式，在八层加烟触发1只感烟探测器报警，八层的声光警报器启动，再加烟触发八层的另1只感烟探测器报警，七～九层的消防应急广播同时启动、同时播放报警及疏散信息。

3. 排烟系统联动控制功能检测

将联动控制器设置为自动工作方式，在二十八层走道按下1只报警按钮，控制器输出该层排烟阀启动信号，现场查看排烟阀已经打开，对应的排烟风机没有启动。按下排烟风机现场电控箱上的手动启动按钮，排烟风机正常启动。

4. 消防应急照明和疏散指示系统功能检测

在商业综合楼一层模拟触发火灾报警系统2只探测器报警，火灾报警控制器发出火灾报警输出信号，商业综合楼地面上的疏散指示标志灯具一直没有应急点亮，手动操作应急照明控制器应急启动，所有应急照明和疏散指示灯具转入应急工作状态。

根据以上材料，回答下列问题：

1. 该商业综合楼感烟探测器不报警的主要原因是什么？报警位置信息不正确应如何

解决？

　　2. 根据现行国家标准《火灾自动报警系统设计规范》（GB 50116—2013），该商业综合楼火灾警报器及消防应急广播的联动控制功能是否正常？为什么？

　　3. 根据现行国家标准《火灾自动报警系统设计规范》（GB 50116—2013），该商业综合楼排烟系统联动控制功能是否正常？为什么？联动控制排烟风机没有启动的主要原因有哪些？

　　4. 商业综合楼地面上的疏散指示标志灯具应选用哪种类型？消防应急照明和疏散指示系统功能是否正常？为什么？

　　5. 消防应急照明和疏散指示系统功能检测过程中，该商业综合楼地面上的疏散指示标志灯具一直没有点亮的原因有哪些？

参 考 答 案

扫一扫

第四章

案例五

1. 该商业综合楼感烟探测器不报警的主要原因是：

（1）探测器本身故障或损坏。

（2）未按照施工图纸安装调试。

（3）探测器与消防联动控制器线路故障。

（4）探测器选型不合理。

（5）使用场所性质变化后未及时更换适应的探测器。

（6）电磁、气流、温度环境干扰。

（7）探测器元件老化。

（8）探测器进入灰尘和昆虫。

（9）探测器接口与总线接触不良。

感烟探测器不报警的主要原因的解决方式如下：

（1）修理探测器使探测器恢复到准工作状态。

（2）重新按照施工图纸安装调试。

（3）探测器与消防联动控制器线路保持畅通无阻。

（4）探测器选择合理的型号。

（5）使用场所的环境不要经常有变化并及时更换适应的探测器。

（6）尽量避免电磁、气流、温度环境干扰。

（7）及时更换老化的探测器元件。

（8）尽量避免探测器进入灰尘和昆虫。

（9）探测器接口与总线接触要牢固可靠。

2. 根据现行国家标准《火灾自动报警系统设计规范》（GB 50116—2013），该商业综合楼火灾警报器及消防应急广播的联动控制功能不正常。

　　理由：同一报警区域两只独立的火灾探测器或一报警区域一只火灾探测器与一只手动火灾报警按钮的报警信号作为火灾警报和消防应急广播的联动触发信号；消防联动控制器启动建筑内所有火灾声光报警器、启动消防应急广播；火灾声警报应与消防应急广播交替循环播放。

3. 根据现行国家标准《火灾自动报警系统设计规范》（GB 50116—2013），该商业综合楼排烟系统联动控制功能不正常。

理由：

（1）联动启动（开阀、口）：

① 应由同一防烟分区内的两只独立的火灾探测器的报警信号；

② 应由同一防烟分区内的一只独立的火灾探测器与一只手动火灾报警按钮的报警信号。

注意：①、②以上为作为排烟口、排烟窗或排烟阀开启的联动触发信号。

（2）开启排烟风机：

① 排烟口、排烟窗或排烟阀开启（连锁）；

② 排烟口、排烟窗或排烟阀开启与同一防烟分区的任意火灾探测器（联动）；

③ 排烟口、排烟窗或排烟阀开启与同一防烟分区手动火灾报警按钮（联动）。

注意：机械排烟系统中的常闭排烟阀或排烟口应具有火灾自动报警系统自动开启、消防控制室手动开启和现场手动开启功能，其开启信号应与排烟风机联动。当火灾确认后，火灾自动报警系统应在 15s 内联动开启相应防烟分区的全部排烟阀、排烟口、排烟风机和补风设施，并应在 30s 内自动关闭与排烟无关的通风、空调系统。

联动控制排烟风机没有启动的主要原因有：

（1）排烟风机故障。

（2）未按照施工图纸安装调试。

（3）启动直流电未达到 24V。

（4）现场电控柜未设置在自动状态。

（5）现场电控柜设置在了手动状态。

（6）消防联动控制器设置在了手动状态。

（7）消防联动控制器未设置在自动状态。

（8）排烟阀口与排烟风机连线断开。

（9）消防联动控制器的接收模块故障。

（10）现场电控柜的接收模块故障。

（11）排烟阀口故障。

（12）消防联动控制器故障。

（13）现场电控柜故障。

（14）检测时还未安装排烟风机。

（15）系统设计逻辑关系不正确。

4. 商业综合楼地面上的疏散指示标志灯具应选用的类型是集中控制型、集中电源 A 型灯具且防护等级不应低于 IP67。

消防应急照明和疏散指示系统功能不正常。

理由：应急照明控制器接收到火灾报警控制器的火灾报警输出信号后，应自动控制系统所有非持续型照明灯的光源应急点亮，持续型灯具的光源由节电点亮模式转入应急点亮模式。

5. 消防应急照明和疏散指示系统功能检测过程中，该商业综合楼地面上的疏散指示标志灯具一直没有点亮的原因有：

（1）疏散指示标志灯具故障。

（2）疏散指示标志灯具未按照施工图纸安装调试。

（3）疏散指示标志灯具与消防联动控制器之间连线断开。

（4）系统设计逻辑关系不正确。

（5）消防联动控制器的接收模块故障。

（6）消防联动控制器输出模块故障。

（7）疏散指示标志灯具之间短路。

（8）疏散指示标志灯具断路。

（9）检测时还未安装疏散指示标志灯具。

案例六　某证券公司防排烟、气体灭火系统检查与维护保养案例分析

某证券公司大楼的地下一层，建筑面积为4000m²，层高为4m，设置了机械排烟和机械补风系统，高压变电室、低压配电室共用一套组合分配IG541混合气体灭火系统。系统组成示意图如图4-1所示，火灾报警控制器、气体灭火控制器安装在同层消防控制室内，消防控制室与低压配电室的值班室合用。

2020年8月3日，消防技术服务机构对地下室机械排烟和机械补风系统，高压变电室，低压配电室气体灭火系统进行检查。情况如下：

（1）机械排烟和机械补风系统：6个板式排烟口中的2个已更换为格栅排烟口，格栅排烟口阀体手动驱动装置距离地面2.5m，逐一按下板式排烟口的远距离手动驱动装置释放按钮，其中1个板式排烟口不能完全开启，其他板式排烟口开启后，用风速计测量排烟口、补风口处风速为0，排烟风机、补风机未启动。

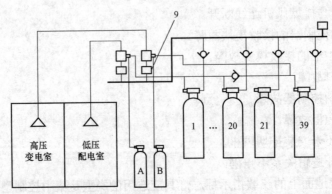

图4-1　机械排烟和机械补风系统、IG541混合气体灭火系统组成示意图

（2）气体灭火系统：消防控制室值班记录本上值班时间是8:30～20:30，有1人签字，值班人员仅持有电工操作证；询问"紧急停止"按钮的作用，值班人员回答："按下紧急停止按钮，正在喷气的IG541钢瓶停止喷气"，查看标签得知IG541钢瓶最近检验时间是2015

年1月；触发高压变电室感烟火灾探测器、感温火灾探测器报警，气体灭火控制器接收不到联动信号。

根据以上材料，回答下列问题：

1. 该单位将板式排烟口更换成格栅排烟口是否可行？为什么？分析板式排烟口不能正常打开的原因并提出修复方法。

2. 造成板式排烟口开启后排烟风机无法启动的原因是什么？

3. 关于"紧急停止"按钮的作用，值班人员的回答是否正确？为什么？该公司大楼高压变电室、低压配电室气体灭火系统的维护管理存在什么问题？

4. 示意图4-1中9所指部件名称是什么？低压配电室发生火灾时，哪个启动气瓶应该启动？哪些钢瓶应喷放IG541混合气体？

参 考 答 案

1. 该单位将板式排烟口更换成格栅排烟口不可行。板式排烟口的特点是平时常闭。格栅式排烟口，属于常开。

根据《建筑防烟排烟系统技术标准》（GB 51251—2017）的规定，排烟阀（口）要设置与烟感探测器联锁的自动开启装置、由消防控制中心远距离控制的开启装置以及现场手动开启装置，除火灾时将其打开外，平时需一直保持锁闭状态。这是因为一般工程一个排烟机承担多个区域的排烟，为了保证对着火的区域排烟，非着火区域形成正压，所以要求只能打开着火区域的排烟口，其他区域的排烟口必须常闭。因此格栅式排烟口不可行。

板式排烟口不能正常打开的原因：

（1）排烟阀的开启装置有问题。

修复方法：修理开启装置。

（2）排烟阀口没有根据施工图纸安装调试。

修复方法：根据施工图纸进行安装调试。

（3）排烟阀组件发生了变形。

修复方法：修理排烟阀组件。

2. 造成板式排烟口开启后排烟风机无法启动的原因：

（1）排烟风机有问题。

（2）电压未达到24V。

（3）模块发生了故障。

（4）排烟风机没有安装。

3. 关于"紧急停止"按钮的作用，值班人员的回答不正确。当气体灭火控制器发出声光报警信号并且正处于延时阶段，如果发现属于误报火警时可以立即按下紧急启动按钮或者停止按钮，系统将停止实施灭火操作，避免不必要的损失。

问题：（1）消防控制室值班记录本上值班时间是8:30～20:30，有1人签字；

（2）值班人员仅持有电工操作证；

（3）IG541 钢瓶最近检验时间是 2015 年 1 月；

（4）触发高压变电室感烟火灾探测器、感温火灾探测器报警，气体灭火控制器接收不到联动信号。

4. 示意图 4-1 中 9 所指部件名称是减压装置。

低压配电室发生了火灾，需要启动 A 气瓶进行动作，1～20 号钢瓶应当喷放 IG541 混合气体。

第五章 自动喷水灭火系统案例分析

第一节 系统主要组件及设置要求

一、喷头选型与设置要求

（一）喷头选型

1. 湿式系统的洒水喷头选型

根据《自动喷水灭火系统设计规范》（GB 50084—2017）第 6.1.3 条，湿式系统的洒水喷头选型应符合下列规定：

（1）不做吊顶的场所，当配水支管布置在梁下时，应采用直立型洒水喷头；

（2）吊顶下布置的洒水喷头，应采用下垂型洒水喷头或吊顶型洒水喷头；

（3）顶板为水平面的轻危险级、中危险级 I 级住宅建筑、宿舍、旅馆建筑客房、医疗建筑病房和办公室，可采用边墙型洒水喷头；

（4）易受碰撞的部位，应采用带保护罩的洒水喷头或吊顶型洒水喷头；

（5）顶板为水平面，且无梁、通风管道等障碍物影响喷头洒水的场所，可采用扩大覆盖面积洒水喷头；

（6）住宅建筑和宿舍、公寓等非住宅类居住建筑宜采用家用喷头；

（7）不宜选用隐蔽式洒水喷头；确需采用时，应仅适用于轻危险级和中危险级 I 级场所。

知识拓展

当设置场所不设吊顶，且配水管道沿梁下布置时，火灾热气流将在上升至顶板后水平蔓延。此时只有向上安装直立型喷头，才能使热气流尽早接触和加热喷头热敏元件。

室内设有吊顶时，喷头将紧贴在吊顶下布置，或埋设在吊顶内，因此适合采用下垂型或吊顶型喷头，否则吊顶将阻挡洒水分布。

根据目前的应用现状，隐蔽式喷头存在巨大的安全隐患，主要表现在：① 发生火灾时喷头的装饰盖板不能及时脱落；② 装饰盖板脱落后滑竿无法下落，导致喷头溅水盘无法滑落到吊顶平面下部，喷头无法形成有效的布水；③ 喷头装饰盖板被油漆、涂料喷涂等。火灾危险等级超过中危险级 I 级的场所不应采用该喷头。

2. 干式系统、预作用系统的洒水喷头选型

根据《自动喷水灭火系统设计规范》（GB 50084—2017）第 6.1.4 条规定，干式系统、预作用系统应采用直立型洒水喷头或干式下垂型洒水喷头。

3. 水幕系统的喷头选型

根据《自动喷水灭火系统设计规范》（GB 50084—2017）第 6.1.5 条，水幕系统的喷头选型应符合下列规定：

（1）防火分隔水幕应采用开式洒水喷头或水幕喷头；

（2）防护冷却水幕应采用水幕喷头。

4. 自动喷水防护冷却系统的喷头选型

根据《自动喷水灭火系统设计规范》（GB 50084—2017）第 6.1.6 条规定，自动喷水防护冷却系统可采用边墙型洒水喷头。

5. 快速响应洒水喷头的应用

根据《自动喷水灭火系统设计规范》（GB 50084—2017）第 6.1.7 条规定，下列场所宜采用快速响应洒水喷头。当采用快速响应洒水喷头时，系统应为湿式系统。

（1）公共娱乐场所、中庭环廊。

（2）医院、疗养院的病房及治疗区域，老年、少儿、残疾人的集体活动场所。

（3）超出消防水泵接合器供水高度的楼层。

（4）地下商业场所。

6. 其他规定

根据《自动喷水灭火系统设计规范》（GB 50084—2017）第 6.1.8 条规定，同一隔间内应采用相同热敏性能的洒水喷头。

根据《自动喷水灭火系统设计规范》（GB 50084—2017）第 6.1.9 条规定，雨淋系统的防护区内应采用相同的洒水喷头。

（二）喷头的设置要求

1. 直立型、下垂型标准覆盖面积洒水喷头的布置

根据《自动喷水灭火系统设计规范》（GB 50084—2017）第 7.1.2 条规定，直立型、下垂型标准覆盖面积洒水喷头的布置，包括同一根配水支管上喷头的间距及相邻配水支管的间距，应根据设置场所的火灾危险等级、洒水喷头类型和工作压力确定，并不应大于表 5-1 的规定，且不应小于 1.8m。

表 5-1　　　　　　　　直立型、下垂型标准覆盖面积洒水喷头的布置

火灾危险等级	正方形布置的边长（m）	矩形或平行四边形布置的长边边长（m）	一只喷头的最大保护面积（m²）	喷头与端墙的距离（m）	
				最大	最小
轻危险级	4.4	4.5	20.0	2.2	
中危险级 I 级	3.6	4.0	12.5	1.8	
中危险级 II 级	3.4	3.6	11.5	1.7	0.1
严重危险级、仓库危险级	3.0	3.6	9.0	1.5	

注：1. 设置单排洒水喷头的闭式系统，其洒水喷头间距应按地面不留漏喷空白点确定。

2. 严重危险级或仓库危险级场所宜采用流量系数大于 80 的洒水喷头。

2. 直立型、下垂型扩大覆盖面积洒水喷头的布置

根据《自动喷水灭火系统设计规范》（GB 50084—2017）第 7.1.4 条规定，直立型、下垂型扩大覆盖面积洒水喷头应采用正方形布置，其布置间距不应大于表 5-2 的规定，且不应小于 2.4m。

表 5-2　　　　　　　　　　直立型、下垂型扩大覆盖面积洒水喷头的布置间距

火灾危险等级	正方形布置的边长（m）	一只喷头的最大保护面积（m²）	喷头与端墙的距离（m）	
			最大	最小
轻危险级	5.4	29.0	2.7	
中危险级Ⅰ级	4.8	23.0	2.4	
中危险级Ⅱ级	4.2	17.5	2.1	0.1
严重危险级	3.6	13.0	1.8	

3. 其他规定

根据《自动喷水灭火系统设计规范》（GB 50084—2017）第 7.1.6 条规定，除吊顶型洒水喷头及吊顶下设置的洒水喷头外，直立型、下垂型标准覆盖面积洒水喷头和扩大覆盖面积洒水喷头溅水盘与顶板的距离应为 75～150mm，并应符合下列规定：

（1）当在梁或其他障碍物底面下方的平面上布置洒水喷头时，溅水盘与顶板的距离不应大于 300mm，同时溅水盘与梁等障碍物底面的垂直距离应为 25～100mm。

（2）当在梁间布置洒水喷头时，洒水喷头与梁的距离应符合相关规定。确有困难时，溅水盘与顶板的距离不应大于 550mm。梁间布置的洒水喷头，溅水盘与顶板距离达到 550mm 仍不能符合相关规定时，应在梁底面的下方增设洒水喷头。

（3）密肋梁板下方的洒水喷头，溅水盘与密肋梁板底面的垂直距离应为 25～100mm。

（4）无吊顶的梁间洒水喷头布置可采用不等距方式，但喷水强度仍应符合要求。

根据《自动喷水灭火系统设计规范》（GB 50084—2017）第 7.1.11 条规定，净空高度大于 800mm 的闷顶和技术夹层内应设置洒水喷头，当同时满足下列情况时，可不设洒水喷头：

（1）闷顶内敷设的配电线路采用不燃材料套管或封闭式金属线槽保护。

（2）风管保温材料等采用不燃、难燃材料制作。

（3）无其他可燃物。

根据《自动喷水灭火系统设计规范》（GB 50084—2017）第 7.1.12 条规定，当局部场所设置自动喷水灭火系统时，局部场所与相邻不设自动喷水灭火系统场所连通的走道和连通门窗的外侧，应设洒水喷头。

二、报警阀组的设置要求

根据《自动喷水灭火系统设计规范》（GB 50084—2017）第 6.2.1～6.2.8 条规定，报警阀组设置应符合下列要求：

（1）自动喷水灭火系统应设报警阀组。保护室内钢屋架等建筑构件的闭式系统，应设独

立的报警阀组。水幕系统应设独立的报警阀组或感温雨淋报警阀。

（2）串联接入湿式系统配水干管的其他自动喷水灭火系统，应分别设置独立的报警阀组，其控制的洒水喷头数计入湿式报警阀组控制的洒水喷头总数。

（3）一个报警阀组控制的洒水喷头数应符合下列规定：

① 湿式系统、预作用系统不宜超过 800 只；干式系统不宜超过 500 只。

② 当配水支管同时设置保护吊顶下方和上方空间的洒水喷头时，应只将数量较多一侧的洒水喷头计入报警阀组控制的洒水喷头总数。

（4）每个报警阀组供水的最高与最低位置洒水喷头，其高程差不宜大于 50m。

（5）雨淋报警阀组的电磁阀，其入口应设过滤器。并联设置雨淋报警阀组的雨淋系统，其雨淋报警阀控制腔的入口应设止回阀。

（6）报警阀组宜设在安全及易于操作的地点，报警阀距地面的高度宜为 1.2m。设置报警阀组的部位应设有排水设施。

（7）连接报警阀进出口的控制阀应采用信号阀。当不采用信号阀时，控制阀应设锁定阀位的锁具。

（8）水力警铃的工作压力不应小于 0.05MPa，并应符合下列规定：

① 应设在有人值班的地点附近或公共通道的外墙上；

② 与报警阀连接的管道，其管径应为 20mm，总长不宜大于 20m。

三、水流指示器的设置要求

根据《自动喷水灭火系统设计规范》（GB 50084—2017）第 6.3.1～6.3.3 条规定，水流指示器设置应符合下列要求：

（1）除报警阀组控制的洒水喷头只保护不超过防火分区面积的同层场所外，每个防火分区、每个楼层均应设水流指示器。

（2）仓库内顶板下洒水喷头与货架内置洒水喷头应分别设置水流指示器。

（3）当水流指示器入口前设置控制阀时，应采用信号阀。

四、压力开关的设置要求

根据《自动喷水灭火系统设计规范》（GB 50084—2017）第 6.4.1 条规定，雨淋系统和防火分隔水幕，其水流报警装置应采用压力开关。

根据《自动喷水灭火系统设计规范》（GB 50084—2017）第 6.4.2 条规定，自动喷水灭火系统应采用压力开关控制稳压泵，并应能调节启停压力。

五、末端试水装置的设置要求

根据《自动喷水灭火系统设计规范》（GB 50084—2017）第 6.5.1 条规定，每个报警阀组控制的最不利点洒水喷头处应设末端试水装置，其他防火分区、楼层均应设直径为 25mm 的试水阀。

根据《自动喷水灭火系统设计规范》（GB 50084—2017）第 6.5.2 条规定，末端试水装置应由试水阀、压力表以及试水接头组成。试水接头出水口的流量系数，应等同于同楼层或防火分区内的最小流量系数洒水喷头。末端试水装置的出水，应采取孔口出流的方式排入排水管道，排水立管宜设伸顶通气管，且管径不应小于75mm。

根据《自动喷水灭火系统设计规范》（GB 50084—2017）第6.5.3条规定，末端试水装置和试水阀应有标识，距地面的高度宜为1.5m，并应采取不被他用的措施。

第二节 系统组件安装检测与验收

一、喷头

（一）喷头安装与检查

1. 主控项目

根据《自动喷水灭火系统施工及验收规范》（GB 50261—2017）第5.2.1～5.2.6条，喷头安装与检查应符合以下规定：

（1）喷头安装必须在系统试压、冲洗合格后进行。

（2）喷头安装时，不应对喷头进行拆装、改动，并严禁给喷头、隐蔽式喷头的装饰盖板附加任何装饰性涂层。

（3）喷头安装应使用专用扳手，严禁利用喷头的框架施拧；喷头的框架、溅水盘产生变形或释放原件损伤时，应采用规格、型号相同的喷头更换。

（4）安装在易受机械损伤处的喷头，应加设喷头防护罩。

（5）喷头安装时，溅水盘与吊顶、门、窗、洞口或障碍物的距离应符合设计要求。

检查数量：抽查20%，且不得少于5处。

（6）安装前检查喷头的型号、规格、使用场所应符合设计要求。系统采用隐蔽式喷头时，配水支管的标高和吊顶的开口尺寸应准确控制。

2. 一般项目

根据《自动喷水灭火系统施工及验收规范》（GB 50261—2017）第5.2.7条规定，当喷头的公称直径小于10mm时，应在配水干管或配水管上安装过滤器。

根据《自动喷水灭火系统施工及验收规范》（GB 50261—2017）第5.2.9条规定，当梁、通风管道、排管、桥架宽度大于1.2m时，增设的喷头应安装在其腹面以下部位。

根据《自动喷水灭火系统施工及验收规范》（GB 50261—2017）第5.2.11条规定，下垂式早期抑制快速响应（ESFR）喷头溅水盘与顶板的距离应为150～360mm。直立式早期抑制快速响应（ESFR）喷头溅水盘与顶板的距离应为100～150mm。

（二）喷头的现场检验

根据《自动喷水灭火系统施工及验收规范》（GB 50261—2017）第3.2.7条规定，喷头的现场检验必须符合下列要求：

（1）喷头的商标、型号、公称动作温度、响应时间指数（RTI）、制造厂及生产日期等标志应齐全。

（2）喷头的型号、规格等应符合设计要求。

（3）喷头外观应无加工缺陷和机械损伤。

（4）喷头螺纹密封面应无伤痕、毛刺、缺丝或断丝现象。

（5）闭式喷头应进行密封性能试验，以无渗漏、无损伤为合格。

试验数量应从每批中抽查 1%，并不得少于 5 只，试验压力应为 3.0MPa，保压时间不得少于 3min。当两只及两只以上不合格时，不得使用该批喷头。当仅有一只不合格时，应再抽查 2%，并不得少于 10 只，并重新进行密封性能试验；当仍有不合格时，亦不得使用该批喷头。

检查方法：观察检查及在专用试验装置上测试，主要测试设备有试压泵、压力表、秒表。

（三）喷头验收要求

根据《自动喷水灭火系统施工及验收规范》（GB 50261—2017）第 8.0.9 条规定，喷头验收应符合下列要求：

（1）喷头设置场所、规格、型号、公称动作温度、响应时间指数（RTI）应符合设计要求。

检查数量：抽查设计喷头数量 10%，总数不少于 40 个，合格率应为 100%。

（2）喷头安装间距，喷头与楼板、墙、梁等障碍物的距离应符合设计要求。

检查数量：抽查设计喷头数量 5%，总数不少于 20 个，距离偏差±15mm，合格率不小于 95%时为合格。

（3）有腐蚀性气体的环境和有冰冻危险场所安装的喷头，应采取防护措施。

（4）有碰撞危险场所安装的喷头应加设防护罩。

（5）各种不同规格的喷头均应有一定数量的备用品，其数量不应小于安装总数的 1%，且每种备用喷头不应少于 10 个。

二、报警阀组

（一）报警阀组安装

1. 报警阀组的安装

根据《自动喷水灭火系统施工及验收规范》（GB 50261—2017）第 5.3.1 条规定，报警阀组的安装应在供水管网试压、冲洗合格后进行。安装时应先安装水源控制阀、报警阀，然后进行报警阀辅助管道的连接。水源控制阀、报警阀与配水干管的连接，应使水流方向一致。报警阀组安装的位置应符合设计要求；当设计无要求时，报警阀组应安装在便于操作的明显位置，距室内地面高度宜为 1.2m；两侧与墙的距离不应小于 0.5m；正面与墙的距离不应小于 1.2m；报警阀组凸出部位之间的距离不应小于 0.5m。安装报警阀组的室内地面应有排水设施，排水能力应满足报警阀调试、验收和利用试水阀门泄空系统管道的要求。

检查方法：检查系统试压、冲洗记录表，观察检查和尺量检查。

2. 报警阀组附件的安装

根据《自动喷水灭火系统施工及验收规范》（GB 50261—2017）第 5.3.2 条规定，报警阀组附件的安装应符合下列要求：

（1）压力表应安装在报警阀上便于观测的位置。

（2）排水管和试验阀应安装在便于操作的位置。

（3）水源控制阀安装应便于操作，且应有明显开闭标志和可靠的锁定设施。

3. 湿式报警阀组的安装

根据《自动喷水灭火系统施工及验收规范》（GB 50261—2017）第 5.3.3 条规定，湿式报警阀组的安装应符合下列要求：

（1）应使报警阀前后的管道中能顺利充满水；压力波动时，水力警铃不应发生误报警。检查方法：观察检查和开启阀门以小于一个喷头的流量放水。

（2）报警水流通路上的过滤器应安装在延迟器前，且便于排渣操作的位置。

4. 干式报警阀组的安装

根据《自动喷水灭火系统施工及验收规范》（GB 50261—2017）第 5.3.4 条规定，干式报警阀组的安装应符合下列要求：

（1）应安装在不发生冰冻的场所。

（2）安装完成后，应向报警阀气室注入高度为 50～100mm 的清水。

（3）充气连接管接口应在报警阀气室充注水位以上部位，且充气连接管的直径不应小于 15mm；止回阀、截止阀应安装在充气连接管上。

（4）气源设备的安装应符合设计要求和国家现行有关标准的规定。

（5）安全排气阀应安装在气源与报警阀之间，且应靠近报警阀。

（6）加速器应安装在靠近报警阀的位置，且应有防止水进入加速器的措施。

（7）低气压预报警装置应安装在配水干管一侧。

（8）下列部位应安装压力表：

① 报警阀充水一侧和充气一侧；

② 空气压缩机的气泵和储气罐上；

③ 加速器上。

（9）管网充气压力应符合设计要求。

5. 雨淋阀组的安装

根据《自动喷水灭火系统施工及验收规范》（GB 50261—2017）第 5.3.5 条规定，雨淋阀组的安装应符合下列要求：

（1）雨淋阀组可采用电动开启、传动管开启或手动开启，开启控制装置的安装应安全可靠。水传动管的安装应符合湿式系统有关要求。

（2）预作用系统雨淋阀组后的管道若需充气，其安装应按干式报警阀组有关要求进行。

（3）雨淋阀组的观测仪表和操作阀门的安装位置应符合设计要求，并应便于观测和操作。

（4）雨淋阀组手动开启装置的安装位置应符合设计要求，且在发生火灾时应能安全开启和便于操作。

（5）压力表应安装在雨淋阀的水源一侧。

（二）报警阀调式

根据《自动喷水灭火系统施工及验收规范》（GB 50261—2017）第 7.2.5 条规定，报警阀调试应符合下列要求：

（1）湿式报警阀调试时，在末端装置处放水，当湿式报警阀进口水压大于 0.14MPa、放水流量大于 1L/s 时，报警阀应及时启动；带延迟器的水力警铃应在 5～90s 内发出报警铃声，不带延迟器的水力警铃应在 15s 内发出报警铃声；压力开关应及时动作，启动消防泵并反馈信号。

（2）干式报警阀调试时，开启系统试验阀，报警阀的启动时间、启动点压力、水流到试验装置出口所需时间，均应符合设计要求。

（3）雨淋阀调试宜利用检测、试验管道进行。自动和手动方式启动的雨淋阀，应在 15s 之内启动；公称直径大于 200mm 的雨淋阀调试时，应在 60s 之内启动。雨淋阀调试时，当报警水压为 0.05MPa 时，水力警铃应发出报警铃声。

（三）报警阀组验收要求

根据《自动喷水灭火系统施工及验收规范》（GB 50261—2017）第 8.0.7 条规定，报警阀组的验收应符合下列要求：

（1）报警阀组的各组件应符合产品标准要求。

（2）打开系统流量压力检测装置放水阀，测试的流量、压力应符合设计要求。

（3）水力警铃的设置位置应正确。测试时，水力警铃喷嘴处压力不应小于 0.05MPa，且距水力警铃 3m 远处警铃声声强不应小于 70dB。

检查方法：打开阀门放水，使用压力表、声级计和尺量检查。

（4）打开手动试水阀或电磁阀时，雨淋阀组动作应可靠。

（5）控制阀均应锁定在常开位置。

（6）空气压缩机或火灾自动报警系统的联动控制，应符合设计要求。

（7）打开末端试（放）水装置，当流量达到报警阀动作流量时，湿式报警阀和压力开关应及时动作，带延迟器的报警阀应在 90s 内压力开关动作，不带延迟器的报警阀应在 15s 内压力开关动作。

雨淋报警阀动作后 15s 内压力开关动作。

知识拓展

报警阀组是自动喷水灭火系统的关键组件，验收中常见的问题是控制阀安装位置不符合设计要求，不便操作；有些控制阀无试水口和试水排水措施，无法检测报警阀处压力、流量及警铃动作情况。使用闸阀又无锁定装置，有些闸阀处于半关闭状态，这是很危险的。所以要求使用闸阀时需有锁定装置，否则应使用信号阀代替闸阀。另外，干式系统和预作用系统等还需检验空气压缩机与控制阀、报警系统与控制阀的联动是否可靠。

警铃设置位置应靠近报警阀，使人们容易听到铃声。距警铃 3m 处，水力警铃喷嘴处压力不小于 0.05MPa 时，其警铃声强度应不小于 70dB。

三、水流指示器

根据《自动喷水灭火系统施工及验收规范》（GB 50261—2017）第 5.4.1 条规定，水流指示器的安装应符合下列要求：

（1）水流指示器的安装应在管道试压和冲洗合格后进行，水流指示器的规格、型号应符合设计要求。

（2）水流指示器应使电器元件部位竖直安装在水平管道上侧，其动作方向应和水流方向一致；安装后的水流指示器桨片、膜片应动作灵活，不应与管壁发生碰擦。

根据《自动喷水灭火系统施工及验收规范》（GB 50261—2017）第 5.4.2 条规定，控制阀的规格、型号和安装位置均应符合设计要求；安装方向应正确，控制阀内应清洁、无堵塞、无渗漏；主要控制阀应加设启闭标志；隐蔽处的控制阀应在明显处设有指示其位置的标志。

根据《自动喷水灭火系统施工及验收规范》（GB 50261—2017）第 5.4.3 条规定，压力开关应竖直安装在通往水力警铃的管道上，且不应在安装中拆装改动。管网上的压力控制装置的安装应符合设计要求。

根据《自动喷水灭火系统施工及验收规范》（GB 50261—2017）第 5.4.4 条规定，水力警铃应安装在公共通道或值班室附近的外墙上，且应安装检修、测试用的阀门。水力警铃和报警阀的连接应采用热镀锌钢管，当镀锌钢管的公称直径为 20mm 时，其长度不宜大于 20m；安装后的水力警铃启动时，警铃声强度应不小于 70dB。

检查方法：观察检查、尺量检查和开启阀门放水，水力警铃启动后检查压力表的数值。

根据《自动喷水灭火系统施工及验收规范》（GB 50261—2017）第 5.4.5 条规定，末端试水装置和试水阀的安装位置应便于检查、试验，并应有相应排水能力的排水设施。

第三节 系统维护管理

一、一般规定

根据《自动喷水灭火系统施工及验收规范》（GB 50261—2017）第 9.0.8～9.0.19 条规定：

（1）室外阀门井中，进水管上的控制阀门应每个季度检查一次，核实其处于全开启状态。

（2）自动喷水灭火系统发生故障需停水进行修理前，应向主管值班人员报告，取得维护负责人的同意，并临场监督，加强防范措施后方能动工。

（3）维护管理人员每天应对水源控制阀、报警阀组进行外观检查，并应保证系统处于无故障状态。

（4）消防水池、消防水箱及消防气压给水设备应每月检查一次，并应检查其消防储备水位及消防气压给水设备的气体压力。同时，应采取措施保证消防用水不作他用，并应每月对该措施进行检查，发现故障应及时进行处理。

（5）消防水池、消防水箱、消防气压给水设备内的水，应根据当地环境、气候条件不定期更换。

（6）寒冷季节，消防储水设备的任何部位均不得结冰。每天应检查设置储水设备的房间，保持室温不低于 5℃。

（7）每年应对消防储水设备进行检查，修补缺损和重新油漆。

（8）钢板消防水箱和消防气压给水设备的玻璃水位计两端的角阀，在不进行水位观察时应关闭。

（9）消防水泵接合器的接口及附件应每月检查一次，并应保证接口完好、无渗漏、闷盖齐全。

（10）每月应利用末端试水装置对水流指示器进行试验。

（11）每月应对喷头进行一次外观及备用数量检查，发现有不正常的喷头应及时更换；当喷头上有异物时应及时清除。更换或安装喷头均应使用专用扳手。

（12）建筑物、构筑物的使用性质或贮存物安放位置、堆存高度的改变，影响到系统功能而需要进行修改时，应重新进行设计。

二、自动喷水灭火系统维护管理工作检查项目

根据《自动喷水灭火系统施工及验收规范》（GB 50261—2017）规定，自动喷水灭火系统维护管理工作检查项目见表5-3。

表5-3 自动喷水灭火系统维护管理工作检查项目

部位	工作内容	周期
水源控制阀、报警控制装置	目测巡检完好状况及开闭状态	每日
电源	接通状态，电压	每日
内燃机驱动消防水泵	启动试运转	每月
喷头	检查完好状况、清除异物、备用量	每月
系统所有控制阀门	检查铅封、锁链完好状况	每月
电动消防水泵	启动试运转	每月
稳压泵	启动试运转	每月
消防气压给水设备	检查气压、水位	每月
蓄水池、高位水箱	检测水位及消防储备水不被他用的措施	每月
电磁阀	启动试验	每季
信号阀	启闭状态	每月
水泵接合器	检查完好状况	每月
水流指示器	试验报警	每季
室外阀门井中控制阀门	检查开启状况	每季
报警阀、试水阀	放水试验，启动性能	每月
泵流量检测	启动、防水试验	每年
水源	测试供水能力	每年
水泵接合器	通水试验	每年

三、湿式报警阀组常见故障分析、处理

湿式报警阀组常见故障分析、处理见表5-4。

表5-4 湿式报警阀组常见故障分析、处理

项目	内容
报警阀组漏水	故障原因分析：排水阀门未完全关闭；阀瓣密封垫老化或者损坏；系统侧管道接口渗漏；报警管路测试控制阀渗漏；阀瓣组件与阀座之间因变形或者污垢、杂物阻挡出现不密封状态。

续表

项目	内 容
报警阀组漏水	故障处理：关紧排水阀门；更换阀瓣密封垫；检查系统侧管道接口渗漏点，密封垫老化、损坏的，更换密封垫；密封垫错位的，重新调整密封垫位置；管道接口锈蚀、磨损严重的，更换管道接口相关部件；更换报警管路测试控制阀；先放水冲洗阀体、阀座，存在污垢、杂物的，经冲洗后，渗漏减少或者停止；否则，关闭进水口侧和系统侧控制阀，卸下阀板，仔细清洁阀板上的杂物；拆卸报警阀阀体，检查阀瓣组件、阀座，存在明显变形、损伤、凹痕的，更换相关部件
报警阀启动后报警管路不排水	故障原因分析：报警管路控制阀关闭；限流装置过滤网被堵塞。 故障处理：开启报警管路控制阀；卸下限流装置，冲洗干净后重新安装回原位
报警阀报警管路误报警	故障原因分析：未按照安装图样安装或者未按照调试要求进行调试；报警阀组渗漏通过报警管路流出；延迟器下部孔板溢出水孔堵塞，发生报警或者缩短延迟时间。 故障处理：按照安装图样核对报警阀组件安装情况；重新对报警阀组伺应状态进行调试；延迟器下部孔板溢出水孔堵塞，卸下筒体，拆下孔板进行清洗
水力警铃工作不正常（不响、响度不够、不能持续报警）	故障原因分析：产品质量问题或者安装调试不符合要求；控制口阻塞或者铃锤机构被卡住。 故障处理：属于产品质量问题的，更换水力警铃；安装缺少组件或者未按照图样安装的，重新进行安装调试；拆下喷嘴、叶轮及铃锤组件，进行冲洗，重新装合使叶轮转动灵活
开启测试阀，消防水泵不能正常启动	故障原因分析：压力开关设定值不正确；消防联动控制设备中的控制模块损坏；水泵控制柜、联动控制设备的控制模式未设定在"自动"状态。 故障处理：将压力开关内的调压螺母调整到规定值；逐一检查控制模块，采用其他方式启动消防水泵，核定问题模块，并予以更换；将控制模式设定为"自动"状态

章 节 练 习

 案例一　某信息中心大楼自动喷水系统检查案例分析

　　某信息中心大楼内设有自动喷水灭火系统、气体灭火系统、火灾自动报警系统等自动消防设施和灭火器。2015 年 2 月 5 日，该单位安保部对信息中心的消防设施进行了全面检查测试，部分检查情况如下：

　　（1）建筑灭火器检查情况（见表5-5）。

表5-5　　　　　　　　　　建筑灭火器检查情况

灭火器型号	出厂日期	数量（具）	上次维修时间	外观检查存在问题的灭火器（具）			
				压力表指针位于红区	筒体锈蚀面积与筒体面积之比		筒体严重变形
					<1/3	≥1/3	
MFZ/ABC4	2010 年 1 月	82	无	2	5	2	0
	2010 年 7 月	82	无	3	3	2	0
MT5	2003 年 1 月	18	2014 年 1 月	0	0	0	2
	2003 年 7 月	18	2014 年 7 月	0	0	0	1

（2）湿式自动喷水灭火系统功能测试情况。

打开湿式报警阀组上的试验阀，水力警铃动作，按规定方法测量水力警铃声强为65dB，火灾报警控制器（联动型）接收到报警阀组压力开关动作信号，自动喷水给水泵未启动。

（3）七氟丙烷灭火系统检查情况。

信息中心的通信机房设有七氟丙烷灭火系统（见图5-1），系统设置情况见表5-6。检查发现，储瓶向2号灭火剂储瓶的压力表显示压力为设计储存压力的85%，系统存在组件缺失的问题。

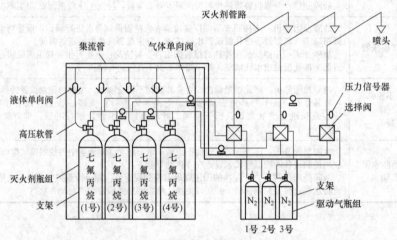

图5-1　七氟丙烷灭火系统组成示意图

表5-6　　　　　　　　　　七氟丙烷灭火系统设置情况

防护区	防护区容积（m³）	灭火设计浓度（%）	灭火剂用量（kg）	灭火剂钢瓶容积（L）	灭火剂储存压力（MPa）	灭火剂钢瓶数量（只）
A	600		398			4
B	450	8	298	120	4.2	3
C	300		199			2

检查结束后，该单位安保部委托专业维修单位对气体灭火设备进行了维修。维修单位派人到现场，焊接了缺失组件的底座，并安装了缺失组件，对2号灭火剂储瓶补压至设计压力。

根据以上材料，回答问题：

1. 自动喷水灭火系统试压前应具备（　　）条件。

A. 埋地管道的位置及管道基础、支墩等经复查应符合设计要求

B. 试压用的压力表不应少于2只

C. 精度不应低于1.5级，量程应为试验压力值的1.5～2.0倍

D. 试压冲洗方案未批准

E. 对不能参与试压的设备、仪表、阀门及附件应加以隔离或拆除

2. 吊顶下布置的洒水喷头，应采用（　　）。

A. 直立型洒水喷头　　　　　　　　B. 下垂型洒水喷头

C. 边墙型洒水喷头　　　　　　　　D. 吊顶型洒水喷头

E. 带保护罩的洒水喷头

3. 自动喷水灭火系统组件中喷头验收应符合的要求（　　）。

A. 喷头设置场所、规格、型号、公称动作温度、响应时间指数（RTI）应符合设计要求

B. 喷头安装间距，喷头与楼板、墙、梁等障碍物的距离应符合设计要求

C. 有腐蚀性气体的环境和有冰冻危险场所安装的喷头，应采取防护措施

D. 有碰撞危险场所安装的喷头应加设防护罩

E. 各种不同规格的喷头均应有一定数量的备用品，其数量不应小于安装总数的 1%，且每种备用喷头不应少于 8 个

4. 根据《自动喷水灭火系统设计规范》（GB 50084—2017）的规定，自动喷水灭火系统的管道设置应满足的要求有（　　）。

A. 配水管道可采用内外壁热镀锌钢管、涂覆钢管、铜管、不锈钢管和氯化聚氯乙烯（PVC-C）管

B. 配水管道的工作压力不应大于 1.00MPa，并不应设置其他用水设施

C. 配水管两侧每根配水支管控制的标准流量洒水喷头数量，轻危险级、中危险级场所不应超过 8 只

D. 当报警阀入口前管道采用不防腐的钢管时，应在报警阀后设置过滤器

E. 短立管及末端试水装置的连接管，其管径不应小于 25mm

5. 本案例中素材（2）的场景中自动喷水给水泵未启动可能的原因有（　　）。

A. 信号没有反馈到联动控制设备　　　B. 压力开关设定值不正确

C. 信号蝶阀反馈故障　　　　　　　　D. 消防联动控制设备中的控制模块损坏

E. 水泵控制柜、联动控制设备的控制模式未设定在"自动"状态

6. 本案例中根据建筑灭火器检查情况，需要维修、报废的灭火器有（　　）。

A. 2010 年 1 月生产、型号为 MFZ/ABC4 的灭火器

B. 2010 年 7 月生产、型号为 MFZ/ABC4 的灭火器

C. 2003 年 7 月生产、型号为 MFZ/ABC4、筒体严重锈蚀，锈蚀面积大于筒体面积 1/3 的灭火器

D. 2013 年 1 月生产、型号为 MT5 的灭火器

E. 2013 年 1 月生产、型号为 MT5 的灭火器

7. 湿式自动喷水灭火系统联动功能检查测试的方法包括（　　）。

A. 安装补偿器　　　　　　　　　　　B. 打开阀门放水

C. 开启末端试水装置　　　　　　　　D. 目测观察系统动作情况

E. 使用流量计、压力表核定流量、压力

参 考 答 案

1. ABCE　　　2. BD　　　3. ABCD　　　4. ACE　　　5. BDE

6. ACDE　　　7. BDE

 案例二　某综合性大楼自动喷水系统检测案例分析

某综合性大楼，建筑高度为 52m，地下 2 层，地上 13 层，每层层高均为 4.0m，每层建筑面积为 1500m²，建筑内全部设置湿式自动喷水灭火系统，该大楼地下一层为体育用品卖场，设置有网格吊顶，网格通透性面积占 1140m²；吊顶开口部位净宽度为 12mm，厚度为 10mm。为了不影响喷头洒水，故采用设置在吊顶下方的边墙型洒水喷头。地下二层为汽车库和设备用房，汽车库设置通风系统，排风管道的宽度为 1.5m。为了安装喷头方便，所以躲开排风管道，在楼板下方设置直立型 K-80 洒水喷头。

地上一～四层为商场，商场采用中庭相连通；二～四层中庭环廊设置有耐火完整性为 3.0h 防火卷帘进行保护，且利用串联接入湿式自动喷水灭火系统的防护冷却系统进行冷却；五层为火锅店。店内大厅无包间和隔断，在火锅座位区设置黄色玻璃泡的喷头。在吧台和休息区采用红色玻璃泡喷头；六～七层为 KTV，按照规范要求设置有多个包间；八～九层为该大楼招商租赁及管理办公室；十层及以上为高档旅馆；地上楼层均采用 K=80 直立型，RTI=150 洒水喷头，喷头溅水盘与顶板的高度为 200mm。

该建设单位委托消防技术服务机构对该大楼消防设施进行检测：

（1）检测发现该大楼水泵房内设置有两组湿式报警阀组，其中地下楼层一组，地上楼层二组，报警阀组安装高度为 1.5m，并且设置有 $DN75$ 的排水管道。

（2）检查发现地上区域报警阀组系统侧压力表示数远高于供水侧压力表示数，水力警铃和报警阀组设置在同一空间内，相连接的管径为 15mm，总长度为 1m，每个楼层均设置有水流指示器，每个报警阀组洒水喷头最不利点设置有末端试水装置，末端试水装置离地面高度 1.2m，并且设置有 $DN80$ 带伸顶通气管的排水立管。地下体育用品卖场喷头均采用 1.5m 消防洒水软管连接。

（3）检测单位检测其手动及应急机械功能，发现现场手动和机械应急均能启动喷淋水泵，消防控制室远程手动不能启动喷淋水泵。

故障排除后，技术人员按照规定进行系统联动功能检测试验。开启末端试水装置 1min 后，水力警铃报警，随即消防水泵启动，距水力警铃 3m 处测试声强为 60dB，出水口的压力为 0.04MPa，测试末端试水装置处的压力为 0.02MPa。

根据以上材料，回答下列问题：

1. 根据《自动喷水灭火系统施工及验收规范》（GB 50261—2017），关于喷头现场检验的说法中，正确的有（　　　）。

A. 试验以喷头无渗漏、无损伤判定为合格

B. 喷头商标、型号等标志应齐全

C. 喷头外观应无加工缺陷和机械损伤

D. 每批应抽查 3 只喷头进行密封性能试验，且试验合格

E. 计算喷头质量与合格检验报告描述的质量偏差，偏差不得超过 3%

2. 根据《自动喷水灭火系统施工及验收规范》（GB 50261—2017），关于报警阀组检查

内容及要求的说法，正确的有（   ）。

A. 报警阀的商标 型号、规格等标志应齐全

B. 报警阀组及其附件应配备齐全，表面无裂纹，无加工缺陷和机械损伤

C. 进口压力为 0.14MPa、排水流量 15～60L/min 时，不报警

D. 阀体上应设有放水口，放水口的公称直径不应小于 20mm

E. 阀体的阀瓣组件的供水侧，应设有在开启阀门的情况下测试报警装置的测试管路

3. 若在自动喷水灭火系统施工安装前进行进场检验，报警阀组现场检验重点检查项目包括（   ）。

A. 附件配置   B. 外观标识   C. 渗漏试验   D. 外观质量

E. 强度试验

4. 关于该大楼喷头的选型设置和安装，下列说法正确的有（   ）。

A. 地下一层的体育用品卖场，采用设置在吊顶下方的边墙型洒水喷头正确

B. 汽车库设置通风系统，排风管道的宽度为 1.5m，为了安装喷头方便，躲开排风管道不正确

C. 五层火锅店在火锅座位区设置黄色玻璃泡喷头，在吧台和休息区采用红色玻璃泡喷头正确

D. 地上楼层均采用 K=80 直立型，RTI=150 的洒水喷头不正确

E. 喷头溅水盘与顶板的高度为 200mm 合理

5. 关于消防技术服务机构对该大楼消防设施检测，下列说法正确的有（   ）。

A. 湿式报警阀组地下室一组，地上楼层二组不正确，每个报警阀组供水的最高和最低位置喷头的高程差不宜大于 50m

B. 共需要四个报警阀组

C. 防护冷却系统应独立设置，因此不能串联接入其他系统中

D. 报警阀组距地面的距离宜为 1.5m，排水管管径不应小于 DN100

E. 水力警铃和报警阀组不应设置在同一空间内，相连接的管径为 15mm

6. 报警阀组出现的故障原因有（   ）。

A. 压力控制阀门关闭   B. 高位消防水箱出水总管阀门关闭

C. 复位杆未复位   D. 供水测压力表控制管路堵塞

E. 供水侧管路泄漏量过大且高位消防水箱补水故障

7. 系统最不利点处喷头的工作压力不应小于 0.05MPa，本案例中测试末端试水装置处的压力为 0.02MPa，可能产生的原因有（   ）。

A. 消防水泵选型不当   B. 消防水泵出口压力高

C. 消防水泵吸水管过滤器堵塞   D. 报警阀组试水阀或主排水阀关闭

E. 消防水泵出水管控制阀门未完全开启

参 考 答 案

1. ABC   2. ABD   3. ABCD   4. BD   5. ABC

6. ABDE   7. ACE

 案例三　某造纸企业干式自动喷水灭火系统检测与验收案例分析

消防技术服务机构受某造纸企业委托,对其成品仓库设置的干式自动喷水灭火系统进行检测。该仓库地上 2 层,耐火等级为二级,建筑高度 15.8m,建筑面积 7800m²,还设置了室内消火栓系统、火灾自动报警系统等消防设施,厂区内环状消防供水管网(管径 DN250mm)保证室内外消防用水,消防水泵设计扬程为 1.0MPa。屋顶消防水箱最低有效水位至仓库地面的高差为 20m,水箱的有效水位高度为 3m。厂区共有 2 个相互连通的地下消防水池,总容积为 1120m³。干式自动喷水灭火系统设有一台干式报警阀,放置在距离仓库约 980m 的值班室内(有采暖)、喷头型号 ZSTX15-68(℃)。

检测人员核查相关系统试压及调试记录后,有如下发现:

(1)干式自动喷水灭火系统管网水压强度及严密性试验均采用气压试验替代,且未对管进行冲洗。

(2)干式报警阀调试记录中,没有发现开启系统试验阀后报警阀启动时间及水流到试验装置出口所需时间的记录值。

随后进行现场测试,情况为:在干式自动喷水灭火系统最不利点处开启末端试水装置,干式报警阀、加速排气阀随之开启,6.5min 后干式报警阀水力警铃开始报警,后又停止(警铃及配件质量、连接管路均正常),末端试水装置出水量不足。人工启动消防泵加压,首层的水流指示器动作后始终不复位。查阅水流指示器产品进场验收记录、系统竣工验收试验记录等,均未发现问题。

根据以上材料,回答下列问题:

1. 指出干式自动喷水灭火系统有关组件选型、配置存在的问题,并说明如何改正。

2. 分析该仓库消防给水设施存在的主要问题。

3. 检测该仓库内消火栓系统是否符合设计要求时,应出几支水枪?按照国家标准有关自动喷水灭火系统设置场所火灾危险等级的划分规定,该仓库属于什么级别?自动喷水灭火系统的设计喷水持续时间为多少?

4. 干式自动喷水灭火系统试压及调试记录中存在的主要问题是什么?

5. 开启末端试水装置测试出哪些问题?原因是什么?

6. 指出导致水流指示器始终不复位的原因。

扫一扫

第五章

案例三

参 考 答 案

1. 干式自动喷水灭火系统有关组件选型、配置存在的问题及改正方法如下:

(1)存在的问题:干式报警阀放置在距离仓库约 980m 的值班室内,干式报警阀与其控制的相关组件距离过大。

改正:可将干式报警阀放置在仓库附近。

(2)存在的问题:干式自动喷水灭火系统设有一台干式报警阀。喷头型号为 ZSTX15-68

（℃），为湿式下垂型喷头。

改正：干式自动喷水灭火系统设有一台干式报警阀数量不够，至少应设置 2 台干式报警阀组，并应采用直立喷头或干式专用喷头，动作温度选用 57℃，此外仓储用房宜采用快速响应喷头。

2. 该仓库消防给水设施存在的主要问题如下：

（1）存在的问题：消防水泵设计扬程为 1.0MPa。屋顶消防水箱最低有效水位至仓库地面的高差为 20m，水箱的有效水位高度为 3m。高位水箱的高度不满足规范最低要求。

改正：需提高或加设稳压泵。

（2）存在的问题：厂区共有 2 个相互连通的地下消防水池，总容积为 1120m³。

改正：消防水池的总蓄水有效容积大于 500m³ 时，宜设两个能独立使用的消防水池；当大于 1000m³ 时，应设置能独立使用的两座消防水池。每个（或座）消防水池应设置独立的出水管，并应设置满足最低有效水位的连通管，且其管径应能满足消防给水设计流量的要求。

3. 室内消火栓的设置、自动喷水灭火系统设置场所火灾危险等级、自动喷水灭火系统的设计喷水持续时间如下。

（1）根据《消防给水及消火栓系统技术规范》（GB 50974—2014）的规定，建筑高度 $h \leqslant 24m$ 且体积 $V > 5000m^3$ 的丙类仓库，其消火栓设计流量为 20L/s，同时使用消防水枪数为 4 支。

（2）按照国家标准有关自动喷水灭火系统设置场所火灾危险等级的划分规定，该仓库属于 Ⅱ 级。

（3）自动喷水灭火系统的设计喷水持续时间为 2h。

4. 干式自动喷水灭火系统试压及调试记录中存在的主要问题如下：

（1）干式自动喷水灭火系统管网水压强度及严密性试验均采用气压试验替代。

（2）未对管进行冲洗。

（3）干式报警阀调试记录中没有开启系统实验报警阀启动时间及水流到试验装置出口所需时间的记录值。

5. 开启末端试水装置测试出的问题及原因：

（1）存在问题：干式报警阀报警太迟。

原因：报警阀组管路过长，水泵电压不足。

（2）存在问题：末端试水装置出水量不足。

原因：管网压力不足或堵塞。

（3）存在问题：未自动启动消防泵。

原因：压力开关设定值不正确，控消防联动控制设备中的控制模块损坏，水泵控制泵、联动控制设备的控制模式未设定在"自动"状态。

6. 导致水流指示器始终不复位的原因有：

（1）水流指示器桨片被管腔内杂物卡阻。

（2）调整螺母与触头未调试到位。

（3）电路接线脱落。

（4）水流指示器桨片未按要求安装。

案例四　某商业大厦湿式自动喷水系统检查案例分析

消防技术服务机构对某商业大厦中的湿式自动喷水系统进行验收前检测。该大厦地上五层，地下一层，建筑高度为 22.8m，层高均为 4.5m，每层建筑面积均为 1080m²。五层经营地方特色风味餐饮，一～四层为服装、百货、手机电脑经营等，地下一层为停车库及设备用房。该大厦顶层的钢屋架采用自动喷水灭火系统保护，其给水管网串联接入大厦湿式自动喷水灭火系统的配水干管。大厦屋顶设置符合国家标准要求的高位消防水箱及稳压泵，消防水池和消防水泵均设置在地下一层。消防水池为两路供水 105m³ 且无消防水泵吸水井。自动喷水灭火系统的供水泵为两台流量为 40L/s、扬程为 0.85MPa 的卧式离心水泵（一用一备）。

检查时发现：钢屋架处的自动喷水管网未设置独立的湿式报警阀，且未安装水流指示器，消防技术服务机构人员认为这种做法是错误的。随后又发现如下情况：消防水泵出水口处的止回阀下游与明杆闸阀之间的管路上安装了压力表，但吸水管路上未安装压力表；湿式报警阀的报警口与延迟器之间的阀门处于关闭状态，业主解释说，此阀一开，报警阀就异常灵敏而频繁动作报警。检测人员对湿式报警阀相关的管路及附件、控制线路、模块、压力开关等进行了全面检查，未发现异常。

消防技术服务机构人员将末端试水装置打开，湿式报警阀、压力开关相继动作，主泵启动，运行 5min 后，在业主建议下，将其余各层喷淋系统给水管网上的试水阀打开，观察给水管网是否通畅。全部试水阀打开 10min 后，主泵虽仍运行，但出口压力显示为零；切换至备用泵试验，结果同前。经核查，电气设备、主备用水泵均无故障。

根据以上材料，回答以下问题：

1. 水泵出水管路处压力表的安装位置是否正确？说明理由。

2. 有人说，水泵吸水管上应安装与出水管相同规格型号的压力表，这种说法是否正确？说明理由。

3. 消防技术服务机构人员认为该大厦钢屋架处独立的自动喷水管网上应安装湿式报警阀及水流指示器，这种说法是否正确？简述理由。

4. 分析有可能导致报警阀异常灵敏而频繁启动的原因，并给出解决方法。

5. 分析有可能导致自动喷水灭火系统主、备用水泵出水管路压力为零的原因。

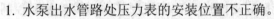

参考答案

扫一扫
第五章
案例四

1. 水泵出水管路处压力表的安装位置不正确。

理由：水泵出水管路处压力表应安装在止回阀的上游管道，防止压力表受水锤的影响。

2. 水泵吸水管上应安装与出水管相同规格型号的压力表，这种说法不正确。

理由：消防水泵吸水管宜设置真空表、压力表或真空压力表，压力表的最大量程应根据工程具体情况确定，但不应低于 0.70MPa，真空表的最大量程宜为 -0.10MPa。

消防水泵出水管上应安装压力表，最大量程不应低于其设计工作压力的 2 倍，且不应低于 1.60MPa。

3. 消防技术服务机构人员认为该大厦钢屋架处独立的自动喷水管网上应安装湿式报警阀及水流指示器，这种说法不完全正确。

理由：保护钢屋架的闭式系统为独立的自动喷水灭火系统，因此应当设置独立的湿式报警阀组。水流指示器的功能是及时报告发生火灾的部位。当湿式报警阀组仅用于保护钢屋架时，压力开关和水力警铃已经可以起到这种作用，故钢屋架处的自动喷水灭火系统无须设置水流指示器。

4. 有可能导致报警阀异常灵敏而频繁启动的原因及解决方法：

（1）原因：系统管路渗漏严重，导致阀瓣经常开启。

解决方法：全面检查系统管路和附件，修补渗漏处。

（2）原因：延迟器下方节流板堵塞，以至于报警阀一侧微小的压力变动都会使得水能充满延迟器而进入水力警铃。

解决方法：卸下筒体，拆下孔板进行清洗。

（3）原因：系统侧喷头损坏漏水，导致报警阀频繁动作报警。

解决方法：全面检查系统侧喷头，替换已损坏喷头。

（4）原因：报警阀管路安装错误，安装在了系统供水侧。

解决方法：调整报警管路的安装。

（5）原因：排水阀未完全关闭。

解决方法：应关紧排水阀。

（6）原因：阀瓣密封垫老化或者损坏。

解决方法：应更换密封垫。

（7）原因：阀瓣组件与阀座之间因变形或者污垢、杂物阻挡出现不密封状态。

解决方法：应冲洗阀瓣、阀座，不满足可更换组件。

5. 有可能导致自动喷水灭火系统主、备用水泵出水管路压力为零的原因：

（1）消防水池容积过小，水量不足。

（2）压力表测试管路控制阀关闭，无法测量压力。

（3）压力表本身损坏。

（4）压力表安装位置错误，压力表安装在了测试管路。

（5）水泵吸水不能满足自灌式吸水要求。

（6）吸水阀闸阀关闭。

（7）水泵电源线接成反方向，水泵倒转，不出水。

 案例五　某高架成品仓库自动喷水灭火系统检测与验收案例分析

消防技术服务机构对东北某公司的高架成品仓库开展消防设施检测工作。该仓库建筑高度 24m，建筑面积 4590m²，储存物品为单层机涂布白板纸成品。业主介绍，仓库内曾安装干式自动喷水灭火系统，后改为由火灾自动报警系统和充气管道上的压力开关联动开启的预作用自动喷水灭火系统。该仓库的高位消防水箱、消防水池以及消防水泵的设置符合现行国家消防技术标准规定。检测中发现：

（1）仓库顶板下设置了早期抑制快速响应喷头，自地面起每 4m 设置一层货架内置洒水喷头，最高层货架内置洒水喷头与储存货物顶部的距离为 3.85m。

（2）确认火灾报警控制器（联动型）、消防水泵控制柜均处于自动状态后，检查人员触发防护区内的一个火灾探测器，并手动开启预作用阀组上的试验排气阀，仅火灾报警控制器（联动型）发出声光报警信号，系统的其他部件及消防水泵均未动作。

（3）检测人员关闭预作用阀组上的排气阀后再次触发另一火灾探测器，电磁阀、排气阀入口处电动阀、报警阀组压力开关等部件动作，消防水泵启动，火灾报警控制器（联动型）接收反馈信号正常。

（4）火灾报警及联动控制信号发出后 2min，检查末端试水装置，先是仅有气体排出，50s 后出现断续水流。

根据以上材料，回答下列问题：

1. 该仓库顶板下的喷头选型是否正确？简要说明理由。

2. 该仓库货架内置洒水喷头的设置是否正确？为什么？

3. 预作用自动喷水灭火系统的实际开启方式与业主介绍的是否一致？这种方式合理吗？为什么？

4. 除启泵外，对该仓库预作用自动喷水灭火系统至少应检测哪些内容？

5. 火灾报警及联动控制信号发出后 2min，检查末端试水装置，先是仅有气体喷出，50s 后出现断续水流的现象，说明什么问题？分析其最有可能的原因。

扫一扫

第五章

参 考 答 案

案例五

1. 该仓库顶板下的喷头选型不正确。

理由：当采用早期抑制快速响应喷头时，系统应为湿式系统。该仓库采用的是干式自动喷水灭火系统，故不适用，应当采用仓库型特殊应用喷头。

2. 该仓库货架内置洒水喷头的设置不正确。

理由：仓库属于仓库危险Ⅱ级，仓库危险级Ⅰ级、Ⅱ级场所应在自地面起每 3.0m 设置层货架内置洒水喷头，且最高层货架内置洒水喷头与储物顶部的距离不应超过 3.0m。该仓库自地面起每 4m 设置一层货架内置洒水喷头，最高层货架内置洒水喷头与储存货物顶部的距离为 3.85m，不符合规定。

3. 预作用自动喷水灭火系统的实际开启方式与业主介绍的是否一致的判断：

（1）预作用自动喷水灭火系统的实际开启方式与业主介绍的不一致。

理由：实际检测时该系统是仅由火灾自动报警系统启动的预作用系统，充气管道上的压力开关没有报警信号反馈到火灾报警控制器，没有参与联动开启预作用系统。业主介绍的是由火灾自动报警系统和充气管道上的压力开关联动开启的预作用自动喷水灭火系统，因此不一致。

（2）背景里描述的开启方式不合理。

理由：该场所应改为有火灾自动报警系统和充气管道上的压力开关联动开启预作用自动喷水灭火系统，这种预作用系统严禁管道充水。仅由火灾自动报警系统启动的预作用系统，可以使管道充水，在东北地区且在纸质品仓库不适合。

4. 除启泵外，对该仓库预作用自动喷水灭火系统至少应检测的内容包括：

（1）模拟火灾探测报警，火灾报警控制器确认火灾后，自动启动预作用装置（雨淋报警阀）、排气阀入口电动阀以及消防水泵；水流指示器、压力开关、流量开关动作。

（2）报警阀组动作后，测试水力警铃声强，不得低于 70dB。

（3）开启末端试水装置，火灾报警控制器确认火灾2min后，其出水压力不低于0.05MPa。

（4）消防控制设备准确显示电磁阀、电动阀、水流指示器、压力开关、流量开关以及消防水泵动作信号，反馈信号准确。

5. 火灾报警及联动控制信号发出后 2min，检查末端试水装置，仅有气体喷出，50s 后出现断续水流的现象，说明消防水泵未启动。

最有可能的原因：

（1）检查末端试水装置，先是仅有气体排出是不合理的，火灾报警及联动控制信号发出后 2min，预作用系统应该已经完成排气和充水，打开末端试水装置，应该直接有水流出。仅有气体排出的最可能的原因是系统侧管网充气压力过大，排气过慢。

（2）50s 后出现断续水流的现象，首先是系统侧管网依然有残余气体，其次可能的原因是 消防水泵扬程不够，导致末端的出水压力和流量不足。

 案例六　某家电货物集散中心自动喷水灭火系统检测与验收案例分析

某市建有一座单层大型成品仓库，该仓库作为某家电品牌在北方的货物集散中心，占地面积为 12 648m²，建筑面积为 11 355m²，耐火等级为一级，建筑高度为 11m，最大储物高度为 8.5m，仓库白天工作时间采用空调对仓库供暖，空调维持温度在 28℃左右，夜间非工作时间为了节约成本，无供暖设施，该地区气温常年在 0℃左右，该车间设置有室内消火栓系统，干式自动喷水灭火系统保护，干式自动喷水灭火系统示意图如图 5-2 所示，系统采 K-ZSTX15-68℃喷头，闭式喷头的玻璃球为红色，采用 DN20 的短立管与配水支管连接，最末端配水支管的管径为 DN50，设置喷头总数为 2460 只，备用喷头数为 50 只。

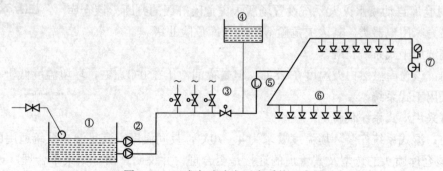

图 5-2　干式自动喷水灭火系统示意图

①—消防水池；②—消防水泵；③—干式报警阀组；④—高位消防水箱；
⑤—水流指示器；⑥—下垂型喷头；⑦—末端试水装置

该仓库喷头分五批进场，第一批进场数量为 350 只，施工单位随机在该批次中抽取了 4 只进行密封性能试验，试验压力为 1.5MPa，保压时间 5min，测试喷头无渗漏，判定该批喷头为合格。喷头试验完毕后采用专用的工具对喷头进行安装，待喷头全部安装完成后，对系统进行试压和冲洗，首先对系统管网进行冲洗，待冲洗结束后，进行水压强度试验，试验合格，最后进行水压严密性试验，无渗漏系统试验完成，判定合格。

试验调试结束后，委托有资质的消防技术服务机构对该仓库进行整体的检测，检测过程中，记录有如下内容：

（1）检查报警阀组发现自动滴水阀持续滴水，报警阀组设置有充气设备，供气管道采用管径为 12mm 铜管，充气连接管管径为 10mm。

（2）开启末端试水装置，检查系统的联动功能，用秒表计时，90s 后末端试水装置开始出水，出水压力为 0.1MPa，水泵启动正常。

（3）测试结束后，对系统进行复位，人工手动停泵，排尽系统管网中的水，复位干式报警阀组，最后通过注水口向报警阀气室注入 100～150mm 清水。

根据以上材料，回答下列问题：

1. 判断该仓库自喷设置场所的火灾危险等级。该系统选型是否正确，能否采用湿式代替，并说明理由。

2. 该仓库喷头的选型及其管道的连接是否合理，并说明理由。如果不合理，该选用何种喷头。

3. 指出图中不合理的地方，并说明理由（不包括阀门和未标识的组件）。

4. 施工单位试验中存在不合理的地方，并说明理由。

5. 指出检测记录中存在不正确的地方，并说明理由。

6. 试分析自动滴水阀持续滴水的原因。

7. 联动功能测试时，90s 后末端试水装置开始出水，是否合理，并说明理由。

参 考 答 案

扫一扫

第五章

案例六

1. 对仓库自动喷水灭火系统设置场所火灾危险等级的判断：该仓库储存物品为家用电器类，其火灾危险等级为仓库危险Ⅱ级。

系统选用干式系统正确。

理由：该仓库虽然白天温度在 28℃，但是夜间常年在 0℃ 左右，环境温度低于 4℃ 的场所，应采用干式系统。

不可采用湿式系统代替。

理由：湿式系统安装环境温度要求为 4～70℃，夜间温度不满足湿式系统适用的要求。

2. 该仓库喷头的选型及其管道的连接是否合理，并说明理由。如果不合理，该选用何种喷。

（1）系统采用 K–ZSTX15–68（℃）喷头不正确。

理由：通过该喷头型号可以判断该喷头为直径 15mm，动作温度为 68℃，流量为 K80 的快速下垂型喷头。① 流量选择不合理，仓库危险级场所宜采用流量系数大于 80 的洒水喷头。② 选用快速响应喷头不合理，快速响应喷头应用于湿式系统。③ 下垂型喷头不合理，该系统为干式系统，应采用干式下垂型喷头。该建筑最大净空高度不超过 12m 且最大储物高度不超过 10.5m，储物类别为仓库危险 Ⅱ 级，宜采用仓库型特殊应用喷头，干式系统应采用直立型洒水喷头或干式下垂型喷头。

（2）采用 DN20 的短立管与配水支管连接不正确。

理由：喷头连接应采用 DN25 短立管或直接安装于配水支管上。

3. 图中不合理的地方及理由如下。

（1）报警阀组未采用环状供水管道不合理。

理由：当自动喷水灭火系统中设有 2 个及以上报警阀组时，报警阀组前应设环状供水管道。

（2）报警阀组安装在水平管道上不合理。

理由：报警阀组应垂直安装在配水干管上。

（3）设置 4 个报警阀组数量不合理。

理由：该背景共设置有 2460 只喷头，每个干式报警阀组最多控制 500 只喷头，故至少应设置 5 个干式报警阀组。

（4）水流指示器的安装不合理。

理由：水流指示器应使电器元件部位竖直安装在水平管道上侧。

（5）高位消防水箱连接管安装不合理。

理由：高位消防水箱应连接至报警阀前的供水侧。

（6）配水支管设置的喷头数量不合理。

理由：该建筑为仓库危险 Ⅱ 级，仓库危险级场所标准流量型喷头均不应超过 6 只。

（7）喷头安装不合理。

理由：干式系统应采用直立型喷头或干式下垂型喷头。

4. 施工单位试验中存在不合理的地方及理由如下。

（1）第一批进场数量为 350 只，施工单位随机在该批次中抽取 4 只进行密封性能试验不合理。

理由：喷头密封性能试验应不少于每批总数的 1%，且不少于 5 只。

（2）试验压力为 1.5MPa，保压时间 5min，测试喷头无渗漏，判定该批喷头为合格不合理。

理由：试验压力应为 3MPa。

（3）待喷头全部安装完成后，对系统进行试压和冲洗不合理。

理由：喷头安装应在系统试压和冲洗合格后再进行。

（4）首先对系统管网进行冲洗，待冲洗结束后，进行水压强度试验，试验合格，最后进行水压严密性试验，无渗漏系统试验完成，判定合格不合理。

理由：管网冲洗应在试压合格后分段进行，干式喷水灭火系统应做水压试验和气压试验。

5. 检测记录中存在不正确的地方，并说明理由。

（1）检查报警阀组发现自动滴水阀持续滴水不合理。

理由：系统水流偶尔出现波动，自动滴水阀会有滴水的现象，持续滴水说明存在持续漏水的现象。

（2）报警阀组设置有充气设备，充气连接管管径为10mm不合理。

理由：充气连接管直径不小于15mm。

（3）开启末端试水装置，检查系统的联动功能，用秒表计时，90s后末端试水装置开始出水不合理。

理由：干式系统管网充水时间不应大于1min。

（4）测试结束后，最后通过注水口向报警阀气室注入100~150mm清水不合理。

理由：应向报警阀气室注入50~100mm清水。

6. 自动滴水阀持续滴水的原因有：

（1）干式报警阀瓣渗漏。

（2）干式报警阀瓣老化、密封不严密。

（3）自动滴水阀安装位置不正确。

（4）系统侧渗漏导致报警阀瓣经常性波动。

（5）报警管路试警铃阀关闭不严，持续有水流进自动滴水阀。

7. 联动功能测试时，90s后末端试水装置开始出水不合理。

理由：干式系统充水时间不应大于1min。

导致充水时间过长的可能原因有：

（1）快速排气阀损坏。

（2）快速排气阀前电动阀未动作。

（3）系统管网过大。

（4）系统加速器未动作。

（5）报警阀瓣卡阻。

（6）末端试水装置阀门未完全开启。

案例七 某二级耐火等级厂房自动喷水灭火系统检测与验收案例分析

寒冷地区某二级耐火等级的厂房，地上4层，每层建筑面积为8000m²；层高为4m。其中，地上一层办公场所建筑面积为2000m²，服装生产车间建筑面积为6000m²，地上二~四层为标准服装生产车间，地下室建筑面积为8000m²，功能为机电设备用房、车库，地下室结构柱网为9m×9m，主梁之间为"井"字次梁，建筑内设置自动喷水灭火系统等消防设施并配置了灭火器，其中，地上各层设置湿式自动喷水灭火系统，每层设置1套湿式报警阀组；地上一层设置了2个水流指示器，地上二~四层没有设置水流指示器；地下室未采暖，设置预作用自动喷水灭火系统。受业主委托，某消防技术服务机构对该厂房自动喷水灭火系统和灭火器进行检测，情况如下：

（1）地下室车库喷头溅水盘距离顶板200~300mm。

（2）地上一层末端试水装置处压力表显示压力为0.4MPa，打开试水阀后，压力显示为0.01MPa，放水5min，水流指示器不动作，水力警铃不动作，系统无法自动启动；随后，检测人员打开湿式报警阀组试验排水阀，水力警铃发出警报，喷淋泵自动启动时间为50s。

（3）安装单位提供的消防水泵调试资料只有设计流量点的扬程测试记录表。

（4）服装车间内配置的灭火器型号为MP6泡沫灭火器，灭火级别1A，适用温度范围0～55℃。

根据以上材料，回答下列问题：

1. 地下室车库洒水喷头安装是否正确？为什么？选择洒水喷头时应考虑的主要因素有哪些？

2. 该厂房自动喷水灭火系统的选型是否正确？为什么？预作用自动喷水灭火系统的主要组件有哪些？

3. 服装车间的自动喷水灭火系统未设置水流指示器是否可行？为什么？

4. 说明地上一层自动喷水灭火系统功能不正常的原因。

5. 安装单位提供的消防水泵调试资料还应包括哪些？

6. 服装车间内配置的手提灭火器是否合适？为什么？服装车间内可以配置的手提式灭火器类型及规格有哪些？

扫一扫
第五章
案例七

参 考 答 案

1. 地下室车库洒水喷头安装不正确。

理由：根据《自动喷水灭火系统设计规范》（GB 50084—2017）的规定，干式系统、预作用系统应采用直立型洒水喷头或干式下垂型洒水喷头。

除吊顶型洒水喷头及吊顶下设置的洒水喷头外，直立型、下垂型标准覆盖面积洒水喷头和扩大覆盖面积洒水喷头的溅水盘与顶板的距离不应小于75mm，且不应大于150mm。

2. 该厂房分为地上和地下，地上自动喷水灭火系统的选型正确。

理由：依据《自动喷水灭火系统设计规范》（GB 50084—2017）的规定，环境温度不低于4℃且不高于70℃的场所，应采用湿式系统。

地下自动喷水灭火系统的选型正确。

理由：依据《自动喷水灭火系统设计规范》（GB 50084—2017）的规定，环境温度低于4℃或高于70℃的场所，应采用干式系统，但是用于替代干式系统的场所，应采用预作用系统。

预作用自动喷水灭火系统的主要组件：闭式喷头、水流报警装置、预作用装置、供水与配水管道、充气设备和供水设施等组成。

3. 服装车间的自动喷水灭火系统未设置水流指示器可行，根据《自动喷水灭火系统设计规范》（GB 50084—2017）的规定，除报警阀组控制的洒水喷头只保护不超过防火分区面积的同层场所外，每个防火分区、每个楼层均应设水流指示器。

4. 地上一层自动喷水灭火系统功能不正常的原因：

（1）系统出现了问题。

（2）系统不根据施工图纸进行安装调试。

（3）信号阀没打开。

（4）报警阀组安装反了。

5. 根据《消防给水及消火栓系统技术规范》（GB 50974—2014）的规定，消防水泵调试应符合下列要求：

（1）以自动直接启动或手动直接启动消防水泵时，消防水泵应在 55s 内投入正常运行，且应无不良噪声和振动。

（2）以备用电源切换方式或备用泵切换启动消防水泵时，消防水泵应分别在 1min 或 2min 内投入正常运行。

（3）消防水泵安装后应进行现场性能测试，其性能应与生产厂商提供的数据相符，并应满足消防给水设计流量和压力的要求。

（4）消防水泵零流量时的压力不应超过设计工作压力的 140%；当出流量为设计工作流量的 150% 时，其出口压力不应低于设计工作压力的 65%。

6. 服装车间内配置的手提灭火器不合适。

理由：由于该厂是服装车间因此属于中危险级别、并且属于 A 类火灾（固体物质火灾）。因此单具灭火器最小配置灭火级别为 2A。根据题意可以得出：灭火器型号为 MP6 泡沫灭火器，灭火级别 1A，因此不合适。

满足 A 类火灾的灭火器包括：水基型（水雾、泡沫）灭火器、ABC 干粉灭火器。

根据《建筑灭火器配置设计规范》（GB 50140—2005）附录中的规定，满足 2A 的灭火器型号有：水基型灭火器（MP9、MP/AR9）、干粉灭火器（MFABC3、MFABC4）、MS/Q9、MS/T9。

 ## 案例八　某数据中心建筑自动喷水灭火系统检测与验收案例分析

某数据中心建筑，共 4 层，总建筑面积为 11 200m²，一层为高低压配电室、消防水泵房、消防控制室、办公室等，二层为记录（纸）介质，三层为记录（纸）介质（备用）及重要客户档案室等，四层为数据处理机房、通信机房，二、三层设置了预作用自动喷水灭火系统，使用洒水喷头 896 只（其中吊顶上、下使用喷头的数量各为 316 只，其余部位使用喷头数量为 264 只）。

高低压配电室、数据处理机房、通信机房，采用组合分配方式 IG541 混合气体灭火系统进行防护，IG541 混合气体灭系统的灭火剂储瓶共 96 只，规格为 90L，一级充压，储瓶间内的温度约 5℃。

消防技术服务机构进行检测时发现：

（1）预作用自动喷水灭火系统设置了 2 台预作用报警阀组，消防技术服务机构人员认为其符合现行国家标准《自动喷水灭火系统设计规范》（GB 50084—2017）的相关规定。

（2）预作用自动喷水灭火系统处于瘫痪状态，据业主反映：该系统的气泵控制箱长期显示低压报警，导致气泵一直运行，对所有的供水供气管路，组件及接口进行过多次水压试验及气密性检查，对气泵密闭性能做了多次核查，均没有发现问题，无奈才关闭系统。

（3）高低压配电室的门扇下半部为百叶，作为泄压口使用。

（4）IG541 气体灭火系统灭火而储存装置的压力表显示为 13.96MPa，消防技术服务机构人员认为压力偏低，有可能存在灭火而缓慢泄漏情况。

根据以上材料，回答下列问题：

1. 该预作用自动喷水灭火系统至少应设置几台预作用报警阀组？为什么？

2. 对预作用自动喷水灭火系统进行检测时，除气泵外，至少还需检测哪些设备或组件？

3. 列举可能造成预作用自动喷水灭火系统气泵控制箱长期显示低压报警，气泵一直运行的原因。

4. 高低压配电室的泄压口设置符合标准规范要求吗？简述理由。

5. 消防技术服务机构人员认为 IG541 气体灭火系统灭火剂储存"压力偏低""有可能存在灭火剂缓慢泄漏情况"是否正确？简述理由。

扫一扫
第五章
案例八

参 考 答 案

1. 该预作用自动喷水灭火系统至少应设置 1 台预作用报警阀组。

理由：因为当吊顶上方与下方同时设置喷头时，取数量较多的一侧，则喷头共为：316+264=580 只。预作用系统每个预作用报警装置保护喷头数量不宜大于 800 只喷头，所以至少应设置 1 台预作用报警装置。

2. 对预作用自动喷水灭火系统进行检测时，除气泵外，至少还需检测下列设备或组件：

（1）末端试水装置。

（2）水流指示器。

（3）信号阀门。

（4）止回阀。

（5）预作用报警装置。

（6）水力警铃。

（7）压力开关。

（8）水源。

（9）消防水泵。

（10）稳压泵。

（11）排水设施。

（12）联动试验。

（13）连锁试验。

（14）检测管道是否存在泄漏问题。

（15）加速器。

（16）充气管路上的压力开关。

3. 可能造成预作用自动喷水灭火系统气泵控制箱长期显示低压报警，气泵一直运行的原因如下：

（1）气泵控制箱故障。

（2）气泵控制箱未按照施工图纸安装调试。

（3）系统侧充气管路有泄露点漏气。

（4）补气管路堵塞。

（5）供气管道压力开关故障或设定值不正确。

（6）有喷头损坏。

（7）快速排气阀漏气。

（8）空气压缩机（气泵）损坏。

（9）末端试水装置未关闭。

（10）预作用装置水封水位不够，导致注水孔漏气。

（11）管网泄漏量大于充气泵充气量。

4．高低压配电室的泄压口设置不符合标准规范要求。

理由：因为防护区设置的泄压口，宜设在外墙上。泄压口面积按相应气体灭火系统设计规定计算。

5．消防技术服务机构人员认为 IG541 气体灭火系统灭火剂储存"压力偏低""有可能存在灭火剂缓慢泄漏情况"的说法正确。

理由：储存容器或容器阀以及组合分配系统集流管上的安全泄压装置的动作压力，应符合下列规定：一级充压（15.0MPa）系统，应为（20.7±1.0）MPa（表压）。IG541 气体灭火系统灭火而储存装置的压力表显示为 13.96MPa，因此消防技术服务机构人员认为压力偏低，有可能存在灭火而缓慢泄漏情况。

第六章　消防安全管理案例分析

第一节　社会单位消防安全管理

一、消防安全重点单位

根据《机关、团体、企业、事业单位消防安全管理规定》（公安部令第 61 号）第十三条规定，下列范围的单位是消防安全重点单位，应当按照本规定的要求，实行严格管理：

（1）商场（市场）、宾馆（饭店）、体育场（馆）、会堂、公共娱乐场所等公众聚集场所（以下统称公众聚集场所）；

（2）医院、养老院和寄宿制的学校、托儿所、幼儿园；

（3）国家机关；

（4）广播电台、电视台和邮政、通信枢纽；

（5）客运车站、码头、民用机场；

（6）公共图书馆、展览馆、博物馆、档案馆以及具有火灾危险性的文物保护单位；

（7）发电厂（站）和电网经营企业；

（8）易燃易爆化学物品的生产、充装、储存、供应、销售单位；

（9）服装、制鞋等劳动密集型生产、加工企业；

（10）重要的科研单位；

（11）其他发生火灾可能性较大以及一旦发生火灾可能造成重大人身伤亡或者财产损失的单位。

高层办公楼（写字楼）、高层公寓楼等高层公共建筑，城市地下铁道、地下观光隧道等地下公共建筑和城市重要的交通隧道，粮、棉、木材、百货等物资集中的大型仓库和堆场，国家和省级等重点工程的施工现场，应当按照本规定对消防安全重点单位的要求，实行严格管理。

二、消防安全职责

（一）单位的消防安全职责

根据《消防法》第十六条规定，机关、团体、企业、事业等单位应当履行下列消防安全职责：

（1）落实消防安全责任制，制定本单位的消防安全制度、消防安全操作规程，制定灭火和应急疏散预案；

（2）按照国家标准、行业标准配置消防设施、器材，设置消防安全标志，并定期组织检验、维修，确保完好有效；

（3）对建筑消防设施每年至少进行一次全面检测，确保完好有效，检测记录应当完整准确，存档备查；

（4）保障疏散通道、安全出口、消防车通道畅通，保证防火防烟分区、防火间距符合消防技术标准；

（5）组织防火检查，及时消除火灾隐患；

（6）组织进行有针对性的消防演练；

（7）法律、法规规定的其他消防安全职责。

根据《消防法》第十七条规定，消防安全重点单位除应当履行本法第十六条规定的职责外，还应当履行下列消防安全职责：

（1）确定消防安全管理人，组织实施本单位的消防安全管理工作；

（2）建立消防档案，确定消防安全重点部位，设置防火标志，实行严格管理；

（3）实行每日防火巡查，并建立巡查记录；

（4）对职工进行岗前消防安全培训，定期组织消防安全培训和消防演练。

（二）单位消防安全责任人的消防安全职责

根据《机关、团体、企业、事业单位消防安全管理规定》（公安部令第61号）第六条规定，单位的消防安全责任人应当履行下列消防安全职责：

（1）贯彻执行消防法规，保障单位消防安全符合规定，掌握本单位的消防安全情况；

（2）将消防工作与本单位的生产、科研、经营、管理等活动统筹安排，批准实施年度消防工作计划；

（3）为本单位的消防安全提供必要的经费和组织保障；

（4）确定逐级消防安全责任，批准实施消防安全制度和保障消防安全的操作规程；

（5）组织防火检查，督促落实火灾隐患整改，及时处理涉及消防安全的重大问题；

（6）根据消防法规的规定建立专职消防队、义务消防队；

（7）组织制定符合本单位实际的灭火和应急疏散预案，并实施演练。

知识拓展

单位消防安全责任人对本单位消防安全工作负责，必须有明确的消防安全管理职责，做到权责统一。消防安全责任人应当保障单位消防工作计划、经费和组织保障等重大事项的落实，保障消防安全工作纳入本单位的整体决策和统筹安排，并与生产、经营、管理、科研等工作同步进行、同步发展。

（三）单位消防安全管理人的消防安全职责

根据《机关、团体、企业、事业单位消防安全管理规定》（公安部令第61号）第七条规定，单位可以根据需要确定本单位的消防安全管理人。消防安全管理人对单位的消防安全责任人负责，实施和组织落实下列消防安全管理工作：

（1）拟订年度消防工作计划，组织实施日常消防安全管理工作；

（2）组织制订消防安全制度和保障消防安全的操作规程并检查督促其落实；

（3）拟订消防安全工作的资金投入和组织保障方案；

（4）组织实施防火检查和火灾隐患整改工作；

（5）组织实施对本单位消防设施、灭火器材和消防安全标志的维护保养，确保其完好有效，确保疏散通道和安全出口畅通；

（6）组织管理专职消防队和义务消防队；

（7）在员工中组织开展消防知识、技能的宣传教育和培训，组织灭火和应急疏散预案的实施和演练；

（8）单位消防安全责任人委托的其他消防安全管理工作。

消防安全管理人应当定期向消防安全责任人报告消防安全情况，及时报告涉及消防安全的重大问题。未确定消防安全管理人的单位，前款规定的消防安全管理工作由单位消防安全责任人负责实施。

三、消防安全制度和落实

（一）消防安全制度

根据《机关、团体、企业、事业单位消防安全管理规定》（公安部令第 61 号）第十八条规定，单位消防安全制度主要包括以下内容：消防安全教育、培训；防火巡查、检查；安全疏散设施管理；消防（控制室）值班；消防设施、器材维护管理；火灾隐患整改；用火、用电安全管理；易燃易爆危险物品和场所防火防爆；专职和义务消防队的组织管理；灭火和应急疏散预案演练；燃气和电气设备的检查和管理（包括防雷、防静电）；消防安全工作考评和奖惩；其他必要的消防安全内容。

（二）单位消防安全制度的落实

（1）确定消防安全责任。

（2）定期进行消防安全检查、巡查，消除火灾隐患。

（3）组织消防安全知识宣传教育培训。

（4）开展灭火和疏散逃生演练。

（5）建立健全消防档案。

（6）消防安全重点单位"三项"报告备案制度：消防安全管理人员报告备案、消防设施维护保养报告备案、消防安全自我评估报告备案。

四、重大火灾隐患的判定

（一）可不判定为重大火灾隐患情况

根据《重大火灾隐患判定方法》（GB 35181—2017）第 5.1 条规定，下列情形不应判定为重大火灾隐患：

（1）依法进行了消防设计专家评审，并已采取相应技术措施的；

（2）单位、场所已停产停业或停止使用的；

（3）不足以导致重大、特别重大火灾事故或严重社会影响的。

（二）重大火灾隐患直接判定

根据《重大火灾隐患判定方法》（GB 35181—2017）第 6.1～6.10 条规定，可以直接判定为重大火灾隐患的要素包括：

（1）生产、储存和装卸易燃易爆化学物品的工厂、仓库和专用车站、码头、储罐区，未设置在城市的边缘或相对独立的安全地带。

（2）甲、乙类厂房设置在建筑的地下、半地下室。

（3）甲、乙类厂房与人员密集场所或住宅、宿舍混合设置在同一建筑内。

（4）公共娱乐场所、商店、地下人员密集场所的安全出口、楼梯间的设置形式及数量不符合规定。

（5）旅馆、公共娱乐场所、商店、地下人员密集场所未按规定设置自动喷水灭火系统或火灾自动报警系统。

（6）易燃可燃液体、可燃气体储罐（区）未按规定设置固定灭火、冷却设施。

（三）重大火灾隐患综合判定

重大火灾隐患综合判定可以从总平面布置、防火分隔、安全疏散及灭火救援、消防给水及灭火设施、防烟排烟设施、消防电源、火灾自动报警系统、其他等方面进行。

五、灭火救援

根据《消防法》第四十四条规定，任何人发现火灾都应当立即报警。任何单位、个人都应当无偿为报警提供便利，不得阻拦报警。严禁谎报火警。

人员密集场所发生火灾，该场所的现场工作人员应当立即组织、引导在场人员疏散。

任何单位发生火灾，必须立即组织力量扑救。邻近单位应当给予支援。

消防队接到火警，必须立即赶赴火灾现场，救助遇险人员，排除险情，扑灭火灾。

六、消防安全宣传教育和培训

（一）单位消防安全宣传教育和培训

根据《机关、团体、企业、事业单位消防安全管理规定》（公安部令第 61 号）第三十六规定，机关、团体、企业、事业单位应当通过多种形式开展经常性的消防安全宣传教育。消防安全重点单位对每名员工应当至少每年进行一次消防安全培训。宣传教育和培训内容应当包括：

（1）有关消防法规、消防安全制度和保障消防安全的操作规程；

（2）本单位、本岗位的火灾危险性和防火措施；

（3）有关消防设施的性能、灭火器材的使用方法；

（4）报火警、扑救初起火灾以及自救逃生的知识和技能。

公众聚集场所对员工的消防安全培训应当至少每半年进行一次，培训的内容还应当包括组织、引导在场群众疏散的知识和技能。

单位应当组织新上岗和进入新岗位的员工进行上岗前的消防安全培训。

（二）职工的消防安全教育培训

根据《社会消防安全教育培训规定》第十四条规定，单位应当根据本单位的特点，建立健全消防安全教育培训制度，明确机构和人员，保障教育培训工作经费，按照下列规定对职工进行消防安全教育培训：

（1）定期开展形式多样的消防安全宣传教育；

（2）对新上岗和进入新岗位的职工进行上岗前消防安全培训；

（3）对在岗的职工每年至少进行一次消防安全培训；

（4）消防安全重点单位每半年至少组织一次、其他单位每年至少组织一次灭火和应急疏散演练。

单位对职工的消防安全教育培训应当将本单位的火灾危险性、防火灭火措施、消防设施及灭火器材的操作使用方法、人员疏散逃生知识等作为培训的重点。

（三）公共场所的消防安全宣传教育

根据《社会消防安全教育培训规定》第二十二条规定，歌舞厅、影剧院、宾馆、饭店、商场、集贸市场、体育场馆、会堂、医院、客运车站、客运码头、民用机场、公共图书馆和公共展览馆等公共场所应当按照下列要求对公众开展消防安全宣传教育：

（1）在安全出口、疏散通道和消防设施等处的醒目位置设置消防安全标志、标识等；

（2）根据需要编印场所消防安全宣传资料供公众取阅；

（3）利用单位广播、视频设备播放消防安全知识。

养老院、福利院、救助站等单位，应当对服务对象开展经常性的用火用电和火场自救逃生安全教育。

（四）在建工程的施工单位消防安全教育

根据《社会消防安全教育培训规定》第二十四条规定，在建工程的施工单位应当开展下列消防安全教育工作：

（1）建设工程施工前应当对施工人员进行消防安全教育；

（2）在建设工地醒目位置、施工人员集中住宿场所设置消防安全宣传栏，悬挂消防安全挂图和消防安全警示标识；

（3）对明火作业人员进行经常性的消防安全教育；

（4）组织灭火和应急疏散演练。

七、大型商业综合体消防安全管理

（一）大型商业综合体的概念

根据《大型商业综合体消防安全管理规则（试行）》第二条规定，商业综合体是指集购物、住宿、餐饮、娱乐、展览、交通枢纽等两种或两种以上功能于一体的单体建筑和通过地下连片车库、地下连片商业空间、下沉式广场、连廊等方式连接的多栋商业建筑组合体。

根据《大型商业综合体消防安全管理规则（试行）》第三条规定，适用于已建成并投入使用且建筑面积不小于 5 万 m^2 的商业综合体称为大型商业综合体。

（二）消防安全责任

根据《大型商业综合体消防安全管理规则（试行）》第十一条规定，消防安全责任人应当掌握本单位的消防安全情况，全面负责本单位的消防安全工作，并履行下列消防安全职责：

（1）制定和批准本单位的消防安全管理制度、消防安全操作规程、灭火和应急疏散预案，进行消防工作检查考核，保证各项规章制度落实；

（2）统筹安排本单位经营、维修、改建、扩建等活动中的消防安全管理工作，批准年度消防工作计划；

（3）为消防安全管理提供必要的经费和组织保障；

（4）建立消防安全工作例会制度，定期召开消防安全工作例会，研究本单位消防工作，处理涉及消防经费投入、消防设施和器材购置、火灾隐患整改等重大问题，研究、部署、落实本单位消防安全工作计划和措施；

（5）定期组织防火检查，督促整改火灾隐患；

（6）依法建立专职消防队或志愿消防队，并配备相应的消防设施和器材；

（7）组织制定灭火和应急疏散预案，并定期组织实施演练。

根据《大型商业综合体消防安全管理规则（试行）》第十二条规定，消防安全管理人对消防安全责任人负责，应当具备与其职责相适应的消防安全知识和管理能力，取得注册消防工程师执业资格或者工程类中级以上专业技术职称，并应当履行下列消防安全职责：

（1）拟订年度消防安全工作计划，组织实施日常消防安全管理工作；

（2）组织制订消防安全管理制度和消防安全操作规程，并检查督促落实；

（3）拟订消防安全工作的资金投入和组织保障方案；

（4）建立消防档案，确定本单位的消防安全重点部位，设置消防安全标识；

（5）组织实施防火巡查、检查和火灾隐患排查整改工作；

（6）组织实施对本单位消防设施和器材、消防安全标识的维护保养，确保其完好有效和处于正常运行状态，确保疏散通道、安全出口、消防车道畅通；

（7）组织本单位员工开展消防知识、技能的教育和培训，拟定灭火和应急疏散预案，组织灭火和应急疏散预案的实施和演练；

（8）管理专职消防队或志愿消防队，组织开展日常业务训练和初起火灾扑救；

（9）定期向消防安全责任人报告消防安全状况，及时报告涉及消防安全的重大问题；

（10）完成消防安全责任人委托的其他消防安全管理工作。

第二节　建设工程施工现场消防安全管理

一、施工现场总平面布局

（一）重要区域的布置

根据《建设工程施工现场消防安全技术规范》（GB 50720—2011）第 3.1.3 条规定，施工现场出入口的设置应满足消防车通行的要求，并宜布置在不同方向，其数量不宜少于 2 个，当确有困难只能设置 1 个出入口时，应在施工现场内设置满足消防车通行的环形道路。

这里需要注意：当施工现场划分为不同的区域时，不同区域的出入口设置也要符合本条规定。

　　根据《建设工程施工现场消防安全技术规范》（GB 50720—2011）第 3.1.5 条规定，固定动火作业场应布置在可燃材料堆场及其加工场、易燃易爆危险品库房等全年最小频率风向的上风侧，并宜布置在临时办公用房、宿舍、可燃材料库房、在建工程等全年最小频率风向的上风侧。

　　根据《建设工程施工现场消防安全技术规范》（GB 50720—2011）第 3.1.6 条规定，易燃易爆危险品库房应远离明火作业区、人员密集区和建筑物相对集中区。

　　根据《建设工程施工现场消防安全技术规范》（GB 50720—2011）第 3.1.7 条规定，可燃材料堆场及其加工场、易燃易爆危险品库房不应布置在架空电力线下。

（二）防火间距

1. 临建用房与在建工程的防火间距

　　根据《建设工程施工现场消防安全技术规范》（GB 50720—2011）第 3.2.1 条规定，易燃易爆危险品库房与在建工程的防火间距不应小于 15m，可燃材料堆场及其加工场、固定动火作业场与在建工程的防火间距不应小于 10m，其他临时用房、临时设施与在建工程的防火间距不应小于 6m。

2. 主要临时用房、临时设施的防火间距

　　《建设工程施工现场消防安全技术规范》（GB 50720—2011）第 3.2.2 条规定，施工现场主要临时用房、临时设施的防火间距不应小于表 6-1 的规定，当办公用房、宿舍成组布置时，其防火间距可适当减小，但应符合下列规定：

（1）每组临时用房的栋数不应超过 10 栋，组与组之间的防火间距不应小于 8m。

（2）组内临时用房之间的防火间距不应小于 3.5m，当建筑构件燃烧性能等级为 A 级时，其防火间距可减少到 3m。

表 6-1　　　　　　　　　施工现场主要临时用房、临时设施的防火间距

名称	办公用房、宿舍	发电机房、变配电房	可燃材料库房	厨房操作间、锅炉房	可燃材料堆场及其加工场	固定动火作业场	易燃易爆危险品库房
办公用房、宿舍	4	4	5	5	7	7	10
发电机房、变配电房	4	4	5	5	7	7	10
可燃材料库房	5	5	5	5	7	7	10
厨房操作间、锅炉房	5	5	5	5	7	7	10
可燃材料堆场及其加工场	7	7	7	7	7	10	10
固定动火作业场	7	7	7	7	10	10	12
易燃易爆危险品库房	10	10	10	10	10	12	12

注：1. 临时用房，临时设施的防火间距应按临时用房外墙外边线或堆场、作业场、作业棚边线间的最小距离计算，当临时用房外墙有突出可燃构件时，应从其突出可燃构件的外缘算起；

　　2. 两栋临时用房相邻较高一面的外墙为防火墙时，防火间距不限；

　　3. 表中未规定的，可按同等火灾危险性的临时用房、临时设施的防火间距确定。

二、施工现场建筑防火要求

(一) 临时用房防火设计要求

1. 宿舍、办公用房的防火设计要求

《建设工程施工现场消防安全技术规范》(GB 50720—2011) 第 4.2.1 条对宿舍、办公用房作出以下防火设计要求:

(1) 建筑构件的燃烧性能等级应为 A 级。当采用金属夹芯板材时,其芯材的燃烧性能等级应为 A 级。

知 识 拓 展

近年来,施工工地临时用房采用金属夹芯板(俗称彩钢板)的情况比较普遍,此类材料在很多工地已发生火灾,造成了严重的人员伤亡。因此,要确保此类板材的芯材的燃烧性能等级达到 A 级。

(2) 建筑层数不应超过 3 层,每层建筑面积不应大于 $300m^2$。

(3) 层数为 3 层或每层建筑面积大于 $200m^2$ 时,应设置至少 2 部疏散楼梯,房间疏散门至疏散楼梯的最大距离不应大于 25m。

(4) 单面布置用房时,疏散走道的净宽度不应小于 1.0m;双面布置用房时,疏散走道的净宽度不应小于 1.5m。

(5) 疏散楼梯的净宽度不应小于疏散走道的净宽度。

(6) 宿舍房间的建筑面积不应大于 $30m^2$,其他房间的建筑面积不宜大于 $100m^2$。

(7) 房间内任一点至最近疏散门的距离不应大于 15m,房门的净宽度不应小于 0.8m;房间建筑面积超过 $50m^2$ 时,房门的净宽度不应小于 1.2m。

(8) 隔墙应从楼地面基层隔断至顶板基层底面。

2. 其他防火设计要求

根据《建设工程施工现场消防安全技术规范》(GB 50720—2011) 第 4.2.3 条,其他防火设计应符合下列规定:

(1) 宿舍、办公用房不应与厨房操作间、锅炉房、变配电房等组合建造。

(2) 会议室、文化娱乐室等人员密集的房间应设置在临时用房的第一层,其疏散门应向疏散方向开启。

知 识 拓 展

施工现场的临时用房较多,且其布置受现场条件制约多,不同使用功能的临时用房可按以下规定组合建造。组合建造时,两种不同使用功能的临时用房之间应采用不燃材料进行防火分隔,其防火设计等级应以防火设计等级要求较高的临时用房为准。

(1) 现场办公用房、宿舍不应组合建造。如现场办公用房与宿舍的规模不大,两者的建筑面积之和不超过 $300m^2$,可组合建造。

(2) 发电机房、变配电房可组合建造。

（3）厨房操作间、锅炉房可组合建造。

（4）会议室与办公用房可组合建造。

（5）文化娱乐室、培训室与办公用房或宿舍可组合建造。

（6）餐厅与办公用房或宿舍可组合建造。

（7）餐厅与厨房操作间可组合建造。

施工现场人员较为密集的房间包括会议室、文化娱乐室、培训室、餐厅等，其房间门应朝疏散方向开启，以便于人员紧急疏散。

（二）在建工程临时疏散通道防火要求

根据《建设工程施工现场消防安全技术规范》（GB 50720—2011）第 4.3.1 条规定，在建工程作业场所的临时疏散通道应采用不燃、难燃材料建造，并应与在建工程结构施工同步设置，也可利用在建工程施工完毕的水平结构、楼梯。

根据《建设工程施工现场消防安全技术规范》（GB 50720—2011）第 4.3.2 条，在建工程作业场所临时疏散通道的设置应符合下列规定：

（1）耐火极限不应低于 0.5h。

（2）设置在地面上的临时疏散通道，其净宽度不应小于 1.5m；利用在建工程施工完毕的水平结构、楼梯作临时疏散通道时，其净宽度不宜小于 1.0m；用于疏散的爬梯及设置在脚手架上的临时疏散通道，其净宽度不应小于 0.6m。

（3）临时疏散通道为坡道，且坡度大于 25°时，应修建楼梯或台阶踏步或设置防滑条。

（4）临时疏散通道不宜采用爬梯，确需采用时，应采取可靠固定措施。

（5）临时疏散通道的侧面为临空面时，应沿临空面设置高度不小于 1.2m 的防护栏杆。

（6）临时疏散通道设置在脚手架上时，脚手架应采用不燃材料搭设。

（7）临时疏散通道应设置明显的疏散指示标识。

（8）临时疏散通道应设置照明设施。

三、临时消防给水系统设置

（一）临时室外消防给水系统的设置要求

在建工程、临时用房、可燃材料堆场及其加工场是施工现场的重点防火区域，室外消火栓的布置应以现场重点防火区域位于其保护范围为基本原则。根据《建设工程施工现场消防安全技术规范》（GB 50720—2011）第 5.3.7 条，施工现场临时室外消防给水系统的设置应符合下列规定：

（1）给水管网宜布置成环状。

（2）临时室外消防给水干管的管径，应根据施工现场临时消防用水量和干管内水流计算速度计算确定，且不应小于 DN100。

（3）室外消火栓应沿在建工程、临时用房和可燃材料堆场及其加工场均匀布置，与在建工程、临时用房和可燃材料堆场及其加工场的外边线的距离不应小于 5m。

（4）消火栓的间距不应大于 120m。

（5）消火栓的最大保护半径不应大于 150m。

（二）临时室内消防给水系统的设置要求

1. 消防竖管

根据《建设工程施工现场消防安全技术规范》（GB 50720—2011）第5.3.10条，在建工程临时室内消防竖管的设置应符合下列规定：

（1）消防竖管的设置位置应便于消防人员操作，其数量不应少于2根，当结构封顶时，应将消防竖管设置成环状。

（2）消防竖管的管径应根据在建工程临时消防用水量、竖管内水流计算速度计算确定，且不应小于$DN100$。

知识拓展

消防竖管是在建工程室内消防给水的干管，消防竖管在检修或接长时，应按先后顺序依次进行，确保有一根消防竖管正常工作。当建筑封顶时，应将两条消防竖管连接成环状。

当单层建筑面积较大时，水平管网也应设置成环状。

2. 消火栓接口及消防软管接口

根据《建设工程施工现场消防安全技术规范》（GB 50720—2011）第5.3.12条，设置临时室内消防给水系统的在建工程，各结构层均应设置室内消火栓接口及消防软管接口，并应符合下列规定：

（1）消火栓接口及软管接口应设置在位置明显且易于操作的部位。

（2）消火栓接口的前端应设置截止阀。

（3）消火栓接口或软管接口的间距，多层建筑不应大于50m，高层建筑不应大于30m。

3. 临时贮水池

根据《建设工程施工现场消防安全技术规范》（GB 50720—2011）第5.3.16条，当外部消防水源不能满足施工现场的临时消防用水量要求时，应在施工现场设置临时贮水池。临时贮水池宜设置在便于消防车取水的部位，其有效容积不应小于施工现场火灾延续时间内一次灭火的全部消防用水量。

四、应急照明设置

（一）临时应急照明的配备场所

根据《建设工程施工现场消防安全技术规范》（GB 50720—2011）第5.4.1条规定，施工现场的下列场所应配备临时应急照明：

（1）自备发电机房及变配电房。

（2）水泵房。

（3）无天然采光的作业场所及疏散通道。

（4）高度超过100m的在建工程的室内疏散通道。

（5）发生火灾时仍需坚持工作的其他场所。

（二）临时消防应急照明灯具设置要求

根据《建设工程施工现场消防安全技术规范》（GB 50720—2011）第5.4.2条规定，临时消防应急照明灯具宜选用自备电源的应急照明灯具，自备电源的连续供电时间不应小于60min。

五、防火管理

（一）消防安全管理制度

根据《建设工程施工现场消防安全技术规范》（GB 50720—2011）第 6.1.4 条规定，施工单位应针对施工现场可能导致火灾发生的施工作业及其他活动，制订消防安全管理制度。消防安全管理制度应包括下列主要内容：

（1）消防安全教育与培训制度。
（2）可燃及易燃易爆危险品管理制度。
（3）用火、用电、用气管理制度。
（4）消防安全检查制度。
（5）应急预案演练制度。

（二）防火技术方案

根据《建设工程施工现场消防安全技术规范》（GB 50720—2011）第 6.1.5 条规定，施工单位应编制施工现场防火技术方案，并应根据现场情况变化及时对其修改、完善。防火技术方案应包括下列主要内容：

（1）施工现场重大火灾危险源辨识。
（2）施工现场防火技术措施。
（3）临时消防设施、临时疏散设施配备。
（4）临时消防设施和消防警示标识布置图。

知识拓展

我国的消防工作方针是"预防为主、防消结合"。

消防安全管理制度重点从管理方面实现施工现场的"火灾预防"。此外，施工单位尚应根据现场实际情况和需要制订其他消防安全管理制度，如临时消防设施管理制度、消防安全工作考评及奖惩制度等。

防火技术方案重点从技术方面实现施工现场的"火灾预防"，即通过技术措施实现防火目的。施工现场防火技术方案是施工单位依据规范的规定，结合施工现场和各分部分项工程施工的实际情况编制的，用以具体安排并指导施工人员消除或控制火灾危险源、扑灭初起火灾，避免或减少火灾发生和危害的技术文件。施工现场防火技术方案应作为施工组织设计的一部分，也可单独编制。

施工现场临时消防设施及疏散设施是施工现场"火灾预防"的弥补，是现场火灾扑救和人员安全疏散的主要依靠。因此，防火技术方案中"临时消防设施、临时疏散设施配备"应具体明确以下相关内容：

（1）明确配置灭火器的场所、选配灭火器的类型和数量及最小灭火级别。
（2）确定消防水源，临时消防给水管网的管径、敷设线路、给水工作压力及消防水池、水泵、消火栓等设施的位置、规格、数量等。

（3）明确设置应急照明的场所，应急照明灯具的类型、数量、安装位置等。

（4）在建工程永久性消防设施临时投入使用的安排及说明。

（5）明确安全疏散的线路（位置）、疏散设施搭设的方法及要求等。

（三）消防安全检查

根据《建设工程施工现场消防安全技术规范》（GB 50720—2011）第 6.1.9 条规定，施工过程中，施工现场的消防安全负责人应定期组织消防安全管理人员对施工现场的消防安全进行检查。消防安全检查应包括下列主要内容：

（1）可燃物及易燃易爆危险品的管理是否落实。

（2）动火作业的防火措施是否落实。

（3）用火、用电、用气是否存在违章操作，电、气焊及保温防水施工是否执行操作规程。

（4）临时消防设施是否完好有效。

（5）临时消防车道及临时疏散设施是否畅通。

章 节 练 习

 案例一　消防安全组织与制度案例分析

某大型商业综合体建筑于 2015 年 6 月建成投入使用，建筑面积为 150 000m²，地上 6 层，地下 2 层，建筑高度为 34m，建筑内设置商场营业厅、儿童游乐场所、KTV、餐饮场所、电影放映院、汽车库和设备用房，并按规范设置了建筑消防设施。商业综合体建设管理单位（以下简称该单位）每日开展防火巡查，每月开展一次防火检查，每半年组织一次消防演练，设立了微型消防站。

2019 年 1 月，消防技术服务机构接受该单位委托实施了消防安全检查。检查中发现并向单位消防安全责任人报告了以下问题：该单位消防组织不健全。未确定消防安全管理人。未设置消防工作的归口管理职能部门，未落实逐级消防安全责任制，没有建立健全消防安全制度，未开展消防安全培训工作。建筑首层部分疏散走道改为商铺、地下一层局部区域改建为冷库，冷库墙面和顶棚贴聚苯板保温材料等。该单位消防安全责任人未组织整改上述问题。

2020 年某日 17 时许，租户朱某打开其租用的冷库门时，发现冷库内装香蕉的纸箱着火，随即找水桶从附近消火栓处接水灭火，但未扑灭；火势越来越大，朱某逃离现场。消防控制室值班员李某无证上岗，发现火灾报警控制器报警后，值班员李某仅做了消音处理，火灾报警联动控制开关一直处于手动状态。地上 2 层 KTV 服务员张某在火灾发生时自顾逃生，未组织顾客疏散。

这起火灾过火面积 3000m²，造成 8 人死亡，直接经济损失约 2100 万元。起火原因是租户朱某在地下一层冷库内私接照明电源线，线路短路引燃可燃物，并蔓延成灾。

根据以上材料，回答下列问题：

1. 根据《机关、团体、企业、事业单位消防安全管理规定》（公安部令第 61 号），该单位法定代表人的失职行为有（　　）。

A. 未及时组织拆除占用疏散通道的商铺

B. 未及时组织拆除冷库内的可燃保温材料

C. 未确定消防安全管理人

D. 未设置消防工作的归口管理职能部门

E. 未聘用取得注册消防工程师执业资格人员从事消防控制室值班工作

2. 根据《机关、团体、企业、事业单位消防安全管理规定》（公安部令第 61 号），单位应履行的消防安全职责有（　　）。

A. 组织开展有针对性的消防演练

B. 每年对员工进行一次安全培训

C. 每年对建筑消防设施至少进行一次全面的检测

D. 每日开展防火巡查

E. 建立消防档案

3. 下列行为中，违反用火用电安全管理规定的有（　　）。

A. KTV 服务员张某在营业结束后切断非必要电源

B. 营业期间在商场营业厅采取防火分隔措施后进行维修动火作业

C. 租户朱某将通电的电源插座搁置在库房内的纸箱上

D. 库房内堆放的货物距库房顶部照明灯具 0.5m

E. 租户朱某在冷库内自行拉接照明电源线

4. 根据《机关、团体、企业、事业单位消防安全管理规定》（公安部令第 61 号），该单位应对冷库租户进行消防培训，消防培训的内容应包括（　　）。

A. 冷库的火灾危险性和防火措施

B. 报告火警、自救逃生的知识和技能

C. 消火栓的性能、使用方法和操作规程

D. 灭火器的维修技术

E. 消防控制室应急处置程序

5. 该单位微型消防站建设和管理的下列措施中，错误的有（　　）。

A. 每班安排 6 人，其中 2 人由消防控制室值班人员兼任

B. 火灾发生后，微型消防站队员从接到指令起 3min 到达现场处置火情

C. 微型消防站值班时间与商场营业时间一致

D. 微型消防站 2020 年计划训练天数为 3 天

E. 微型消防站设在消防控制室内

6. 火灾确认后，消防员控制室值班员李某应当立即采取的措施有（　　）。

A. 到现场参与火灾扑救　　　　　　　B. 启动该单位内部灭火和应急疏散预案

C. 拨打 119 电话报警　　　　　　　　D. 确认消防联动控制器处于自动状态

E. 切断商场总电源

7. 根据《机关、团体、企业、事业单位消防安全管理规定》（公安部令第 61 号），该商业综合体筑的消防安全重点部位有（　　）。

A. 儿童游乐场所   B. 餐饮厨房

C. 汽车库   D. 消防控制室

E. 电梯间

8. 关于该单位灭火和应急疏散预案制定和演练的说法。正确的有（　　　）。

A. 灭火和应急疏散预案中应设置 3 个组织机构，分别是：灭火行动组、疏散引导组、通信联络组

B. 每年应与当地消防救援机构联合开展消防演练

C. 灭火和应急疏散预案应明确疏散指示标示图和逃生线路示意图

D. 每半年应组织开展一次消防演练

E. 演练结束后应进行总结讲评

9. 根据《机关、团体、企业、事业单位消防安全管理规定》（公安部令第 61 号），该单位的下列文件资料中，属于消防安全管理情况档案的有（　　　）。

A. 消防安全例会记录和决定   B. 消防安全制度

C. 火灾情况记录   D. 灭火和应急疏散预案

E. 消防安全培训记录

10. 此起火灾事故，应认定该单位法定代表人（　　　）。

A. 负有直接领导责任   B. 负有主要责任

C. 涉嫌失火罪   D. 涉嫌消防责任事故罪

E. 涉嫌重大责任事故罪

参 考 答 案

1. ABCD	2. ACDE	3. BCE	4. ABC	5. ACD
6. BCD	7. ABCD	8. BDE	9. ACE	10. AE

 案例二　某购物中心消防安全管理案例分析

某购物中心地上六层，地下三层，总建筑面积 126 000m²，建筑高度 35.0m。地上一～五层为商场，六层为餐饮，地下一层为超市、汽车库，地下二层为发电机房、消防水泵房、空调机房、排烟风机房等设备用房和汽车库，地下三层为汽车库。

2017 年 6 月 5 日，当地公安消防机构对购物中心进行消防监督检查，购物中心消防安全管理人首先汇报了自己履职情况，主要有：① 拟订年度消防工作计划，组织实施日常消防安全管理工作；② 组织制订消防安全制度和保障消防安全的操作规程并检查督促其落实；③ 组织实施防火检查工作；④ 组织实施单位消防设施、灭火器材和消防安全标志的维护保养，确保其完好有效；⑤ 组织管理志愿消防队；⑥ 在员工中组织开展消防知识、技能的宣传教育和培训，组织灭火和应急疏散预案的实施和演练。

然后，检查组对该购物中心的消防安全管理档案进行了检查，其中包括：消防安全教育培训；防火检查、巡查；灭火和应急疏散预案演练；消防控制室值班；用火用电管理；易燃易爆

危险品和场所防火防爆；志愿消防队的组织管理；燃气和电气设备的检查和管理及消防安全考评和奖惩等消防安全管理制度。检查组还对 2017 年的消防教育培训的计划和内容进行检查，根据资料，该单位消防培训的内容有：消防法规、消防安全制度和保障消防安全的操作规程；本单位的火灾危险性和防火措施；灭火器材的使用方法；报火警和扑救初期火灾的知识和技能。

最后，检查组对该购物中心进行了实地检查。在检查中发现：个别防火卷帘无法手动起降或防火卷帘下堆放商品；个别消火栓被遮挡；部分疏散指示标志损坏；少数灭火器压力不足；承租方正在对三层部分商场（约 6000m² ）进行重新装修并拟改为儿童游乐场所，未向当地公安消防机构申请消防设计审核。在检查消防控制室时，消防监督员对消防控制室的值班人员现场提问：接到火灾报警后，你如何处置？值班人员回答："接到火灾报警后，通过对讲机通知安全巡场人员携带灭火器到达现场核实火情，确认发生火灾后，立即将火灾报警联动控制开关转换成自动状态，启动消防应急广播，同时拨打保安经理电话，保安经理同意后拨打'119'报警。报警时说明火灾地点，起火部位，着火物种类和火势大小，留下姓名和联系电话，报警后到路口迎接消防车。"

根据以上材料，回答下列问题：

1. 根据《机关、团体、企业、事业单位消防安全管理规定》（公安部令第 61 号），消防安全管理人还应当实施和组织落实的消防安全管理工作有（　　　）。

A. 确定逐级消防安全责任

B. 确保疏散通道和安全出口畅通

C. 拟订消防安全工作的资金投入和组织保障方案

D. 组织实施火灾隐患整改工作

E. 招聘消防控制室值班人员

2. 根据《机关、团体、企业、事业单位消防安全管理规定》（公安部令第 61 号），该购物中心还应制定（　　　）。

A. 安保组织制度　　　　　　　　B. 安全疏散设施管理制度

C. 火灾隐患整改制度　　　　　　D. 安全生产例会制度

E. 消防设施、器材维护管理制度

3. 根据《机关、团体、企业、事业单位消防安全管理规定》（公安部令第 61 号），该购物中心中应确定为消防安全重点部位的有（　　　）。

A. 空调机房　　　B. 消防控制室　　　C. 汽车库　　　D. 发电机房

E. 消防水泵房

4. 根据《机关、团体、企业、事业单位消防安全管理规定》（公安部令第 61 号），该购物中心消防档案中必须存放有（　　　）。

A. 灭火和应急疏散预案

B. 灭火和应急疏散预案的演练记录

C. 消防控制室值班人员的消防控制室操作职业资格证书

D. 消防设施的设计图

E. 消防安全培训记录

5. 下列人员中，可以作为该购物中心志愿消防队成员的有（   ）。

A. 该单位的消防安全在责任人

B. 该单位的消防安全管理人

C. 该单位的营业员

D. 维保公司维保该单位消防设施的技术人员

E. 该单位的保安员

6. 根据《机关、团体、企业、事业单位消防安全管理规定》（公安部令第 61 号），该购物中心的演练记录除了记明演练时间和参加部门外，还应当记明演练的（   ）。

A. 经费   B. 地点

C. 内容   D. 灭火器型号和数量

E. 参加人员

7. 根据《机关、团体、企业、事业单位消防安全管理规定》（公安部令第 61 号），2017年该购物中心的消防宣传教育和培训内容还应有（   ）。

A. 消防控制室值班人员操作职业资格   B. 有关现行国家消防技术标准

C. 该消防设施的性能   D. 自救逃生的知识和技能

E. 组织、引导在场群众疏散的知识和技能

8. 检查中发现的下列火灾隐患，根据《机关、团体、企业、事业单位消防安全管理规定》（公安部令第 61 号），应当责成当场改正的有（   ）。

A. 防火卷帘无法手动起降   B. 防火卷帘下堆放商品

C. 消火栓被遮挡   D. 疏散指示标志损坏

E. 灭火器压力不足

9. 对承租方将部分商场改为儿童游乐场所的行为，根据《消防法》，公安机关消防机构应责令停止施工并处罚款，罚款额度符合规定的有（   ）。

A. 5000 元以上 3 万元以下   B. 1 万元以上 5 万元以下

C. 2 万元以上 10 万元以下   D. 3 万元以上 15 万元以下

E. 4 万元以上 20 万元以下

10. 消防控制室值班人员的回答内容中，不符合《消防控制室通用技术要求》（GB 25506—2010）规定的有（   ）。

A. 接到火灾报警后，通过对讲机通知安全巡视人员携带灭火器到达现场进行火情核实

B. 确认火灾后，立即将火灾报警联动控制开关转入自动状态，启动消防应急广播

C. 拨打保安经理电话，保安经理同意后拨打"119"报警

D. 报警时说明火灾地点，起火部位，着火物种类和火势大小，留下姓名和联系电话

E. 报警后到路口迎接消防车

扫一扫

参 考 答 案

第六章

案例二

1. BCD   2. BCE   3. BCDE   4. ABDE   5. CE

6. BCE   7. CDE   8. BC   9. DE   10. CE

案例三　某食品加工厂消防安全管理案例分析

某企业的食品加工厂房，建筑高度8.5m，建筑面积2130m²，主体单层，局部二层，厂房屋顶承重构件为钢结构，屋面板为聚氨酯夹芯彩钢板，外墙1.8m以下为砖墙，砖墙至屋檐为聚氨酯夹芯彩钢板。厂房内设有室内消火栓系统，厂房一层为熟食车间，设有烘烤、蒸煮、预冷等工序；二层为倒班宿舍，熟食车间碳烤炉正上方设置不锈钢材质排烟罩，炭烤时热烟气经排烟道由排烟机排出屋面。

2017年11月5日6:00时，该厂房发生火灾。最先发现起火的值班人员赵某，准备报火警，被同时发现火灾的车间主任王某阻止。王某遂与赵某等人使用灭火器进行扑救，发现灭火器失效后，又使用室内消火栓进行灭火，但消火栓无水。火势越来越大，王某与现场人员撤离车间，撤离后先向副总经理汇报再拨打119报警，因紧张，未说清起火厂房的具体位置，也未留下报警人员姓名。消防部门接到群众报警后，迅速到达火场，2h后大火被扑灭。

此次火灾事故火灾面积约900m²，造成倒班宿舍内5名员工死亡，4名员工受伤，经济损失约160万元，经调查询问、现场勘察、综合分析，认定起火原因系生炭工刘某为加速炭烤炉升温，向已点燃的炭烤炉倒入汽油，瞬间火焰蹿起，导致排烟管道内油垢起火，引烧厂房屋面彩钢板聚氨酯保温层，火势迅速蔓延。调查还发现，该车间生产有季节性，高峰期有工人156人。企业总经理为法定代表人，副总经理负责消防安全管理工作，消防部门曾责令将倒班宿舍搬出厂房，拆除聚氧酯保温层板，企业总经理拒不执行；该企业未依法建立消防组织机构，消防安全管理制度不健全，未对员工进行必要的消防安全培训，虽然制定了灭火和应急疏散预案，但从未组织过消防演练，排烟管道使用多年，从未检查和清洗保养。

根据以上材料，回答下列问题：

1. 根据《消防法》和《机关、团体、企业、事业单位消防安全管理规定》（公安部令第61号），关于该企业的说法，正确的有（　　）。

　A. 该企业不属于消防安全重点单位　　B. 该企业属于消防安全重点单位

　C. 该企业总经理是消防安全责任人　　D. 该企业副总经理是消防安全责任人

　E. 该企业副总经理是消防安全管理人

2. 在火灾处置上，车间主任王某违反《消防法》和《机关、团体、企业、事业单位消防安全管理规定》（公安部令第61号）的行为有（　　）。

　A. 发现火灾时未及时组织、引导在场人员疏散

　B. 发现火灾时未及时报警

　C. 撤离现场后先向副总经理报告再拨打119报警

　D. 报警时未说明起火部位，未留下姓名

　E. 组织人员灭火，但未能将火扑灭

3. 火灾发生前，该厂房存在直接或综合判定的重大火灾隐患要素的有（　　）。

　A. 车间内设有倒班宿舍

　B. 倒班宿舍使用聚氨酯泡沫金属夹芯板材

　C. 消防设施日常维护管理不善，灭火器失效，消火栓无水

D. 排烟管道从未检查、清洗

E. 未设置企业专职消防队

4. 依据《消防法》，对该企业消火栓无水，灭火器失效的情形，处罚正确的有（　　　）。

A. 责令改正并处 5000 元罚款　　　　　　B. 责令改正并处 3000 元罚款

C. 责令改正并处 4000 元罚款　　　　　　D. 责令改正并处 5 万元罚款

E. 责令改正并处 6 万元罚款

5. 根据《机关、团体、企业、事业单位消防安全管理规定》（公安部令第 61 号），该企业制定的灭火和应急疏散预案中，组织机构应包括（　　　）。

A. 疏散引导组　　　B. 安全防护救护组　　　C. 灭火行动组　　　D. 物资抢救组

E. 通信联络组

6. 根据《机关、团体、企业、事业单位消防安全管理规定》（公安部令第 61 号），该企业应当对每名员工进行消防培训，培训内容应包括（　　　）。

A. 消防法规、消防安全制度和消防安全操作规程

B. 食品生产企业的火灾危险性和防火措施

C. 消火栓的使用方法

D. 初起火灾的报警、扑救及火场逃生技能

E. 灭火器的制造原理

7. 根据《机关、团体、企业、事业单位消防安全管理规定》（公安部令第 61 号），该企业总经理应当履行的消防安全职责有（　　　）。

A. 批准实施消防安全制度和保障消防安全的操作规程

B. 拟订消防安全工作资金投入上报公司董事会批准

C. 指导本企业的消防安全管理人开展防火检查

D. 组织制定灭火和应急疏散预案，并实施演练

E. 统筹安排本单位的生产、经营、管理、消防工作

8. 根据《机关、团体、企业、事业单位消防安全管理规定》（公安部令第 61 号），关于该企业消防安全管理的说法，正确的有（　　　）

A. 该企业应报当地消防部门备案

B. 该企业的总经理、副总经理应报当地消防部门备案

C. 该企业的总经理，负责消防安全管理的副总经理应当报当地消防部门备案

D. 该企业的灭火、应急疏散预案应报当地消防部门备案

E. 对于消防部门责令限期改正的火灾隐患，该企业应在规定期限内消除，并将改正情况复函报告消防部门

参 考 答 案

扫一扫

第六章

案例三

1. BCE　　2. BCD　　3. ABCE　　4. AD　　5. ABCE

6. ABCD　　7. ADE　　8. ACE

案例四　某仓库消防安全管理案例分析

甲公司（某仓储物流园区的产权单位，法定代表人：赵某）将1~5号仓库出租给乙公司（法定代表人：钱某）使用。乙公司在仓库内存放桶装润滑油和溶剂油，甲公司委托丙公司（消防技术服务机构，法定代表人：孙某）对上述仓库的建筑消防设施进行维护和检测。

2019年4月8日，消防救援机构工作人员李某和王某对乙公司使用的仓库进行消防设施查时发现：

（1）室内消火栓的主、备泵均损坏。

（2）火灾自动报警系统联动控制器设置在手动状态，自动喷水灭火系统消防水泵控制柜启动开关也设置在手动控制状态。

（3）消防控制室部分值班人员无证上岗。

（4）仓储场所电气线路、电气设备无定期检查、检测记录且存在长时间超负荷运行、线路绝缘老化现象。

（5）5号仓库的东侧和北侧两处疏散出口被大量堆积的纸箱和包装物封堵。

（6）两处防火卷帘损坏。

消防救援机构工作人员随即下发法律文书责令并改正，需限期改正的限期至4月28日，并依法实施了行政处罚。4月29日复查时，发现除上述第（5）、（6）项已改正外，第（1）~（4）项问题仍然存在：同时发现在限期整改间，甲、乙公司内部防火检查、巡查记录和丙公司出具的消防设施年度检测报告、维保检查记录、巡查记录中，所有项目填报为合格，李某和王某根据上述情况下发相关法律文书，进入后续执法程序。

4月30日17时29分，乙公司消防控制室当值人员郑某和周某听到报警信号，显示5号仓库1区的感烟探测器报警，消防控制室当值人员郑某和周某听到报警后未做任何处置。职工吴某听到火灾警铃，发现仓库冒烟，立即拨打119电话报警。当地消防出警后当日23时50分将火扑灭。

该起火灾造成3人死亡，直接经济损失约10 944万元人民币。事故调查组综合分析认定：5号仓库西墙上方的电气线路发生故障，产生的高温电弧引燃线路绝缘材料，燃烧的绝缘材料掉落并引燃下方存放的润滑油纸箱和砂砾料塑料薄膜包装物，随后蔓延成灾。

根据以上材料，回答下列问题：

1. 根据《消防法》，甲公司应履行的消防安全职责有（　　）。

A. 在库房投入使用前，应当向所在地的消防救援机构申请消防安全检查

B. 落实消防安全责任制，根据仓储物流园区使用性质制定消防安全制度

C. 按国家标准、行业标准和地方标准配置消防设施和器材

D. 对建筑消防设施每年至少进行一次全面检测，确保完好有效

E. 组织防火检查，及时消除火灾隐患

2. 根据《机关、团体、企业、事业单位消防安全管理规定》（公关部令第61号），乙公司法定代表人钱某应履行的消防安全职责有（　　）。

A. 掌握本公司的消防安全情况，保障消防安全符合规定

B. 将消防工作与本公司的仓储管理等活动统筹安排，批准实施年度消防工作计划

C. 组织制定消防安全制度和保障消防安全的操作规程并检查督促其落实

D. 组织制定符合本公司实际的灭火和应急疏散预案，并实施演练

E. 组织实施对本公司消防设施灭火器材和消防安全标志的维护保养，确保其完好有效

3. 根据《机关、团体、企业、事业单位消防安全管理规定》（公安部令第 61 号），关于甲公司和乙公司消防安全责任划分的说法，正确的有（　　）。

A. 甲公司应提供给乙公司符合消防安全要求的建筑物

B. 甲公司和乙公司在订立的合同中依照有关规定明确各方的消防安全责任

C. 乙公司在其使用、管理范围内履行消防安全职责

D. 园区公共消防车通道应当由乙公司或者乙公司委托管理的单位统一管理

E. 涉及园区公共消防安全的疏散设施和其他建筑消防设施应当由乙公司或者乙公司委托管理的单位统一管理

4. 关于甲、乙公司消防工作的说法，正确的有（　　）。

A. 赵某是甲公司的消防安全责任人

B. 钱某应为甲公司的消防安全提供必要的经费和组织保障

C. 乙公司应当设置或确定本公司消防工作的归口管理职能部门

D. 孙某是乙公司的消防安全管理人

E. 甲、乙公司应根据需要，建立志愿消防队等消防组织

5. 乙公司下列应急预案编制与灭火、疏散演练的做法中，正确有（　　）。

A. 乙公司灭火和应急疏散预案中的组织机构划分为灭火行动组、通信联络组、疏散引导组、安全防护救护组

B. 在消防演练前，钱某事先告知演练范围内的仓库保管人员和装卸工人

C. 灭火疏散演练时，吴某在乙公司大门及各仓库门口设置了明显标识

D. 在报警和接警处置程序中规定，若本公司志愿消防队有能力控制初期火灾，员工不得随意向当地消防部门报警

E. 乙公司按照灭火和应急疏散预案，每年进行一次演练

6. 为加强该仓储物流园区消防控制室的管理和火警处置能力，针对消防救援机构工作人员提出的问题，下列整改措施中，正确的有（　　）。

A. 甲公司明确建筑消防设施及消防控制室的维护管理归口部门、管理人员及其工作人员职责，确保建筑消防设施正常运行

B. 各单位消防控制室实行每日 24h 专人值班制度，每班人员不少于 2 人，值班人员持有消防控制室操作职业资格证书

C. 正常工作状态下，将火灾自动报警系统设置在自动状态

D. 值班时发现消防设施故障，应及时组织修复，若需要停用消防系统，应有确保消防安全的有效措施，并经单位消防安全责任人批准

E. 消防控制室值班人员接到报警信息后，应立即启动消声复位功能，并以最快方式进行确认

7. 根据《消防法》和《社会消防技术服务管理规定》（公安部令第 136 号），对丙公司应追究的法律责任有（　　　）。

A. 责令改正，处 1 万元以上 2 万元以下罚款，并对直接负责的主管人员和其他直接责任人员处 1000 元以上 5000 元以下罚款

B. 责令改正，处 2 万元以上 3 万元以下罚款，并对直接负责的主管人员和其他直接责任人员处 1000 元以上 5000 元以下罚款

C. 责令改正，处 5 万元以上 10 万元以下罚款，并对直接负责的主管人员和其他直接责任人员处 1 万元以上 5 万元以下罚款

D. 情节严重的，由原许可机关依法责令停止执业或者吊销相应资质

E. 构成犯罪的依法追究刑事责任

8. 对可能起火原因有责任，涉嫌犯罪，应采取相应刑事强制措施的人员有（　　　）。

A. 甲公司赵某　　　　　　　　　B. 乙公司钱某

C. 丙公司孙某　　　　　　　　　D. 消防救援机构李某和王某

E. 乙公司周某和郑某

9. 为认真吸取该起火灾事故教训，甲公司要求园区各单位认真进行防火检查，巡查及火灾隐患整改工作，下列具体整改措施中，正确的有（　　　）。

A. 各单位每季度组织一次防火检查，及时消除火灾隐患

B. 将各类重点人员的在岗情况全部纳入防火巡查内容，确保万无一失

C. 对园区内建筑消防设施每半年进行一次检测

D. 对园区内仓储场所电气线路、电气设备定期检查、检测，更换绝缘老化的电气线路

E. 在火灾隐患未消除之前，各单位从严落实防范措施，保障消防安全

参 考 答 案

扫一扫
第六章
案例四

1. ABDE　　2. ABD　　3. ABC　　4. AC　　5. ABC

6. ABCD　　7. CDE　　8. ABC　　9. BCDE

 案例五　某高层民用建筑消防安全管理案例分析

某高层民用建筑施工总建筑面积约为 15 300m²。根据工程现场实际情况，施工期间的消防安全应急防范工作是建筑安全管理工作的重要组成部分。为预防施工工地的消防安全事故，要加强消防安全应急救援管理工作。项目部贯彻落实"隐患险于明火，防范胜于救灾，责任重于泰山"的精神，坚持"预防为主、防消结合"的消防安全方针，建立健全了施工现场消防管理制度、消防安全检查制度、施工现场防火技术方案，发现火险隐患，立即消除；一时无法消除隐患，进行定人员、定时间、定措施限期整改。

同时，建立以项目经理为组长，由监理、业主共同参加的消防领导小组，落实专人负责日常防火检查、明火督察工作，保证一旦有火警，在可以扑灭的时限内发觉和消除。细化各部位防火要求及消防措施，确立消防安全事故应急救援的总目标，成立应急小组，落实职能

组职责。通过有效的应急救援行动，尽可能地降低事故的后果，包括人员伤亡、财产损失和环境破坏等。

根据以上场景，回答下列问题：

1. 消防现场项目部各级组织及人员的安全管理应如何开展？
2. 施工现场防火技术方案主要包括哪些内容？
3. 消防安全检查制度主要包括哪些内容？

扫一扫
第六章
案例五

参 考 答 案

1. 施工现场的消防安全管理人员应在施工人员进场时向施工人员进行消防安全教育和培训，施工现场的施工管理人员应在施工作业前向作业人员进行消防安全技术交底，施工现场的消防安全负责人应在施工过程中定期组织消防安全管理人员对施工现场的消防安全进行检查。施工单位应依据灭火及应急疏散预案，定期开展灭火及应急疏散的演练。

2. 施工现场防火技术方案主要包括以下内容：

（1）施工现场重大火灾危险源辨识。

（2）施工现场防火技术措施。

（3）临时消防设施、临时疏散设施配备。

（4）临时消防设施和消防警示标识布置图。

3. 消防安全检查制度主要包括以下内容：

（1）可燃物及易燃易爆危险品的管理是否落实。

（2）动火作业的防火措施是否落实。

（3）用火、用电、用气是否存在违章操作，电、气焊及保温防水施工是否执行操作规程。

（4）临时消防设施是否完好有效。

（5）临时消防车道及临时疏散设施是否畅通。

案例六　某大型体育场施工现场消防安全管理案例分析

某省大型体育场占地面积为 304 350m²，占奥林匹克体育中心占地面积 975 873m² 的30.58%。其中：体育场建筑基底面积为 38 630m²，田径场面积为 30 300m²（包括比赛场、训练场），道路、广场面积为 171 845m²，绿地面积为 30 375m²。

地下建筑面积为 24 890m²，地上建筑面积为 120 670m²，看台面积为 42 500m²，总建筑面积（未包括看台面积）为 145 560m²。其中：体育场建筑面积为 134 010m²，酒店建筑面积为 10 770m²，训练场附属用房建筑面积为 780m²，建筑密度12.69%。

现场布置有仓库、办公室、材料加工场等，生活区等其他临时设施在场外设置。

成立以工程防火责任人、直接防火责任人和其他成员（包括安全员、施工员、质量员、材料员、后勤、保卫、仓管、机管、电工）组成的安全防火管理领导小组，如图 6-1 所示。

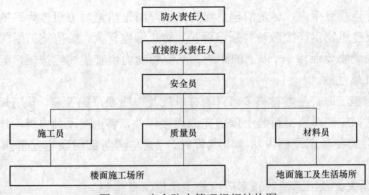

图 6-1　安全防火管理组织结构图

根据施工现场围闭范围的情况及本工程特点，划分防火责任区。配电房、宿舍、仓库及小件工具材料库、厨房、修理房、在建场馆、楼房列入重点防火分区。

施工现场配备专职（兼职）防火检查员、成立志愿消防队。

施工现场志愿消防组织构架如图 6-2 所示。

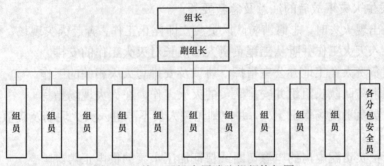

图 6-2　施工现场志愿消防组织构架图

根据以上场景，回答下列问题：

1. 简述建设工程施工现场不同施工阶段的防火要点。

2. 施工现场灭火及应急疏散预案应由哪家单位负责编制？灭火及应急疏散预案应包括哪些主要内容？

3. 针对本项目成立志愿消防组织的情况，在现场发生火灾事故后的应注意事项及急救要领有哪些？

参 考 答 案

扫一扫
第六章
案例六

1. 施工现场不同施工阶段的防火要点：

（1）在基础、主体结构、装修等不同施工阶段防火要点各有不同。

（2）在基础施工时，主要应注意保温、养护、易燃材料的存放。注意工地上风方向是否有烟囱落火种的可能，焊接钢筋时易燃材料应及时清理。

（3）在主体结构施工时，焊接量比较大，要加强看火人员。特别是高层施工时，电焊火花一落数层，所以在施焊前，焊工及看火人员应用不易燃物在施焊点附近进行隔断，以防止火花落下。在焊点垂直下方,尽量清理易燃物,做好防范措施后方可施焊。电焊线接头要良好,与脚手架或建筑物钢筋接触时要采取保护,防止漏电打火。结构施工用的碘钨灯要架设牢固,距保温易燃物要保持 1m 以上的距离。照明和动力用胶皮线应按规定架设,不准在易燃保温材料上乱堆乱放。

(4)在装修施工时,易燃材料多,对所有电气及电线要严加管理,预防短路打火。在吊顶内安装管道时,应在吊顶材料装上以前完成焊接作业,禁止在顶棚内焊割作业。如果因为工程特殊需要必须在易燃顶棚内从事电气焊时,应先与消防部门商定妥善防火措施后方可施工。

2. 施工现场灭火及应急疏散预案应由施工单位负责编制。

灭火及应急疏散预案应包括下列主要内容:

(1)应急灭火处置机构及各级人员应急处置职责。

(2)报警、接警处置的程序和通信联络的方式。

(3)扑救初起火灾的程序和措施。

(4)应急疏散及救援的程序和措施。

3. 现场发生火灾事故后的注意及急救要领:

(1)现场出现火灾时,志愿消防队队员应立即停止工作,奔赴火灾现场,按平时的训练及分工立即投入灭火工作并听从工程负责人和队长对灭火工作的安排。

(2)工程负责人在工地办公室指挥,协调及安排与灭火相关的工作。

(3)志愿消防队队长组织并安排队员的灭火工作,在火灾现场指挥。

(4)保卫员负责现场保卫工作,并控制无关人员不准进入灭火现场及疏散工人,保证消防通道畅通。

(5)机管员负责配电房的电源切断或保证加压水泵的供电正常。

(6)安排一名电工负责加压水泵的正常使用。

(7)其他队员各就各位投入灭火工作。

(8)救火时要弄清楚是什么物品起火,救火方法要得当。

① 油料起火不宜用水扑救,可用干粉灭火器或采用隔离法压灭火源。

② 电气设备起火时,应尽快切断电源,用干粉灭火器或黄沙灭火,千万不要用水灭火。

 案例七 某大型商业综合体消防安全管理案例分析

某公司投资建设的大型商业综合体由商业区和超高层写字楼、商品住宅楼及五星级酒店组成。除酒店外,综合体由建设单位下属的物业公司统一管理。建设单位明确了物业公司经理为消防安全管理人,建立了消防安全管理制度,成立了志愿消防组织;明确了专(兼)职消防人员及其职责。在物业管理合同中,约定了产权人、承租人的消防安全管理职责,明确了物业公司有权督促落实;确定了公共区域、未销售(租赁)区域的消防安全管理、室外消防设施(场地)以及建筑消防设施改造与维护管理等由物业公司统一组织实施,各方按照相关合同出资。

某天营业期间,商业区二层某商铺装修时,电焊引发火灾。起火后,装修工人慌乱中碰翻了正在使用的油漆桶,火势迅速扩大;在寻找灭火器无果后,悉数逃离火场,消防控制室

（共 2 名值班人员）接到保安报警，向经理报告后，2 人均赶往现场灭火；此时，火灾已向相邻商铺蔓延，值班人员这才向公安消防队报警。公安消防队到场时，火灾已蔓延至相邻防火分区，有多部楼梯间因防火门未关闭，大量进烟。

灾后调查，起火点的装修现场采用木质胶合板与相邻区域隔离，现场无序堆放了大量的木质装修材料、油漆及有机溶剂等；现场的火灾探测器因频繁误报在火灾报警控制器上屏蔽，二层的自动喷水灭火系统配水管控制阀因喷头漏水被关闭；起火现场安全监护人员脱岗。防火档案记载，保安在营业期间每 3 h 防火巡查一次。防火巡查记录均为"正常"；火灾前 52 d 组织的最近一次防火检查，载录了商业区存在"楼梯间防火门未常闭""有的商铺装修现场管理混乱，无消防安全防护措施""二层多个商铺装修现场火灾探测器误报，喷头损坏漏水"等 3 项火灾隐患。

根据以上材料，回答问题：

1. 简述该大型商业综合体对多个产权（使用）单位的消防安全管理是否合理，并说明原因。

2. 简述消防控制室值班人员在此次火灾应急处置中存在的问题。

3. 结合装修工人初起火灾处置行为，简述需要加强对装修工人消防安全教育培训的主要内容。

4. 指出起火点装修现场存在的火灾隐患。

5. 简析物业管理公司在防火巡查，防火检查及火灾隐患整改过程中存在的问题。

参 考 答 案

扫一扫
第六章
案例七

1. 大型商业综合体对多个产权（使用）单位的消防安全管理不合理。

原因：大型商业综合体属于消防安全重点单位，单位应明确法定代表人为消防安全负责人，建立消防安全管理档案，确立消防安全重点部位。单位应建立保障消防安全的操作规程消防应急方案，定期进行防火巡查，并对单位人员进行消防培训教育。

2. 消防控制室值班人员存在问题如下：

（1）值班人员未携带消防应急器具到达现场进行火情核实；

（2）确认火警后未能及时报警。

（3）未提前检查防火门是否关闭。

正确处理方法：

（1）接到火灾警报后，值班人员应立即以最快方式确认。

（2）在火灾确认后，立即将火灾报警联动控制开关转入自动状态（处于自动状态的除外），同时拨打"119"报警。

（3）应立即启动单位内部应急疏散和灭火预案，同时报告单位负责人。

3. 消防安全教育与培训的内容：

（1）施工现场消防安全管理制度、防火技术方案、灭火及应急疏散预案的主要内容。

（2）施工现场临时消防设施的性能及使用、维护方法。

（3）扑灭初期火灾及自救逃生的知识和技能。

（4）报火警、接警的程序和方法。

4. 起火点装修现场存在的火灾隐患：

（1）现场无序堆放了大量的木质装修材料、油漆及有机溶剂等。

（2）二层的自动喷水灭火系统配水管控制阀因喷头漏水被关闭。

（3）火灾探测器因频繁误报在火灾报警控制器上屏蔽。

（4）装修现场采用木质胶合板与相邻区域隔离。

（5）起火现场安全监护人员脱岗。

5. 存在的问题：

（1）保安在营业期间每 3h 防火巡查一次，应改为 2h 巡查一次。

（2）火灾前 52d 组织的最近一次防火检查，应改为每月进行一次。

（3）对于巡查中发现的问题未及时进行整改，应改为及时对检查过程中发现的问题进行整改处理。

（4）楼梯间防火门未常闭，有的商铺装修现场管理混乱，无消防安全保护措施。

案例八　某酒店工程施工现场消防安全管理案例分析

某酒店主体设计层数为地上 17 层、地下 2 层，建筑高度 77.9m。建筑占地面积 3250m²，地上部分建筑面积 42 477.3m²，地下部分建筑面积 5300.24m²。在建酒店东侧 9m 处为配电房，北侧 10m 处为可燃材料堆场及可燃材料库房，西北角 15m 处为固定动火场所，西侧 9m 处为宿舍办公区（宿舍区共 5 栋，每层建筑面积 200m²，办公区共 5 栋，每层建筑面积 300m²），距离宿舍办公区 5m 处为厨房操作间。

在酒店施工现场，周围设有净宽度均为 4m 且净空高度均不小于 4m 的环形临时消防车道。并在宿舍办公区设有 12m×12m 回车场。该市常年吹东南风。

该施工现场设室外消火栓，由市政给水管网供水，并在现场设置了 60m³ 的临时储水池及 2 台消火栓泵为施工现场的临时室内消火栓供水。该施工现场还设有消防水泵接合器、灭火器、应急照明、疏散指示标志等消防设施。

该酒店的施工单位在施工现场建立了消防安全管理组织及志愿消防队。制定了消防安全管理制度、防火技术方案、灭火疏散预案并定期开展灭火及应急疏散演练。监理单位对施工现场的消防安全管理进行监理。

根据以上情景，回答下列问题：

1. 施工现场常见的火灾原因有哪些？

2. 该施工现场的固定动火场所的布置是否合理，并说明理由。

3. 该施工现场哪些场所需要配备临时应急照明？

4. 施工人员进场前，施工现场的消防安全管理人员应向施工人员进行消防安全教育与培训。消防安全教育与培训应包括哪些内容？

5. 该施工现场内的室内临时消防竖管的设置应符合哪些要求？

参 考 答 案

1. 施工现场常见的火灾原因有以下几个方面：焊接、切割作业；电气故障；用火不慎、遗留火种。

2. 该施工现场的固定动火场所的布置合理。

理由：固定动火作业场应布置在可燃材料堆放场及其加工场、易燃易爆危险品库房等全年最小频率风向的上风侧；宜布置在临时办公用房、宿舍、可燃材料库房、在建工程等全年最小频率风向的上风侧。该市常年吹东南风，而该施工现场的固定动火场所设在西北角，所以是合理的。

3. 该施工现场需要配备临时应急照明的场所有：

（1）自备发电机房及变（配）电房。

（2）水泵房。

（3）无天然采光的作业场所及疏散通道。

（4）高度超过100m的在建工程和室内疏散通道。

（5）发生火灾时仍需坚持工作的其他场所。

4. 消防安全教育与培训应包括：

（1）有关消防法规、消防安全制度和保障消防安全的操作规程。

（2）本单位、本岗位的火灾危险性和防火措施。

（3）有关消防设施的性能、灭火器材的使用方法。

（4）报火警、扑救初起火灾以及自救逃生的知识和技能。

5. 该施工现场内的室内临时消防竖管的设置应符合下列要求：

（1）消防竖管的设置位置应便于消防人员操作，其数量不应少于2根，当结构封顶时，应将消防竖管设置成环状。

（2）消防竖管的管径应根据在建工程临时消防用水量、竖管内水流计算速度计算确定，且不应小于$DN100$。

参 考 规 范

《建筑设计防火规范》（GB 50016—2014，2018 年版）

《建筑内部装修设计防火规范》（GB 50222—2017）

《消防给水及消火栓系统技术规范》（GB 50974—2014）

《火灾自动报警系统设计规范》（GB 50116—2013）

《火灾自动报警系统施工及验收标准》（GB 50166—2019）

自动喷水灭火系统设计规范（GB 50084—2017）

自动喷水灭火系统施工及验收规范（GB 50261—2017）

建设工程施工现场消防安全技术规范（GB 50720—2011）